Linux技术与应用丛书

Linux 开源存储实战

从MinIO到企业级云存储

双色印刷

李文凯　李福龙　陶沙◎编著

机械工业出版社
CHINA MACHINE PRESS

本书共11章，以企业级应用为出发点，从云计算与云存储、对象存储，到MinIO的部署、MinIO服务端控制台管理、身份认证与数据加密、存储桶的通知与监控、数据备份与故障处理、SDK与API部署、MinIO静态资源服务器，再到MinIO企业级应用案例与优化技巧、MinIO企业级集群架构部署等多个方面，通过实用的案例和通俗易懂的语言，向读者展示了利用MinIO在企业中快速、高效地布局存储应用的全流程。同时，随书赠送MinIO分布式配置文件、各操作系统安装包（含信创ARM）、各操作系统客户端、MinIO多活分布式架构图、负载均衡官方推荐配置和Python SDK测试代码等海量学习资源，并对相关重点、难点提供了扫码看视频的服务，以帮助读者全面理解MinIO。

本书的读者对象包括云计算工程师、数据工程师和数据科学家、系统管理员以及软件开发人员等群体。云计算工程师可以通过本书详细了解MinIO的部署和管理；数据工程师和数据科学家可以通过本书学习如何使用MinIO进行高效的数据存储和管理；系统管理员可以通过本书了解如何配置和优化MinIO，以及如何进行故障处理和数据备份；软件开发人员则可以通过本书学习如何使用MinIO的SDK和API进行开发，以及如何在工作中使用MinIO。

图书在版编目（CIP）数据

Linux开源存储实战：从MinIO到企业级云存储／李文凯，李福龙，陶沙编著. -- 北京：机械工业出版社，2024. 10. --（Linux技术与应用丛书）. -- ISBN 978-7-111-76785-5

Ⅰ. TP316.85

中国国家版本馆CIP数据核字第2024JR7574号

机械工业出版社（北京市百万庄大街22号　邮政编码100037）

策划编辑：丁　伦　　　　责任编辑：丁　伦

责任校对：薄萌钰　李　杉　　责任印制：郜　敏

中煤（北京）印务有限公司印刷

2024年11月第1版第1次印刷

185mm×260mm · 16.5印张 · 409千字

标准书号：ISBN 978-7-111-76785-5

定价：99.90元

电话服务　　　　　　　　网络服务

客服电话：010-88361066　　机　工　官　网：www.cmpbook.com

010-88379833　　机　工　官　博：weibo.com/cmp1952

010-68326294　　金　书　网：www.golden-book.com

　机工教育服务网：www.cmpedu.com

前言 PREFACE

为什么编写本书

很多朋友和客户都在企业中遇到过无法解决的存储相关问题，导致不仅影响了企业的数据存取效率，还影响了企业的数据安全，极端情况下甚至会给企业的生产经营带来致命性打击。

本书的几位作者都是存储方面的专家，在一次偶然的聚会中，遇到了国内某头部企业负责人，他们需要在公司内部建设多个全球性的数据中心，并且将结构化数据和非结构数据进行分离，但遇到了一些困难和问题。由此可见，很多公司原有架构中的 NAS（网络附属存储）根本不能够满足其在 AI 计算场景下每秒数 TB 数据的存取需求和海量数据湖的建设需求。如何建立运维简单、数据安全、成本低廉、使用高效、适应 AI 的存储系统是当下很多企业面临的难题。

本书内容

本书所讲的对象存储不仅适用于小规模的分布式对象存储场景，还适用于大中型以及特大型分布式对象存储场景，书中不仅从行业角度讲解了分布式对象存储，还深入讲解了分布式对象存储的底层原理。

- 第 1 章讲解了云计算与云存储的发展历程与相关概念。
- 第 2 章讲解了对象存储的相关概念、核心原理和底层算法，想深入了解对象存储并将架构设计得合理的读者要充分理解和掌握本章内容。
- 第 3 章和第 4 章通过深入浅出的方式讲解了各种环境（Windows、Linux、单机单磁盘、多机多磁盘等模式）下 MinIO 的安装和使用方法，以及控制台的各项功能与操作方式。
- 第 5~8 章逐步扩展分布式对象存储的使用边界，包括身份认证、数据加密、存储桶通知、数据备份与故障处理等内容。同时，通过不同介质的设备让用户的服务器投入成本进一步降低。
- 第 9~11 章结合企业级实战的场景，对分布式对象存储集群的压力测试、图片自动压缩、智能 DNS、智能分布式 CDN、大数据等高可用场景进行了深度解析，让读者能够深入了解高可用、海量数据和大规模的企业级使用场景。

哪些场景适合使用本书

国内很多读者早期都是从阿里云 OSS、腾讯云 COS、华为云 OBS 等对象存储产品开始接触对象存储的。特别是在互联网场景下，将图片、文件通过互联网快速进行分发，可以满足业务的存储和分离，以及快速部署的场景需求。随着分布式对象存储技术的快速发展，对象存储不仅只是互联网场景了，而是变成了重要的存储基础设施，进入企业业务需求的各个方面，以下场景适合使用本书。

- 海量分布式存储。
- 实施存算分离。
- 结构化数据与非结构数据分离。
- 工厂产线的存储和质检。
- 降低存储成本。
- 企业级私有化数据存储系统。
- 私有化网盘。
- AI 推理和计算。
- 档案管理和备份。
- 电子票据的不可变和不可删除。
- 边缘计算网关。
- 现代数据湖。
- 混合云存储。

随书资源

全书展示了在企业级场景下使用 MinIO 的真实案例，从单机部署到多服务器部署、从监控到日志等方面均配备了大量操作实例。附赠资源包括 MinIO 分布式配置文件、各操作系统安装包（含信创 ARM）、各操作系统客户端、MinIO 多活分布式架构图、负载均衡官方推荐配置和 Python SDK 测试代码等海量学习资源，并提供了扫码看视频的学习方式。

本书读者对象

- 云计算工程师。
- 数据工程师。
- 数据科学家。
- 软件开发人员。
- 企业系统管理员。
- 企业云资源管理员。
- 企业平台架构师。
- 企业数据中心信息官。
- 分布式存储技术爱好者。

作者的希望

人类最早的存储从结绳开始，一直发展到现在的光磁存储。

作者希望越来越多的人参与开源、尊重开源，并且尊重知识产权。同时，也希望我国的开源工作者能够得到社会更多的认同。最后，还希望通过 MinIO 开源软件和本书的知识，众多企业能够更好地实现数据安全、降本增效。

由于作者水平有限，书中不足之处在所难免，还望广大读者朋友批评指正。

目录 CONTENTS

第 3 章　MinIO 的部署　/　55

第 4 章　MinIO 服务端控制台管理　/　84

第 5 章　身份认证与数据加密　/　116

第6章　存储桶的通知与监控　/　142

第7章　数据备份与故障处理　/　164

第8章　SDK 与 API 部署　/　178

第9章　MinIO 静态资源服务器　/　204

第 10 章 MinIO 企业级应用案例与优化技巧 / 226

第 11 章 MinIO 企业级集群架构部署 / 242

Chapter 1

第1章 云计算与云存储

本章学习目标

- 了解云计算的基本概念。
- 熟悉云计算的部署模型。
- 了解云存储与对象存储的概念。
- 掌握对象存储的选用技巧。

在日常生活中，我们经常会遇到文件过多、数据难以同步、备份烦琐等问题。这时，云计算和云存储便应运而生，它们就像一个高效的数据管理大师，能轻松解决这些问题。云计算是通过互联网提供计算资源和服务的一种模式，它让资源和服务触手可及。而云存储则是在云计算的基础上，将数据存储在远程服务器上，实现数据的集中管理、灵活访问和共享。它们共同构建了一个无边界的数字世界，让我们不再受硬件设备的限制，随时随地享受数字生活的便利。

1.1 了解云计算

云计算是一种基于互联网的计算模式，它将计算资源、存储空间和应用程序以服务的形式提供给用户。用户不用购买和维护软件和硬件设备，只需通过网络访问云计算服务，即可实现计算任务、数据存储和处理等功能。云计算服务的提供商负责管理和维护云计算基础设施，确保服务的可靠性和安全性。通过云计算，用户可以按需使用计算资源，灵活扩展存储空间和处理能力，同时减少了硬件和软件成本。

1.1.1 云计算的起源与发展

计算的起源可以追溯到20世纪90年代，当时大型机集中式的计算模式逐渐无法满足企业和个人的需求，分布式计算、并行计算等技术开始受到关注。随后，互联网技术的迅速发展，使得人们开始思考如何将计算资源和存储资源通过网络共享，以提高资源的利用率和效率。

2006年，Google（谷歌）首席执行官埃里克·施密特首次提出了“云计算”的概念。随着虚拟化技术的不断发展，以及网络带宽和存储容量的快速增长，云计算逐渐发展成为一种主流的计算模式。

1. 起源阶段：分时共享系统和虚拟化

在计算机科学的初期阶段，20 世纪 60 年代至 90 年代间，分时共享系统和虚拟化技术为云计算的雏形奠定了基础。

（1）分时共享系统的兴起

在 20 世纪 60 年代，计算机科学领域迎来了分时共享系统的兴起。这个时期，计算机系统通常是昂贵且庞大的主机，由单一中央处理单元（CPU）控制。分时共享系统的理念是为多个用户提供同时访问计算机资源的能力，通过时间片轮流使用计算机资源，以提高资源利用率。

分时共享系统引入了多用户共享计算资源的概念，为后来云计算模型的发展提供了关键思想。这种系统设计使得计算机得以更为高效地服务于多用户的需求。

（2）虚拟化技术的演进

分时共享系统兴起的同时，虚拟化技术也开始崭露头角。虚拟化的目标是在一台物理计算机上创建多个虚拟环境，每个环境能够独立运行操作系统和应用程序，如图 1.1 所示。

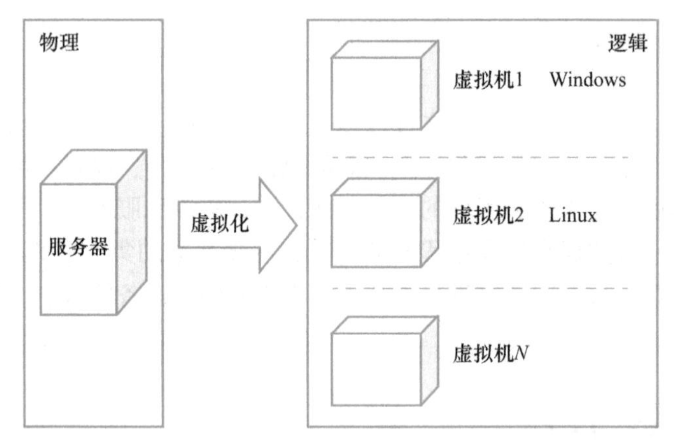

图 1.1 虚拟化技术

在 20 世纪 60 年代至 90 年代，硬件虚拟化的实现逐渐成为可能。引入虚拟机监视器（VMM，也称虚拟机管理器）或超级监视器（Hypervisor）的概念，例如 IBM 的 VM 系统，使得在同一台物理计算机上运行多个虚拟操作系统成为可能。

这两个关键的概念为云计算的演进奠定了基础。分时共享系统为多用户共享计算资源提供了理论基础，而虚拟化技术使得计算资源能够更灵活地被共享和管理。这一时期的理念为后来云计算商业化的初期打下了重要基石。

2. 初步发展阶段：互联网和 Web 服务

在 20 世纪 90 年代末至 21 世纪初，互联网的普及和 Web 服务的兴起为云计算的初步发展创造了有利条件，标志着云计算商业模型的初步形成。

（1）互联网的普及

随着 20 世纪 90 年代末互联网的普及，信息技术的应用逐渐深入人们的日常生活。这一时期，互联网基础设施的快速发展为未来的云计算提供了必要的技术支持；企业和个人能够更容易地获取和共享信息为后来云计算的兴起创造了环境。

（2）Web 服务的崛起

在这个时期，Web 服务成为关键的驱动力。各种互联网服务提供商开始崭露头角，为用户提供基于 Web 的应用程序，如电子邮件服务、在线存储服务等。这些服务的提供方式变得更为灵活，用户可以通过互联网轻松地访问和使用这些服务。

（3）Amazon Web Services（AWS）的推出

在 2002 年，Amazon Web Services（AWS，亚马逊云平台）的推出成为云计算发展历程的重要里程碑。AWS 推出了弹性计算云（EC2）和简单存储服务（S3），为用户提供了弹性和可扩展的计算资源，以及高效的存储服务。这一创新商业模型奠定了云计算商业化的基础，为企业和开发者提供了更为灵活、可靠且经济高效的计算资源。

初步发展阶段标志着云计算逐渐从理论走向实践，Web 服务的崛起和 AWS 的推出为云计算的商业模型奠定了基础。企业和组织开始认识到通过云服务，可以实现成本的降低、灵活性的提高，以及更有效地应对不断增长的计算需求。

3. 商业化与爆发阶段：商业化与主流接受

在 21 世纪初，云计算经历了商业化与主流接受的重要阶段。这一时期，云计算的商业模型逐渐成熟，各大科技公司纷纷进入云服务领域，推动其在企业和开发者社区的广泛接受。

（1）商业化的奠基

21 世纪初，云计算开始走向商业化的阶段。如前所述，Amazon Web Services（AWS）于 2006 年推出了弹性计算云（EC2）和简单存储服务（S3），这标志着云计算正式迈入商业领域。AWS 的商业成功成为其他公司进入云服务市场的先例。

（2）大型企业的介入

同一时期，大型科技公司，包括 Google 和 Microsoft（微软），相继推出了自己的云服务平台，分别为 Google Cloud Platform 和 Azure。这些公司的参与为云计算提供了更多的选择，并推动了云计算的普及。

（3）主流接受的加速

随着商业模型的完善和大公司的介入，云计算逐渐成为企业和开发者的主流选择。企业意识到通过云服务，可以更加灵活地应对变化的计算需求，同时降低了 IT 基础设施的运维成本。这种主流接受的趋势在 2010 年之后进一步加速。

（4）利用优势

云计算的优势变得日益明显，包括弹性扩展、按需付费、灵活性和高度可扩展性。这些特性为企业提供了应对日益复杂和动态的业务环境的解决方案。

（5）生态系统的形成

在商业化的过程中，云计算生态系统逐渐形成。越来越多的服务提供商和开发者参与进来，创造了丰富的云服务和工具，推动了整个云计算生态的繁荣。

（6）云计算的普及

21 世纪 10 年代，云计算成为企业数字化转型的关键组成部分。它不仅仅是技术趋势，更是一种战略选择，为企业带来了更大的灵活性、效率和竞争力。

这一商业化与主流接受的时期标志着云计算从概念阶段进入实际应用，并为今天数字化时代的计算范式奠定了基础。

4. 多云时代与创新阶段：多云战略和新兴技术

在当前的时代，云计算经历了多云时代与创新阶段，即 2010 年至今，其中多云战略和新兴技术成为主要特征。

（1）多云战略的采用

从 2010 年开始，企业逐渐采用了多云战略。多云战略是指利用多个云服务提供商的服务，以获取更大的灵活性、可扩展性和降低依赖于单一供应商的风险。

这一战略的采用反映了企业对云计算服务提供商多样性的需求。通过整合多个云服务提供商，企业能够更好地满足不同业务需求，降低了对单一供应商的依赖，并提升了整体的弹性。

（2）新兴技术的崛起

在云计算的创新阶段，新兴技术（如容器化技术和微服务架构）逐渐崭露头角，成为云原生应用程序的核心组成部分。

容器化技术（如 Docker）提供了轻量级、可移植的应用程序打包和部署方案。它们使得应用程序能够在不同环境中一致运行，提高了开发者的工作效率和应用程序的可移植性。

微服务架构将应用程序划分为小而独立的服务单元，每个服务单元都能够独立开发、部署和扩展。这种架构使得应用程序更加灵活、可维护，并能够更好地应对变化和需求增长。

这些新兴技术的崛起推动了云计算的进一步创新，使得开发者能够更轻松地构建、部署和管理应用程序。这种创新助力云计算不断发展，为未来的计算架构提供了更高的灵活性和效率。

1.1.2 云计算简介

云计算是一种先进的计算模型，其核心理念在于通过网络提供可按需获取的计算资源和服务。这种计算模型具有高度的灵活性和可扩展性，通过虚拟化技术，用户可以不用直接管理底层硬件，而是通过互联网访问所需的计算能力、存储服务、数据库、网络等多种资源。

云计算模型的特点之一是资源共享，多个用户可以共同利用云提供的基础设施，从而实现资源的高效利用。这种共享模型基于云服务提供商的庞大数据中心，这些数据中心通过先进的虚拟化和自动化技术，将大量计算、存储和网络资源进行有效的整合和管理。

1. 云计算服务模型

云计算按照服务的不同层次可以划分为不同的服务模型，包括基础设施即服务（IaaS）、平台即服务（PaaS）、软件即服务（SaaS），这些服务模型分别提供了不同层次的抽象和管理。用户可以根据实际需求选择适合的服务模型，从而实现更加精细化的资源管理和应用开发。

（1）基础设施即服务（IaaS）

IaaS 是云计算服务模型之一，为用户提供即时计算基础架构，并通过互联网服务进行全面的管理和监控。其核心特性之一是灵活性，用户能够根据实际需求进行实时修改，并仅支付所使用的实际资源。这种按需扩展和缩减的模式使得客户能够避免支付不必要的额外费用，实现了成本的精准控制。

在企业应用方面，IaaS 为企业提供了一整套现成的 IT 基础架构，这包括开发环境、专用网络、安全数据存储、开发工具、测试工具和功能监视等。企业不用自主构建和维护庞大的IT基础设施，而是通过依赖第三方服务器和云备份存储设备来支持整个开发过程。用户不用深入处理云计算基础设施的细节，仅需关注业务需求，同时保有一定程度的控制权，包括对操作系统的选择、储存空间的配置、应用程序的部署，以及可能获得的对网络组件（如防火墙和负载均衡器）的有限控制。

在这一模式中，公有云服务提供商拥有大规模的物理服务器、网络带宽和可靠的机房环境。为了高效管理这些资源，云厂商借助IaaS软件实现了对物理服务器配置和运行的自动化管理。这一自动化的管理机制确保了整个系统的可靠性和高效性，因为仅仅通过人工方式来管理如此庞大的物理服务器是不切实际的。

此外，IaaS模型还支持用户通过云服务提供商的用户界面或API灵活地选择和配置计算、存储和网络资源。这种操作的简便性使得用户能够更加专注于业务创新，而不用过多关注底层的技术细节。

（2）平台即服务（PaaS）

PaaS是一种提供对开发工具、API和部署工具访问的软件服务，为用户提供了创建、托管和部署应用程序的环境。这一服务模型的核心在于减少了维护的烦琐性，使用户能够专注于应用程序的开发而不用过多关心底层环境的细节。用户可以通过云计算提供商的平台构建、测试和运行应用程序。

PaaS的功能覆盖了应用程序的整个生命周期，包括构建、测试、部署、管理和修改，不仅仅涵盖了基础的服务器、存储和网络，还包括数据库、工具和业务服务等。这种全面的支持使得PaaS适用于从简单的基于云的应用程序到更复杂的云原生应用程序的广泛范围。

用户使用PaaS将其开发环境部署到云计算基础设施上。在这个过程中，用户不用处理底层的云基础设施管理，而可以控制应用程序的部署，甚至可能调整运行应用程序的托管环境配置。这种灵活性使用户能够根据实际需求定制其应用程序的运行环境。

除了基础的云服务组件外，PaaS还提供了许多与应用程序相关的功能，如操作系统和数据库。用户可以利用云厂商提供的配置来协助软件的部署。同时，PaaS作为个人服务软件，位于防火墙之后，提供了安全可靠的运行环境，确保用户数据和应用程序的安全性。

公司通过PaaS可以充分利用监视客户需求的数据进行分析。开发人员可以在PaaS框架内构建基于云的应用程序，利用内置的软件支持提高应用程序的可扩展性和高可用性。这不仅有助于提高业务效率，还能够实现成本的有效控制。

PaaS为开发人员提供了一个简化的开发环境，使其能够轻松创建、托管和部署应用程序。云厂商通过配置和管理云上资源来消除环境部署的复杂性，为用户提供了更加便捷、高效的开发体验。这种简化的开发环境使得开发者能够更专注于应用程序的创新和功能开发，而不必为底层的技术细节烦恼。

（3）软件即服务（SaaS）

SaaS是一种基于订阅的云计算模型，通过Web平台向用户提供按需付费的应用程序服务。不同于传统的一次性购买软件的模式，SaaS以服务的形式连续交付软件，因此被称为“按需软件”或“按需付费”应用程序。SaaS市场正在迅速增长，成为组织和公司的常用云服务技术。

在SaaS中，云服务由第三方通过互联网提供，软件基于订阅并集中托管。这种通用交付模型适用于多种业务应用程序，包括办公软件、消息传递软件、工资核算处理软件等。用户可以通过互联网浏览器在任何时间、任何地点轻松使用软件，并按照使用量定期支付使用费。

SaaS 模式下，软件使用者不用购置额外硬件设备、软件许可证，也不用安装和维护软件系统。用户可以通过网络浏览器轻松访问应用程序，并按照使用量定期支付使用费，实现了灵活的付费模式。

SaaS 为用户提供了在云计算基础设施上运行的应用程序，用户可以通过各种设备上的客户端界面访问，不用管理或控制任何云计算基础设施。提供的服务具有良好的可扩展性，可以根据客户的需求提供各种功能。相较传统服务，SaaS 应用程序更加灵活，并支持现收现付，从而有效降低了成本。

SaaS 服务提供商为中小企业搭建信息化所需的网络基础设施、软硬件运作平台，并负责前期实施和后期维护。企业不用购买软硬件、建设机房或招聘 IT 人员，只需支付一次性的项目实施费和定期的软件租赁服务费。服务提供商通过技术措施保障数据的安全性和保密性。企业采用 SaaS 服务模式在效果上与自建信息系统基本没有区别，但降低了信息化的门槛与风险。

SaaS 服务提供商为中小企业提供了信息化的解决方案，通过监视客户需求来分析数据。借助 SaaS 框架，开发人员可以构建基于云的应用程序。内置软件提供支持，增强了应用程序的可扩展性和高可用性，同时节省了成本。企业在 SaaS 中享有现代化信息系统的便利，不用大量投资和技术维护，大幅度降低了中小企业信息化的门槛与风险。

2. 云计算的优势

在与传统 IT 行业的对比中，云计算呈现出一系列引人注目的优势，这些优势对于企业和组织实现高效、灵活和经济高效的 IT 运营至关重要。以下是云计算相对于传统 IT 行业优势的详细描述。

（1）弹性与灵活性

云计算模型赋予用户弹性的计算资源，允许根据需求动态调整使用的计算、存储和网络资源。相较于传统 IT 模型，这种灵活性意味着企业能够更迅速地适应变化的工作负载、业务需求或市场条件，从而提高了业务的灵活性和响应速度。

（2）按需付费模式

云计算引入了按需付费的模式，用户只需支付实际使用的计算资源，而不用投资大量资金购买和维护硬件设备。这种经济模式降低了初始投资风险，使得中小型企业也能够轻松获得先进的计算能力，同时提供了更灵活的预算管理方式。

（3）全球性能和可用性

云计算服务提供商通常在全球范围内建设多个数据中心，通过分布式架构和负载均衡技术，实现全球性能和高可用性。相较于传统 IT 模型中单一数据中心的限制，云计算使得用户能够在全球范围内获得更高水平的性能和可用性，确保业务的稳定运行。

（4）自动化管理和服务编排

云计算平台提供自动化管理和服务编排的功能，通过这些功能，企业可以更轻松地进行应用程序的部署、监控和维护。这不仅提高了效率，还降低了操作失误的风险，使得 IT 管理更加简单和可控。

（5）创新和快速交付

云计算环境鼓励敏捷开发和快速交付的实践。采用云原生架构、容器化技术和微服务架构，企业能够更容易地构建、测试和部署应用程序，从而加速了创新和新功能的交付速度。

(6) 资源共享和多租户模型

云计算采用资源共享和多租户模型，通过在同一基础设施上为多个用户提供服务，提高了资源的利用率。相较于传统 IT 环境，这种模型能够更有效地使用硬件资源，降低成本并提高可持续性。

1.1.3 云计算部署模型

云计算作为一项革命性的信息技术，已经深刻地改变了企业的 IT 运营方式和业务模式。在云计算的背后，不仅有强大的计算、存储和网络基础设施，还有各种灵活的部署模型，为用户提供了多样化且可定制的云计算环境。

随着云计算的不断发展，部署模型成为关键的组织和规划云计算战略的一部分。不同的部署模型呈现出多样性的特点，涵盖了公有云、私有云以及混合云等多种形式。通过深入了解云计算部署模型，企业可以更加精准地选择最适合自身需求的模型，实现资源的最优配置、提升业务的弹性和灵活性。

1. 公有云

公有云是一种由第三方云服务提供商建立和维护的云计算环境。在这个环境中，计算、存储和网络资源对公众开放，用户可以通过互联网按需获取和使用这些资源。多个用户共享同一组硬件基础设施，通过虚拟化技术实现资源隔离，确保不同用户的数据和应用程序可以安全共存，如图 1.2 所示。

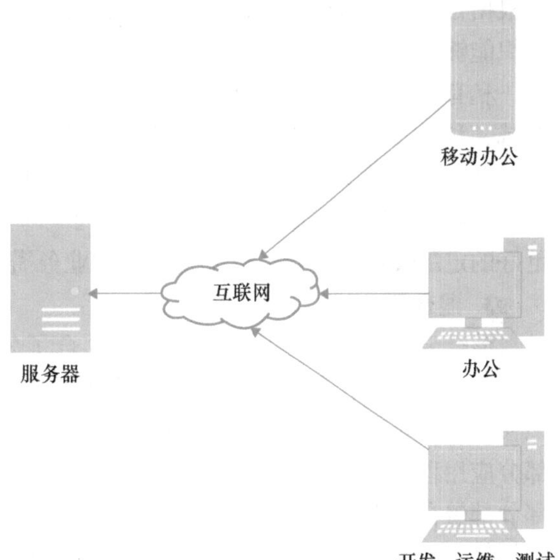

图 1.2　公有云

公有云的特点包括多租户共享、资源弹性扩展、按需付费和全球性服务。多租户共享意味着多个用户共享同一云计算基础设施，通过虚拟化技术隔离资源。资源弹性扩展使用户可以根据业务需求随时增加或减少计算、存储和网络资源。按需付费模式使用户只需支付实际使用的资源量，避免了预先投资大量资金。全球性服务意味着公有云服务提供商通常拥有全球性的数据中心网络，用户可以选择就近部署服务，提高数据访问速度和可用性。

公有云的优势主要体现在不用硬件维护、灵活适应业务需求和成本可控。用户不用购买、配置和维护硬件设备，将硬件基础设施的管理责任交给云服务提供商，从而降低了管理成本。灵活适应业务需求意味着用户可以根据实际业务需求快速调整资源规模，提供了灵活性和敏捷性。成本可控则是用户只需支付实际使用的资源，不用预先投入大量资金，降低了初始投资风险，使成本更加可控。

公有云广泛应用于 Web 应用托管、大数据分析、开发和测试环境以及企业应用服务等场景。它为 Web 应用提供可靠的托管平台，适用于需要快速部署和扩展应用的情境。在大数据处理和分析方面，公有云提供高性能资源，适用于需要处理大规模数据的场景。对于开发团队，公有云提供了灵活的开发和测试环境，可以根据项目需求随时调整资源规模。企业应用服务方面，各种应用服务可以部署在公有云上，如邮件服务、协作工具等，实现高效的企业 IT 管理。

2. 私有云

私有云是一种专为单一组织或企业定制，基础设施由该组织或企业独立拥有、管理和维护的云计算部署模型。私有云可以在组织内部的数据中心或托管在第三方服务提供商的专用环境中部署。它为组织提供了定制化的云计算资源，实现了更严格的安全性和隐私控制。

私有云的特点包括独占性、可定制性、灵活性和高度可控。独占性意味着私有云的基础设施专门为单一组织或企业定制，不与其他组织共享硬件资源。可定制性使组织能够根据自身需求和政策定制云计算环境，满足特定业务需求。灵活性使组织能够调整和优化资源配置，适应不断变化的业务需求。高度可控是指组织可以全面控制和管理私有云环境，包括安全策略、网络配置和访问控制。

私有云的优势主要表现在安全性、合规性、定制性和可控性。由于私有云的基础设施受到严格控制，组织能够实施高级的安全策略，确保敏感数据和应用程序的安全性。私有云能够满足特定行业或法规对数据安全和合规性的要求，提供符合标准的服务。定制性使组织能够根据自身业务需求和流程要求调整云计算环境，实现更高效的 IT 支持。可控性则意味着组织能够全面管理和监控私有云，确保业务的稳定性和可靠性。

私有云广泛应用于金融、医疗、政府和其他对安全性和合规性要求较高的行业。在金融领域，私有云提供了强大的安全性和可控性，适用于处理敏感金融数据的场景。在医疗行业，私有云满足了医疗法规对患者数据隐私和安全性的要求。政府机构通常倾向于使用私有云，以确保国家机密信息的安全性。对于一些企业来说，尤其是大型企业，私有云能够提供更好的定制性和可控性，适应多样化的业务需求。

3. 混合云

混合云是一种云计算部署模型，结合了公有云和私有云的特点，允许组织在这两种环境之间灵活地移动工作负载。在混合云模型中，组织可以将一部分应用程序和数据部署在公有云上，同时将另一部分部署在私有云或本地数据中心上。混合云为组织提供了更大的灵活性和选择性，使其能够根据业务需求动态调整云资源的使用，如图 1.3 所示。

图 1.3　混合云

混合云的特点包括灵活性、可定制性和资源优化。灵活性表现在组织可以根据工作负载的需求选择将其部署在公有云或私有云上。可定制性允许组织根据特定业务需求调整混合云环境的配置和设置。资源优化则是指组织可以根据成本、性能和合规性等因素优化资源的利用，实现更有效的资源管理。

混合云的优势主要体现在业务灵活性、成本优化和数据控制方面。业务灵活性是混合云的一项关键优势，组织可以根据应用程序的性质选择合适的部署环境，实现最佳性能。成本优化则是通过在公有云和私有云之间合理分配工作负载，降低总体成本。数据控制方面，混合云使组织能够更好地管理和控制其敏感数据，符合法规和合规性要求。

混合云广泛应用于大型企业、研发机构和对数据安全要求较高的行业。大型企业通常拥有庞大的 IT 基础设施，通过混合云可以更好地优化资源利用，提高业务灵活性。研发机构可以利用混合云部署开发和测试环境，提高研发效率。在对数据安全性要求较高的行业，混合云能够满足对敏感数据进行本地存储的需求，同时利用公有云获得弹性和灵活性。

4. 社区云

社区云是云计算部署模型中的一种形式，其特点在于由特定领域或共同利益的组织共同拥有和使用云计算资源。社区云旨在满足特定社区的需求，通常由组织、企业或个体组成，共同分享云基础设施以实现资源的高效利用。

社区云广泛应用于具有共同利益和合作需求的组织，例如同一产业链上的企业、研究机构、非营利组织等。在这些领域，社区云能够促进资源共享、技术创新和信息交流，为社区成员提供更优质的云计算服务。

1.1.4 云计算基础核心组件

在数字化时代，企业和组织对于灵活、高效、可扩展的计算资源和数据存储需求日益增长。在满足这一需求的背后，云计算作为一项关键技术崭露头角，为各行各业提供了全新的解决方案。云计算的核心在于其强大而灵活的基础设施，而这一基础设施的支持离不开三大关键组件：计算、通信与存储。

1. 计算

在云计算基础设施中，计算是指通过虚拟化技术提供的弹性计算资源。具体而言，计算涉及以虚拟机和容器为主要形式的抽象化计算单元，为用户提供了按需调整和灵活配置的计算能力。这种服务化的计算模型使用户不用关心底层的硬件细节，而能够专注于应用程序的开发、部署和运维，从而提高了整体的业务灵活性和可管理性。

计算资源的提供基于虚拟化技术和资源池化的原理。虚拟化通过在物理服务器上创建虚拟实例，即虚拟机和容器，实现了对硬件资源的隔离和共享。这使得多个用户或应用程序可以在同一台物理服务器上同时运行，提高了资源利用率。资源池化则是将多个物理计算资源集中管理，通过动态分配和调度，根据用户需求分配计算资源，实现了资源的智能管理和优化，如图 1.4 所示。

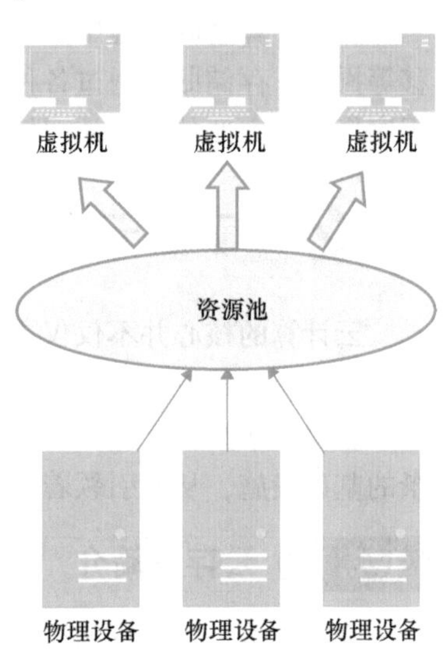

图 1.4　资源池化

计算资源的主要构成包括虚拟机和容器。虚拟机是一种完整的虚拟计算环境，具有独立的操作系统、应用程序和资源，通过虚拟化技术实现了硬件资源的抽象。容器是一种更为轻量级的虚拟化形式，共享主机操作系统内核，使得容器实例能够更快速地启动和占用更小的资源。这些计算单元的动态创建和删除使得用户能够根据实际需求进行弹性伸缩，有效提高了计算资源的利用效率。

2. 通信

在云计算基础设施中，通信是指不同计算资源之间实现信息传递和数据交流的过程，是实现分布式系统和服务之间协同工作的关键环节。云计算中的通信不仅包括了在物理服务器之间的网络通信，还包括了虚拟机、容器等计算单元之间的内部通信和外部通信。通信的目的是使各计算资源能够协同工作，形成一个整体的计算环境。

通信的原理涉及网络技术、协议和通信模型。在云计算基础设施中，通信基于网络架构，通过一系列的网络设备和协议实现不同计算资源之间的连接。通信模型包括点对点通信、广播通信、发布-订阅模型等，这些模型使云计算环境中的各个组件能够有效地交换信息。通信的原理也包括了数据传输的可靠性、安全性等方面的考虑，以确保数据在传递过程中不丢失、不被篡改。

通信的主要构成包括网络设备、协议和通信接口。网络设备包括路由器、交换机、防火墙等，它们共同构成了整个网络基础设施。协议是通信的规则和约定，确保不同计算资源能够按照相同的标准进行信息传递。通信接口是计算资源之间实际连接的点，它们通过网络设备和协议进行通信，实现数据的传递。

3. 存储

在云计算基础设施中，存储是指用于保存和管理数据的资源。存储不仅包括了物理设备（如硬盘、固态硬盘等），还包括了逻辑上的数据管理系统。在云计算环境中，存储扮演着关键的角色，支持各种应用程序和服务对数据的读写、存储和检索。

存储的原理涉及数据的组织、访问和保护。在云计算中，通过各种存储技术，如分布式存储、对象存储等，来实现对大规模数据的高效管理。存储的原理还包括了数据的备份、恢复、安全性等方面的考虑，以确保数据在任何情况下都能够得到保护和恢复。

存储的主要构成包括存储介质、文件系统、数据库等。存储介质是实际存储数据的物理设备，可以是磁盘、固态硬盘等。文件系统是用于组织和管理文件的软件系统，提供了对数据的逻辑组织和访问。数据库是一种高级的数据管理系统，支持复杂的数据查询、事务处理等功能。

在云计算基础设施中，存储还涉及存储服务的提供和管理，包括数据的备份、恢复、迁移等操作。存储服务通过各种存储协议，如对象存储协议、文件存储协议等，向用户和应用程序提供了方便的数据访问接口。

1.2 了解云存储

云计算的核心并不仅仅止步于计算，还在于其庞大而强大的存储系统。云存储作为云计算的一个关键组成部分，不仅承载着海量的数据，更为用户提供了高度可靠、灵活可扩展的数据管理方案。在云计算的世界中，存储不再是简单的数据保存，而是成为支撑各种应用场景的基础设施，从而引领着数字化转型的浪潮。

1.2.1 云存储简介

云存储作为云计算的核心组成部分，扮演着不可或缺的角色。云存储并非简单的数据存储空间，而是一种先进的数据管理和存储解决方案。其概念涵盖了一系列创新性技术和理念，旨在为用户提供高效、灵活、可靠的数据存储服务。

1. 云存储核心概念

云存储是一种基于分布式存储和虚拟化技术的先进数据管理方案。通过将数据分散存储在多个节点上，实现了高度的可靠性、可用性和弹性扩展性。利用虚拟化技术提供统一的、虚拟的存储接口，用户不用关心底层硬件细节，可以轻松进行数据管理操作。安全性得到强化，采用数据冗余和容错机制确保数据完整。云存储具备负载均衡、弹性扩展、服务化管理等特性，为用户提供高效、安全、灵活的数据存储与管理服务。

云存储的核心概念如下。

（1）数据虚拟化

云存储不再将数据仅仅视为存放在特定物理设备上的二进制信息，而是通过数据虚拟化技术，将数据抽象为可在云中流动、访问的资源。这使得用户能够更加灵活地处理和管理数据。

（2）弹性扩展性

云存储具有弹性扩展的能力，可以根据用户需求实时调整存储容量，确保数据能够适应不断变化的业务规模和需求。这种灵活性为用户提供了成本效益和高度可伸缩的解决方案。

（3）多层次数据存储

云存储将数据划分为不同的存储层次，根据数据的访问频率和重要性，灵活选择合适的存储介质。这种多层次的数据存储策略提高了性能，并有效降低存储成本。

（4）服务化管理

云存储以服务化的方式提供数据管理功能，包括数据备份、迁移、安全性管理等服务。用户不用关注底层的硬件设备和细节，通过简单的接口即可完成复杂的数据管理任务。

（5）分布式存储

云存储采用分布式存储架构，将数据分散存储在多个物理设备，提高了数据的可靠性和可用性，即使发生设备故障或网络问题，数据仍能安全可靠地访问。

2. 实现原理

云存储的实现原理是基于分布式系统和虚拟化技术，通过将数据分散存储在多个物理设备上，并提供虚拟化的访问接口，实现高效、可靠、可扩展的数据管理。以下是对云存储实现原理的详细阐述。

（1）分布式存储架构

云存储采用分布式存储架构，将数据分散存储在多个节点或服务器上。每个节点都负责存储部分数据，并通过分布式算法保证数据的均衡分布。这种架构提高了系统的可靠性和可用性，同时能够实现横向扩展，应对不断增长的存储需求。

（2）虚拟化技术

云存储利用虚拟化技术将底层的物理存储资源抽象为虚拟存储资源，为用户提供统一的、虚拟的存储接口。这使得用户不用关心底层硬件细节，只需通过虚拟接口进行数据管理操作。虚拟化技术还能够提供快照、克隆（复制）等高级功能，增强了数据管理的灵活性。

（3）数据冗余与容错

为确保数据的可靠性，云存储采用数据冗余和容错机制。常见的方法包括数据备份、数据镜像和纠删码等技术。通过在不同节点上存储冗余数据，当某个节点发生故障时，系统仍能够保证数据的完整性和可用性。

（4）负载均衡

为了有效利用存储资源，云存储通过负载均衡机制将数据均匀地分配到不同的节点上。

这有助于避免某些节点过度负载，提高系统的整体性能和响应速度。

（5）安全性与访问控制

云存储实现了多层次的安全措施，包括数据加密、访问控制列表、身份认证等。这确保了存储在云中的数据得到充分的保护，只有授权用户能够访问特定的数据。

（6）弹性扩展

云存储具有弹性扩展的能力，能够根据业务需求实时调整存储容量。这通过添加新的存储节点或调整存储资源配置来实现，使系统能够灵活适应不断变化的存储需求。

（7）服务化管理

云存储通过服务化的管理接口提供了丰富的数据管理功能，包括数据备份、迁移、版本控制等。用户可以通过简单的接口完成复杂的数据管理任务，提高了操作的简便性和效率。

1.2.2 云存储的发展史

云存储的起源可以追溯到计算机科学和信息技术的早期发展阶段，而在近年来，随着云计算的兴起，云存储正成为信息管理领域的重要组成部分。

1. 分时共享系统和虚拟化技术

云存储的发展起源于计算机领域的分时共享系统和虚拟化技术。在 20 世纪 60 年代至 90 年代，分时共享系统成为大型主机计算的主流，多个用户通过终端访问中央计算机，共享计算资源。虚拟化技术的引入使得一台物理服务器可以同时运行多个虚拟机，实现更高效的资源利用。

这一时期，数据存储主要依赖于本地硬盘和磁带等传统媒介，存储管理相对独立。随着分时共享系统和虚拟化的普及，计算和存储开始逐渐解耦，为后来云存储的发展奠定了基础。

在这个阶段，云存储的概念并未完全形成，但分时共享系统和虚拟化为后续云存储的理念和技术奠定了基础。这些早期的技术为云计算和云存储的发展提供了关键的技术支持和思想启示。

2. 云计算时代的崛起

云计算时代的崛起是云存储发展历程中的关键阶段，为云存储的演进奠定了坚实的基础。在这个时期，云计算架构的兴起对云存储产生了深远的影响，通过虚拟化技术和分布式系统的广泛应用，为存储领域带来了更加灵活、可伸缩和可靠的基础设施。

首先，云计算引入了虚拟化技术，通过将物理硬件资源抽象为虚拟资源，实现了对存储资源的更有效管理。这种虚拟化的手段使得用户能够按需分配和调整存储容量，从而更灵活地满足不同业务需求。

其次，分布式系统的广泛应用使云存储具备了高度的可伸缩性。大型云服务提供商采用分布式存储架构，将数据分散存储在多个节点上，提高了系统的容量和性能。这使得云存储能够应对不断增长的数据量和访问请求，确保高效的数据存取和传输。

3. 对象存储的崭露头角

在云存储的发展历程中，对象存储的崭露头角标志着存储方式的一次革命性变革。传统的文件系统和块存储方式在云环境中逐渐显露出不足，为解决这一问题，对象存储技术应运而生。

对象存储通过将数据存储为对象，与传统的文件和块存储相比，提供了更好的伸缩性、可靠性和灵活性。在这一阶段，见证了对象存储成为云计算环境中的主流存储方式。与传统存储系统相比，对象存储在以下几个方面取得了显著的进步。

1）对象存储摒弃了传统文件系统的层次结构和块存储的复杂管理，采用平面命名空间和唯一的全局标识符（UUID）来管理对象。这种方式简化了数据管理，提高了系统的扩展性。对象存储能够轻松处理海量数据，为大规模云计算应用提供了可行的解决方案。

2）对象存储在可靠性和容错性方面具有优势。数据被划分为对象并存储在多个节点上，即使某个节点出现故障，数据仍然可以被恢复。这为云存储系统提供了高度的可靠性，确保用户的数据安全。

3）对象存储具备更大的灵活性。每个对象都包含元数据，这些元数据可以包括与对象相关的信息，如创建时间、拥有者等。这种灵活性使得对象存储适用于各种不同类型的数据，从文档和图像到视频和日志，都能够以统一的方式进行存储和管理。

4. 云存储的多元化

在云存储的发展历程中，进入了云存储的多元化阶段，这一阶段的显著特征是随着云计算和云存储的普及，不同类型的云存储服务如雨后春笋般涌现，其中包括公有云存储、私有云存储、混合云存储等。

1）公有云存储成为引领潮流的一种服务模式。公有云存储由第三方云服务提供商通过互联网向广大用户提供存储服务，用户可以按需获取存储资源，不用关心底层的硬件设备和数据中心的管理。这种模式为用户提供了高度的灵活性和可扩展性，几乎成为企业和个人用户首选的存储解决方案。

2）私有云存储在企业内部崭露头角。由于某些行业对数据隐私和合规性有较高要求，一些企业选择在自己的数据中心内搭建私有云存储系统。私有云存储允许企业完全掌握对数据的控制权，同时提供高度定制化和专属性的服务，适应了特定行业对安全性和隐私保护的需求。

3）混合云存储作为融合公有云和私有云优势的解决方案逐渐崭露头角。混合云存储允许用户在不同的云环境中存储和管理数据，实现数据的无缝迁移和共享。这为企业提供了更大的灵活性，使其能够根据具体需求在公有云和私有云之间灵活调配资源，达到最佳的性能和成本效益。

5. 高级功能和安全性提升

在云存储高级功能和安全性提升的阶段，云存储服务商为满足用户不断提高的需求，积极引入各种高级功能，同时加强安全性措施，以提供更全面、可靠的数据管理服务。

1）高级功能的引入成为云存储服务的一大亮点。为了满足用户对更灵活数据管理的需求，云存储服务商纷纷引入访问控制列表（ACL）、数据加密、版本控制等高级功能。访问控制列表允许用户精细化管理数据的访问权限，数据加密保障了数据的机密性，而版本控制则使用户能够回溯和管理不同版本的数据，提高了数据的可控性和可追溯性。

2）安全性水平得到显著提升。面对不断增加的网络威胁和数据泄露风险，云存储服务商加强了安全性措施，以确保用户的数据得到有效保护。引入先进的身份验证机制、加密技术和安全协议，云存储服务商为用户提供了更为可靠的数据安全手段。这包括对数据在传输和存储中的全程加密，以及对身份认证的多层次验证等措施，有效提升了数据的机密性和完整性。

这一阶段的发展使得云存储不仅仅是简单的数据存储和检索，更成为一项具备复杂高级功能和强化安全性的综合性服务。用户在使用云存储服务时，不仅能够享受灵活便捷的数据管理，同时也得到了更全方位、更高水平的数据安全保障。

6. 多云时代的到来

云存储的发展历程迈入了多云时代，这一阶段标志着企业对多云战略的广泛采纳，云存储服务逐步朝着多云架构的方向演进。在这个时代，用户获得了更大的灵活性和可扩展性，能够在不同的云服务提供商之间实现数据的无缝迁移和备份，从而确保数据的高可用性和容灾能力。

多云时代的到来得益于企业对更为灵活的 IT 战略的需求。企业通常会选择不同的云服务提供商，以充分利用各家云平台的特性和优势，从而形成一个多元化的云生态系统。这种多云战略的采纳使得企业能够更好地应对不同工作负载的需求，提高业务的灵活性和可适应性。

在多云时代，云存储服务提供商致力于提供标准化的工具和服务，使用户能够轻松管理跨越多个云环境的数据。数据迁移工具、跨云备份和恢复解决方案等服务逐渐成为云存储领域的关键技术。用户可以根据实际需求选择最适合其业务目标的云存储方案，同时确保数据的可用性和一致性。

多云时代的发展进一步加强了云存储作为企业数据管理的核心地位。用户能够更灵活地利用不同云平台的资源，同时降低了对单一供应商的依赖性，提高了整体的业务可靠性。这一时代的到来为用户提供了更多选择和可能性，推动了云存储技术的进一步创新和演进。

1.3 本章小结

本章全面介绍了云计算和云存储的核心概念。从云计算的起源与发展，云计算部署模型到计算、通信与存储这云计算三大基础组件，为读者构建了云计算的基础认知。之后，深入了解了云存储，剖析了传统云存储的不足，学习了对象存储的概念及其独特优势。接着，通过本章的学习，读者奠定了后续深入学习云存储和对象存储的基础。

Chapter 2

第2章 对象存储

本章学习目标

- 了解对象存储的相关概念。
- 熟悉S3协议的工作原理。
- 了解纠删码的概念。
- 熟悉纠删码的工作原理。

在当今数字化的时代，我们身边积累了大量的数据，其中包括照片、文档、视频等珍贵的信息。然而，随着数据的增长，传统的管理方式变得越发烦琐，我们需要一种更高效、更灵活的存储解决方案。就像我们在日常生活中追求整洁和有序一样，对数字数据的管理也需要一种组织有序、易于检索的方式。于是，对象存储应运而生，为我们提供了一种先进的数字资产管理方法。通过对象存储，能够以更智能的方式组织、存储、并检索数据，让每一个数字文件都能迅速而准确地呈现在我们面前。本章将深入探讨对象存储的概念与核心原理，帮助我们更好地理解这一先进的存储技术。正如我们在日常生活中期待数据的井然有序，学习对象存储将提供更强大的工具，使个人的数字珍藏得到更好的保护和管理。

2.1 了解对象存储

云存储作为一种创新性的数据存储解决方案，不仅适应了大规模、高可用性、分布式的存储需求，更为用户提供了灵活、弹性的数据管理方式。然而，在涉足云存储的相关领域中，对象存储凭借其独特的架构和设计理念独占鳌头。

2.1.1 对象存储简介

对象存储作为一种先进的数据存储范式，在数据管理领域展现了独特的优势。相较于传统的文件系统和块存储，对象存储采用了更为灵活的存储模型，将数据的实际内容、相关元数据以及唯一标识符有机地组织成独立的对象。这一创新性的设计使得对象存储架构在数据处理、存储和检索方面都表现出卓越的性能。

1. 对象存储概述

首先，对象存储摒弃了传统文件系统的层次化结构，采用无架构化的数据存储方式。这意味着每个对象都是独立的实体，不再受制于传统层次结构的限制。数据、元数据以及唯一标识符被统一组织，使得整个存储系统更为直观和高效。

其次，对象存储架构具备出色的弹性和可伸缩性。在应对大规模、高并发的数据访问需求方面，对象存储展现了其卓越的性能。用户可以根据实际需求轻松扩展存储容量，而不用担心传统存储管理所伴随的复杂问题，为企业提供了更为灵活和可持续的存储解决方案。

对象存储的适应性也体现在其处理非结构化数据的能力上。由于对象存储采用无架构化模型，更适用于存储和检索非结构化数据，例如文档、图片、视频等。这使得对象存储在处理海量异构数据方面具备了显著的优势，为各类应用场景提供了更为全面的支持。

最重要的是，对象存储引入了唯一标识符的概念。每个对象都具有唯一的标识符，通过该标识符可以直接访问特定对象，不用深入存储层次结构。这种直接的访问方式使得对象存储更为直观、高效，为用户带来了更为便捷的数据管理体验。

2. 对象存储工作原理

对象存储是一种先进的数据存储方式，以独立的对象为基本单位，采用分散存储和无架构化模型。每个对象包含数据、元数据和唯一标识符，通过唯一标识符直接访问对象，实现了高效的数据检索。对象存储的工作原理注重数据的分布和冗余存储，利用元数据支持快速检索，并采用无架构化模型适用于非结构化数据。其弹性伸缩的架构使其能够轻松应对不断增长的数据需求，推动数字化时代信息存储和检索技术的演进，如图 2. 1 所示。

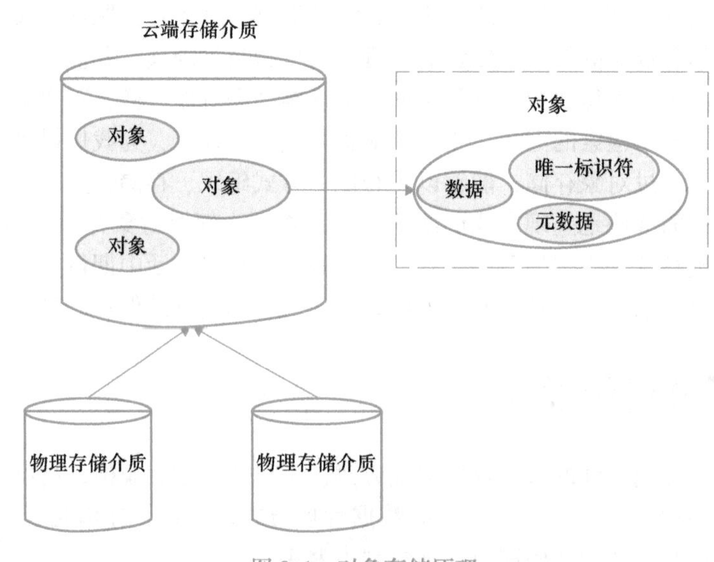

图 2. 1　对象存储原理

2. 1. 2　对象存储的优势

对象存储在云环境中解决了传统存储方式存在的多层次目录结构复杂性、数据冗余不足以及检索效率低下等问题。

对象存储具有多项优势，使其在云存储领域得到广泛应用，具体如下。

1. 灵活性和可伸缩性

对象存储以对象为基本单位，摒弃了传统文件系统和块存储的复杂目录结构，使数据管理更加灵活。其分散存储和冗余机制保障了数据的可伸缩性，系统能够轻松应对不断增长的数据量和访问需求。

2. 高可靠性和冗余性

对象存储采用数据分散存储的方式，将数据拆分为多个片段并分布在不同的物理节点上。这种分散存储的设计提高了数据的冗余性，一旦某个节点发生故障，系统仍能通过其他节点提供数据服务，提升了系统的高可靠性。

3. 高效的检索和定位

每个对象都被分配唯一的标识符，用户通过这个标识符能够直接定位和检索特定对象，不用深入存储结构。这种直接寻址方式显著提高了数据的检索效率，尤其适用于大规模数据环境。

4、元数据的关键作用

元数据包含了关于对象的信息，如创建时间、修改时间、访问权限等。元数据的使用使得系统能够高效地管理对象，支持快速的检索和查询操作，提升了数据管理的效率。

5. 无架构化的存储模型

采用无架构化的存储模型，对象存储不强调数据的层次化结构，更注重数据的内容和关联性。这使得对象存储更适用于存储和检索非结构化数据，例如文档、图片、视频等。

6. 弹性伸缩的架构

对象存储具备出色的弹性和可伸缩性。由于数据的分散存储和无架构化模型，系统能够轻松应对不断增长的数据量和访问需求。用户可以根据实际需求动态地扩展存储容量，而不用停机和复杂的管理过程。

7. 成本效益

对象存储的设计理念和分布式存储方式降低了硬件成本和管理成本。通过高度自动化的管理和灵活的存储模型，用户可以更有效地利用资源，提高存储效益，从而降低整体成本。

2.1.3 对象存储的应用场景

对象存储的广泛性体现在其适用于多样化的应用场景和行业需求。无论是大规模的云服务提供商、企业的数据管理、科学研究机构的实验数据，还是个人用户的多媒体文件，对象存储都展现了其灵活性、可伸缩性和高度可靠性。

常见的对象存储应用场景如下。

1. 云服务提供商的数据存储

对象存储是大型云服务平台的核心组成部分，用于存储和管理海量的用户数据，如图像、音频、视频等。云服务商通过对象存储为用户提供高效、可扩展的云存储服务，满足不同规模和需求的客户。

2. 企业备份与归档

由于对象存储具有高度可靠性和冗余性，因此在企业备份和归档方面应用广泛。企业可以将重要数据和文档存储在对象存储中，确保数据长期保存并能够轻松恢复。

3. 科学研究和实验数据管理

科研机构利用对象存储管理大规模的实验数据。对象存储的分散性和高度可扩展性使其成为处理科学数据集、实验结果和研究文献的理想选择。

4. 多媒体和娱乐产业

对象存储在多媒体和娱乐领域得到广泛应用。在线视频、音乐、图片等大型媒体文件可以通过对象存储进行高效存储和分发，满足用户对多媒体内容的高要求。

5. 物联网数据管理

随着物联网设备的普及，大量传感器和设备产生的数据需要有效管理。对象存储通过其分散性和高可伸缩性，为物联网数据提供了稳定、可靠的存储基础。

6. 文档管理和协作

对象存储支持文档管理和协作应用，企业和团队可以将文档、表格、演示文稿等内容存储在对象存储中，并通过共享链接实现团队协作。

7. 大数据分析

对象存储为大数据分析提供了高效的数据存储和检索基础。大规模的结构化和非结构化数据可以被存储在对象存储中，并供分析引擎使用。

8. 移动应用和应用程序开发

开发人员可以利用对象存储来管理应用程序的静态文件、配置文件和其他资源。这为移动应用和云原生应用提供了可靠的存储服务。

2.2 对象存储的选用

随着对象存储技术的日益成熟，也出现了越来越多的供应商和选择。因此，我们迫切需要深入了解对象存储的概念以及选择合适的对象存储方案的重要性。接下来，讲述在不同的筛选条件与应用场景下对对象存储的选用。

2.2.1 开源与闭源

1. 开源（Open Source）的概念

以下是开源软件的主要特点。

（1）源代码公开

开源软件的源代码对所有人开放，任何人都可以查看、学习、修改和使用。这种透明性为用户和开发者提供了更多的控制权和自由度。

（2）自由分发

开源软件通常允许用户在遵循许可证规定的前提下自由地分发软件，包括修改后的版本。

（3）协同开发

开源软件鼓励协同开发和社区参与。开发者可以通过贡献代码、报告错误、提出建议等方式参与到软件的改进中。

（4）开放许可证

开源软件的许可证规定了使用和分发软件的条件。常见的开源许可证包括 GPL、MIT、Apache 等。

（5）透明度

由于源代码公开，任何人都能够深入了解软件的工作原理，提高了可观察性和审计的可能性。

（6）多样性

开源软件的多样性体现在不同的开发者、社区和文化中，为用户提供了更多选择。

2. 闭源（Closed Source）的概念

闭源，也称为专有软件，以下是闭源软件的一些关键特点。

（1）源代码保密

闭源软件的源代码由软件的开发组织或公司进行保密处理，不向公众开放。

（2）二进制分发

用户只能获取由编译后的二进制文件组成的可执行程序，而不是软件的源代码。

（3）使用授权

用户通常需要购买软件的使用许可证，以合法获得和使用闭源软件。

（4）专有技术和算法

闭源软件可能包含专有的技术、算法或设计，这些是开发者通过研究或创新获得的，而不向外界公开。

（5）封闭的开发过程

软件的开发和维护通常由一个封闭的开发团队或公司负责。

（6）商业模型

闭源软件的商业模型通常以销售软件许可证为主，也可能通过提供专有服务、技术支持和定制开发等方式盈利。

以上两种软件开发模型在行业中都有广泛应用，每种都有其适用的场景和优势。开源模型注重社区协作和开放性，而闭源模型强调知识产权保护和商业利益。

3. 开源软件的商业化

在开源软件商业化的战略中，支持和服务模式是一种常见的方式。企业或组织提供专业的支持和服务，覆盖了从软件的安装、配置到培训和技术支持的全方位服务。用户通过支付服务费用，获得高质量的支持，确保在使用开源软件时能够获得及时的帮助和解决方案。

另一种商业化模式是通过许可证的灵活运用。开发者可以选择采用某一类型的开源许可证，使软件免费使用，但在商业用途或修改后的衍生作品上可能需要购买商业许可证。这一策略通过为用户提供额外的权利，鼓励企业在商业场景中广泛使用开源软件，并为开发者提供了盈利的机会。

随着云计算的普及，许多开源软件项目选择构建云服务平台。这一模式提供云端托管服务，用户通过订阅或使用量付费。除了基本的云服务外，企业还可以提供管理、监控、自动化等增值服务，为企业提供方便的云计算解决方案。

一些组织或企业选择以咨询和定制为主要的商业化方案。他们提供专业咨询和定制开发服务，以满足客户的个性化需求。用户通过支付费用，获取个性化服务和解决方案，为企业提供了一种适应不同需求的开源软件支持。

在一些开源软件项目中，采用了双许可证模式。用户可以选择使用免费的开源许可证版本，或购买商业许可证以获取更多特性。这种商业模式通过提供额外的功能和灵活性，为商业用户提供高级功能，推动了商业化的发展。

开源软件的商业化还可以与硬件结合，提供整体的硬件产品。其中，软件部分采用开源许可证，为用户提供相关的服务和支持，从硬件销售中获取盈利，为企业提供全面的解决方案。

最后，战略伙伴关系和合作模式是一种强有力的商业化策略。通过与其他组织或企业建立紧密的伙伴关系，共同推动开源软件项目的发展，以及提供综合解决方案。这种合作模式通过互利共赢，实现了项目和合作伙伴关系中的共同盈利。

4. 开源存储与闭源存储的应用场景

在面临开源存储软件和闭源存储软件两种选择时，了解应用场景因素的重要性变得至关重要。不同的业务需求、数据规模和安全标准都对存储软件的选择提出了独特的挑战。

（1）开源存储软件的应用场景

在中小型企业存储解决方案领域，开源存储软件因其经济实惠的特性而备受欢迎。这类软件提供了成本低廉、可扩展的存储方案，为预算有限的企业构建了具有良好性能的存储基础设施。

企业常常选择建立私有云环境以满足安全和合规性需求。开源存储软件通过自主部署的方式，为企业提供了灵活的私有云存储选择，以满足不同的业务需求。

对象存储是开源存储软件的另一应用领域，尤其适用于存储和管理大量非结构化数据，如图片、视频和文档等。其弹性伸缩、高可用性和低成本等特性使其成为云存储和大数据应用的理想选择。

备份和恢复是开源存储软件在数据保护领域的亮点。它们提供可靠的备份机制，以满足组织对数据保护的需求，并能够快速进行恢复操作。

虚拟化存储是开源存储软件应用的另一关键领域，与虚拟化平台集成，为虚拟机提供高性能、高可靠的存储支持。

（2）闭源存储软件的应用场景

在企业级应用领域，闭源存储软件因其全面的功能和性能而备受青睐。大型企业通常需要处理庞大规模的数据，闭源软件能够提供高级的管理和监控功能，满足复杂的企业级数据管理需求。

在高性能计算场景中，闭源存储软件通常会提供更高的性能和可扩展性，能够处理大规模的科学和工程计算数据，满足高性能计算需求。

大规模数据分析领域也是闭源存储软件的应用重点。这些软件提供高度优化的数据处理引擎和工具，支持复杂的大数据分析任务。

在高可用性和灾备解决方案领域，闭源存储软件在提供成熟的解决方案方面具备优势。这对于对存储系统可靠性有严格要求的场景非常重要。

2.2.2 不同部署模型下的选用

企业在选择适合自身需求的对象存储软件时，不仅需要考虑软件本身的特性，还需要根据不同的部署模型选择相应的解决方案。不同的部署模型，如公有云、私有云、混合云等，对企业的数据管理提出了多样化的需求。这为企业提供了更大的灵活性，但也带来了挑战。

1. 公有云下的对象存储选用

在公有云环境下选择适用的对象存储软件是企业实现高效数据管理和存储的关键一步。公有云环境，如 AWS S3、阿里云 OSS、华为云 OBS 等，提供了便捷的基础设施和服务，企业可以通过选择合适的对象存储软件来优化其数据存储和检索流程。

1）公有云环境的对象存储软件应当具备良好的集成性。这意味着它能够无缝地与云服务提供商的存储服务整合，充分发挥云平台的优势。通常，与公有云集成的对象存储软件能够更好地利用云存储的弹性、伸缩性和高可用性，确保企业可以根据需求动态调整存储容量，而不用担心硬件和基础设施的管理问题。

2）考虑到公有云环境的多租户特性，对象存储软件需要具备良好的安全性和访问控制机制，包括对数据的加密、身份认证、访问权限的管理等功能。选择一个在公有云环境中有着成熟安全策略的对象存储软件，有助于企业确保其数据在存储和传输过程中的隐私和安全。

3）公有云环境对于成本的透明度和可管理性也是考虑的重要因素。因此，一个优秀的对象存储软件应当提供成本分析和监控工具，帮助企业合理规划和优化存储成本。一些对象存储软件还可能提供数据迁移和备份功能，以确保数据在公有云环境中的可靠性和可用性。

4）具备高度可扩展性的对象存储软件在公有云环境中也显得尤为重要。它能够适应不断增长的数据量，随着业务的扩展而不用停机和产生复杂的管理过程。这种可扩展性保障了企业在面对不断变化的业务需求时能够灵活调整存储资源，以满足其数据管理的要求。

2. 私有云下的对象存储选用

在选择对象存储软件时，在私有云环境下需考虑以下多个关键因素。

1）开源性质是一个主要的考虑点。对于私有云环境，通常更倾向于选择开源的对象存储软件，因为它提供了更大的自定义和修改的灵活性，同时能够降低成本，有助于满足企业的特定需求。

2）软件的兼容性是一个关键因素。选择与私有云平台兼容的对象存储软件，以确保其能够与私有云平台的硬件和软件基础设施相集成，实现更顺畅的部署和操作。

3）安全性在私有云中是首要考虑的因素。由于对象存储可能存储着敏感性极高的数据，确保所选软件提供强大的访问控制、加密、身份验证和审计功能，以保护存储的数据是至关重要的。

4）性能是另一个需要仔细考虑的方面。由于私有云中可能有大量用户和应用程序，对象存储软件需要提供高性能的数据读写能力。评估软件的吞吐量、延迟和处理大规模文件的能力，以确保满足业务需求。

5）扩展性是确保能够满足不断增长的存储需求的关键。选择具有良好扩展性的对象存储软件，能够轻松地扩展存储容量和性能，适应业务的发展。

6）有效的数据管理功能对于企业和管理存储在对象存储中的海量数据至关重要。软件应该提供数据的检索、版本控制、元数据管理等功能。

7）考虑到总体成本，除了软件本身的成本外，还需要考虑与部署、维护和升级相关的成本。在选择软件时，需综合考虑这些方面，确保软件选择符合预算和业务需求。

8）生态系统和厂商支持也是重要的考虑因素。选择一个拥有强大生态系统和活跃社区支持的对象存储软件，能够获得及时的支持、更新和集成其他相关工具。此外，选择一个提供可靠技术支持的厂商，确保在出现问题时能够获得及时的帮助和解决方案。

3. 混合云下的对象存储选用

在混合云环境下选择对象存储软件需要考虑以下多个关键因素，以确保兼顾公有云和私有云的需求，实现无缝的集成和协同工作。

1）云平台的兼容性至关重要。在混合云环境中，可能同时存在多个公有云提供商和私有云基础设施。因此，选择支持主流云平台的对象存储软件是关键的，以确保数据能够在不同云环境中自由迁移和共享。

2）安全性仍然是混合云环境中的首要考虑因素。对象存储软件必须提供强大的安全功能，包括数据加密、访问控制、身份验证和审计，以确保在混合云环境中的数据得到妥善保护。

3）灵活的数据管理是在混合云环境中充分利用对象存储的关键。软件应该提供方便的数据检索、版本控制、元数据管理等功能，以支持在混合云环境中的各种业务需求。

4）与私有云一样，性能和扩展性仍然是考虑的关键因素。混合云环境中的数据可能需要在不同的云平台之间迁移，因此软件需要提供高性能的读写能力和良好的扩展性，以满足不断增长的存储需求。

5）与公有云提供商的集成和支持是确保混合云环境正常运行的关键。选择与主要公有云服务提供商集成良好、提供相关工具和服务的对象存储软件，有助于简化管理和提高效率。

6）跨云数据协同和数据迁移能力也是混合云环境中的关键考虑因素。对象存储软件应该支持在不同云环境中的数据迁移，并提供有效的数据同步和协同工作机制，以确保在混合云中实现高效的数据流动。

7）混合云环境中的总体成本也是需要考虑的因素。选择对象存储软件时，需综合考虑软件本身的成本、集成和迁移成本，以确保选择符合预算和业务需求的最佳解决方案。

2.2.3 常见的对象存储产品

不同的对象存储产品为用户提供了多样化的选择，涵盖了各种存储需求，从基本的数据存储到高级的数据分析。通过深入了解常见的对象存储产品，我们可以更好地把握各自的特点、优势和适用场景，有助于构建高效、安全、可扩展的数据存储架构。

1. Amazon S3

Amazon S3（Amazon Simple Storage Service）是 AWS 推出的一项领先的云存储服务。作为最早并且最广泛使用的对象存储服务之一，Amazon S3 在云计算领域具有深远的影响。它于 2006 年推出，为用户提供了一个可靠、安全、高度可伸缩的云端存储解决方案。

Amazon S3 的主要特点包括高可用性和持久性、可伸缩性、强大的安全性、数据管理功能以及全球分发能力。通过将数据在多个设备和设施之间进行复制，它确保了数据的高可用性和持久性。用户可以根据业务需求动态地扩展或缩减存储，而不用担心容量限制。安全方面，它采用多层次的安全性措施，包括数据加密、身份验证和访问控制，确保用户数据得到充分保护。同时，它支持版本控制和事件通知等数据管理功能，使用户能够更灵活地管理和利用存储的数据。

该服务适用于各种场景，包括静态网站托管、备份和存档、大数据分析、应用数据存储以及多媒体存储和处理。

2. 阿里云 OSS

阿里云对象存储（Alibaba Cloud Object Storage Service，简称阿里云 OSS 或 OSS）是阿里云推出的一项具备弹性、安全、高性能的云端存储服务。作为阿里云生态系统的核心组成部分之一，OSS 于 2010 年正式上线，成为企业和开发者在阿里云平台上存储和管理数据的首选解决方案之一。

OSS 以其高度可用性、可伸缩性和低延迟等特点脱颖而出。其分布式架构和多副本机制确保了数据的高可用性和持久性。用户可以根据实际需求弹性地调整存储容量，并通过 OSS 的 CDN 加速服务实现全球范围内的快速访问。此外，OSS 还提供了多层次的安全措施，包括数据加密、访问控制和安全审计，以确保用户数据的安全性。

OSS 支持多种数据管理功能，包括生命周期管理、版本控制、数据归档等。通过简单易用的 API 和控制台，用户可以方便地上传、下载和管理存储的数据。OSS 广泛应用于网站托管、数据备份与归档、大数据分析、移动应用数据存储等多个领域，为用户提供了灵活、可靠的云端存储解决方案。

3. Ceph

Ceph 是一个开源的、分布式的存储系统，旨在提供高性能、高可靠性和可扩展性。其中的对象存储功能是 Ceph 存储系统的核心组件之一。Ceph 的发展背景可以追溯到对传统存储系统的不足之处的认识，包括单点故障、难以扩展和维护成本高等问题。

Ceph 对象存储采用了分布式的、无目录层次结构的设计，每个对象都有唯一的标识符。这种架构使得 Ceph 能够实现高效的数据存储和检索。通过其 RADOS Gateway（RadosGW），Ceph 提供了 S3 和 Swift 接口，与云存储服务兼容，为用户提供了更多的选择。

Ceph 的主要特点包括多租户支持，使得在同一存储集群中可以隔离管理多个用户或企业的数据；数据的自修复机制，确保在节点故障时数据仍然完整可用；高性能和可扩展性，使得 Ceph 适用于处理大规模、高并发的对象存储工作负载。Ceph 对象存储是一个强大而灵活的解决方案，被广泛应用于私有云、公有云以及需要高性能、分布式存储的场景。

4. MinIO

MinIO 是一个开源的、轻量级的对象存储服务，专注于提供高性能的分布式存储解决方案。MinIO 的背景源于对日益增长的大规模数据存储需求的回应，它旨在通过简化设计和高效执行来满足现代云存储的要求。

2.2.4 MinIO 的优势

MinIO 作为一款开源的对象存储软件，以下的特性使其在云存储领域中备受瞩目。

1）MinIO 轻量高效的设计理念赋予了其卓越的性能和出色的资源利用率。特别是在边缘计算、物联网等资源受限的环境中，MinIO 的轻量化特性显得尤为重要，为用户提供了快速、高效的存储解决方案。

2）作为一款开源软件，MinIO 采用 Apache License 2.0 许可，为用户提供了免费使用、修改和分发的权利。这种开源自由的特性吸引了众多开发者和组织，使他们能够基于 MinIO 进行自由定制和优化，满足各种不同应用场景的需求。

3）MinIO 支持 Amazon S3 协议，这为用户提供了更大的灵活性。用户可以轻松地将 MinIO 与其他遵循 Amazon S3 协议的云存储服务和工具进行集成，而不用修改现有应用程序代码。这种协议兼容性使得 MinIO 成为一个无缝衔接到现有云基础设施中的选择。

4）在高度可定制性方面，MinIO 提供了丰富的配置选项，用户可以根据具体需求进行调整。存储策略、安全性设置、访问控制等方面的可定制性，使 MinIO 能够满足各种不同应用场景的性能和安全性需求。

5）MinIO 支持 Docker 容器，可以轻松地集成到容器编排系统中，例如 Kubernetes（简称 k8s）。这种容器化特性使得 MinIO 非常适合云原生架构，支持弹性的部署和扩展，为用户提供了更灵活的存储解决方案。

6）强调数据安全性也是 MinIO 的一个显著特点。通过提供数据的加密传输和存储功能，MinIO 为用户提供了额外的安全层，尤其对于处理敏感数据的应用场景至关重要。

MinIO 中文网站地址为 https://www.minio.org.cn/，可以在上面找到关于 MinIO 最新的中文资料。

2.3 对象存储的概念

对象存储基于一系列核心概念构建了灵活而高效的数据存储模型，为实现数据的安全、可靠、高效管理提供了基础支持。

2.3.1 对象存储的基础概念

作为一种先进的数据存储方式，对象存储以独特的基础原理构建了一套灵活而高效的概念体系。其中，存储桶（Bucket）、对象、元数据和唯一标识符等基础概念，构成了对象存储的核心要素。通过深入理解这些基础概念，我们能够更好地理解和操作对象存储系统，实现对数据的更精准管理、更便捷检索以及更可靠保护。

1. 唯一标识符

唯一标识符在对象存储系统中扮演着至关重要的角色，其独特性质确保了整个存储环境的稳定性和可靠性。每个对象都被赋予一个独特的标识符，通常采用先进的哈希算法生成。这个过程是系统中的一项关键操作，旨在确保每个对象在系统中都具有唯一的身份。

唯一标识符的生成依赖于哈希算法，这是一种通过对对象的关键信息进行数学计算，将其转化为固定长度的字符串的方法。常见的哈希算法（如 MD5 和 SHA-256 等）以其高效且低冲突的特性，为唯一标识符的生成提供了可靠的基础。这保证了即使在大规模的存储系统中，标识符之间的冲突概率极低，为系统的稳定性注入了强大的保障。

唯一标识符具有多重作用，其中之一是作为对象的身份证。这意味着通过唯一标识符，无论其规模大小，系统能够准确追踪和管理每个存储对象。这种直接寻址方式极大地简化了用户与存储系统的交互，使得用户能够通过标识符直接定位和操作对象，而不用了解存储系统的复杂内部结构。

唯一标识符的引入为整个存储系统提供了一种高效而可靠的管理机制。通过确保每个对象都有唯一的标识，系统不仅能够避免潜在的命名冲突，还能够实现更加精准的对象定位和检索。这为用户提供了更加稳定、高效的数据存储与管理体验，推动了对象存储技术的发展。

2. 元数据

元数据（Metadata）在对象存储系统中充当着对对象的关键描述信息，其作用不可忽视。这些元数据包括对象的创建时间、修改时间、大小、所有者、访问权限等，为系统提供了关于对象基本属性的重要信息，有助于高效地管理对象、提供详尽的信息用于存储、检索和控制对象。

系统中存在两种主要类型的元数据：首先是基础元数据，涵盖了对象的创建时间、最后修改时间、大小等基本属性；其次是用户自定义元数据，为用户提供了灵活性，使其能够根据特定业务需求自定义标签、分类等信息，以满足个性化的管理和检索要求。

元数据通常存储在对象存储系统的专用服务中，这个服务负责维护和管理对象的元数据。通过有效的元数据管理，系统能够确保元数据的准确性和实时性，为对象的状态和属性提供可靠的反映，从而维持系统的高性能和用户体验。

元数据的存在使得系统能够通过高效的检索和查询方式，根据存储对象的各种属性（如时间、大小、拥有者等条件）迅速定位和检索所需的对象。这种灵活的检索机制大大提高了用户在海量数据中查找特定对象的效率。

元数据中可能包含对象的访问权限信息，从而支持对对象的精细权限控制。通过元数据，系统可以了解对象的访问规则，确保只有经过授权的用户能够访问和修改特定对象，提高了数据安全性。

在一些对象存储系统中，元数据还负责对象的版本控制。通过记录对象的版本信息，系统可以追踪对象的修改历史，使用户能够回溯到特定时刻的对象状态，实现了对数据版本的灵活管理。

3. 对象

对象在对象存储系统中是数据的基本单位。一个对象包含数据本身、元数据和唯一标识符。数据是实际的内容，可以是文本、图像、音频或其他形式的信息。

对象的命名对于系统的整体管理和检索非常关键。一般而言，对象的命名规范包括字符长度、字符种类、命名空间等方面的要求。合理的命名规范有助于建立有序的存储结构，方便用户对大量对象进行管理和检索，避免命名冲突和混乱。

对象存储通过唯一标识符直接访问对象，而不需要了解对象存储的具体物理结构。这种直接寻址方式使得对象的检索和访问更加高效。用户可以通过标识符轻松地定位和检索特定对象，而不用关注底层的存储细节。这种简便的访问方式提高了用户体验和系统的整体性能。

为了提高数据的冗余性和可靠性，对象存储通常采用分散存储的方式。大文件对象会被拆分成多个数据片段，并分散存储在不同的物理节点上。这种分散存储的设计增加了系统的可靠性，即使某个节点发生故障，仍能通过其他节点提供服务，使得对象存储适用于分布式、弹性的存储需求。

4. 存储桶（Bucket）

存储桶（Bucket）在对象存储中是用来存储对象的基本容器。可以将存储桶理解为一个命名的存储空间，用于组织和管理对象。每个存储桶必须具有唯一的名称，确保在整个对象存储系统中的唯一性。

存储桶的命名规范是确保唯一性的重要因素。命名规范通常包括字符长度、字符种类、命名空间等要素。具体规范可能因对象存储服务提供商而异，但通常要求命名具有辨识度、可读性，并符合特定的命名规则。这有助于建立有序的存储结构，方便用户对存储桶进行管理。

每个存储桶都可以具有一些基本属性，例如地理位置、存储类别等，这些属性有助于对存储桶进行定制化配置，以满足不同的业务需求。通过设置存储桶的属性，用户可以调整存储桶的性能、可用性和成本等方面的特性。

存储桶中的对象通常继承自存储桶的权限设置。存储桶的权限设置是保障对象安全性和隐私性的关键因素。用户可以通过存储桶级别的权限设置，精确控制对存储桶中对象的访问权限，包括读取、写入、删除等操作。

一些对象存储服务提供商支持存储桶的生命周期管理，通过定义规则，自动管理存储桶中对象的生命周期，包括对象的创建、过期、删除等阶段，有助于优化存储桶的空间利用率和成本效益。

为了确保数据的可追溯性和保护数据免受意外删除，一些对象存储服务支持存储桶级别的版本控制。启用版本控制后，对象的每个新版本都将被保留，用户可以随时检索先前的版本，实现数据的历史记录和管理。

为了满足监控和审计的需求，存储桶通常支持日志记录功能。通过开启存储桶的日志记录，用户可以获取有关对存储桶的访问、操作历史等详细信息，帮助进行安全性分析和故障排查。

存储桶作为对象存储系统中的基本组成单元，其灵活性和丰富的功能使其成为适用于不同应用场景的重要元素。

2.3.2 对象存储的高级概念

对象存储不仅关注基础概念（如存储桶、对象和元数据），更在高级概念层面为我们提供了更为强大的功能。这些高级概念包括访问控制列表、版本控制、对象加密、桶复制以及 Access Key（访问密钥），它们构成了对象存储的核心原理，为我们提供了更精细、灵活的数据管理工具。通过深入理解这些高级概念，我们能够更好地保护、共享、追踪和备份我们的数字资产，使其在数字化时代焕发出更为强大的价值。

1. 版本控制

版本控制是对象存储中一项关键的高级功能，它使得用户能够追踪和管理对象的不同版本。每次对对象的修改都会产生一个新的版本，这些版本按时间顺序存储，用户可以根据需要访问不同的历史版本。版本控制为用户提供了更精细的数据管理和恢复能力，防止误操作导致的数据丢失。

版本控制的实现方式主要分为两种：基于时间戳的版本控制和基于差异存储的版本控制。基于时间戳的版本控制记录每次修改的时间，并将不同版本按时间排序存储。这种方式简单直观，但可能占用较多存储空间。基于差异存储的版本控制则记录每次修改相对于前一版本的差异，只存储变化的部分，节省了存储空间，但需要更复杂的算法来恢复对象。

版本控制在数据管理中具有广泛的应用场景。首先，它为用户提供了数据的时间轴，使得可以回溯历史数据状态。其次，版本控制支持用户在不同版本之间进行比较，了解对象的变化情况。在团队协作中，版本控制还能协助多人同时编辑一个对象，确保数据的一致性。总体而言，版本控制提高了数据的可追溯性、可管理性和安全性。

许多对象存储服务提供商都支持版本控制功能，用户可以通过管理控制台或 API 进行配置。在应用场景中，例如文档编辑、软件开发等领域，版本控制成为确保数据完整性和协同工作的不可或缺的工具。通过版本控制，用户可以更自由地进行实验、修改和回滚，提高了数据操作的灵活性和安全性。

2. 桶复制

桶复制是对象存储系统中一种重要的数据管理特性，它允许将一个存储桶（Bucket）中的对象自动复制到另一个存储桶中。这种机制使得用户可以在不同的存储桶之间实现数据的同步和备份，提高了数据的可用性和容错性。桶复制通常通过配置规则来实现，这些规则定义了复制的源桶、目标桶以及复制的条件。

桶复制规则包含源桶、目标桶和复制条件。源桶是复制的起始点，指定了要复制的对象所在的存储桶。目标桶是复制的目的地，规定了复制后对象要存储的目标存储桶。复制条件定义了触发复制的条件，例如对象的前缀、后缀、标签等。

桶复制的主要目的之一是实现数据的同步和备份。当源桶中的对象发生变化（如创建、修改、删除）时，桶复制会自动将这些变化同步到目标桶，确保目标桶中的对象与源桶保持一致。这为用户提供了灵活而强大的数据管理手段，使得数据备份和灾难恢复变得更加可控和高效。

一些对象存储服务提供跨区域桶复制的功能，允许将数据从一个地理区域复制到另一个地理区域。这对于满足异地备份和灾难恢复的需求非常重要。用户可以通过桶复制规则指定源桶和目标桶所在的不同区域，实现数据的全球性同步与备份。

桶复制通常会考虑对象的权限和访问控制，确保复制后的对象在目标桶中保持相同的权限设置。这包括对象的读写权限、访问策略等。这种一致性的权限管理使得用户在进行桶复制时可以更好地控制数据的安全性。

为了帮助用户了解桶复制的状态和效果，一些对象存储服务提供了监控和日志记录功能。用户可以通过监控系统查看桶复制的进度、状态和性能指标。同时，系统会记录桶复制的操作日志，方便用户进行故障排查和审计。

桶复制作为对象存储的关键功能之一，为用户提供了强大的数据管理手段，使得数据同步、备份和跨区域复制变得更加简便而可控。

3. 对象加密

对象加密是对象存储系统中一项关键的安全措施，用于保护存储在系统中的数据。该过程涉及将存储的对象进行加密，以确保只有经过授权的用户才能访问和解密这些对象。对象加密通常采用高度安全的加密算法［如 AES（高级加密标准）］，以确保数据的机密性。

对象加密的时机主要分为两个层次：客户端加密和服务端加密。客户端加密是在数据离开客户端设备之前进行的加密，客户端负责管理密钥和加密流程。而服务端加密则是在数据到达服务端后进行的加密，服务端负责管理密钥和执行加密操作。两者的选择取决于安全需求和实际应用场景。

对象加密的一个关键方面是密钥的管理。密钥用于加密和解密对象，因此密钥的安全性至关重要。密钥管理涉及生成、存储、更新和分发密钥的过程。安全的密钥管理确保了对象的加密和解密过程不受到未经授权的访问或攻击，从而维护了整个对象存储系统的安全性。

选择合适的加密算法是对象加密的重要考虑因素。常用的加密算法，如 AES 是对称加密算法，而 RSA 是非对称加密算法。对称加密算法速度较快，但需要安全地管理密钥；非对称加密算法相对安全，但速度较慢。根据具体的安全需求和性能要求选择适当的加密算法是对象加密设计中的一项关键决策。

在实施对象加密时，需要在安全性和性能之间进行平衡。较强的加密算法和密钥管理机制可能带来更高的安全性，但可能会对系统性能产生一定影响。因此，需要根据应用的实际情况和安全需求，选择适当的加密策略以确保在提供足够安全性的同时，不影响整体系统性能。

对象加密作为对象存储的重要组成部分，为用户提供了额外的数据安全层面，对于保护敏感信息和隐私数据具有重要意义。

4. 访问控制列表

访问控制列表（Access Control List，ACL）是对象存储系统中一种重要的权限管理机制。ACL 定义了对特定对象或资源的访问权限，规定了哪些用户或系统可以执行何种操作。ACL 通常由一组权限条目组成，每个条目对应一个用户或用户组，以及允许或拒绝的权限。通过 ACL，系统管理员可以细粒度地控制用户对对象的访问和操作。

用户或用户组指定了 ACL 中的权限应用于哪些用户或用户组。用户可以是具体的个体用户，也可以是事先定义好的用户组，便于对一组用户进行统一的权限管理。

权限定义了用户或用户组对对象的具体操作权限。常见的权限包括读取（Read）、写入（Write）、执行（Execute）等，具体权限根据系统而定义。

ACL 可以应用于存储桶级别或对象级别，具体取决于系统的设计。在存储桶级别，ACL 可以控制对整个存储桶的访问权限，包括创建、删除、列举等操作。在对象级别，ACL 可以规定对单个对象的读写权限，确保只有经过授权的用户才能够访问或修改对象。

ACL 提供了灵活的权限管理方式，使得系统管理员能够根据实际需求制定详细的权限策略。这种灵活性也为系统的可扩展性提供了支持，可以随着业务的发展动态地调整和管理权限，确保安全性和合规性。

ACL 通常可以通过系统的管理界面、命令行工具或 API 进行配置和管理。系统管理员可以添加、修改或删除 ACL 条目，实时调整权限策略。合理配置 ACL 有助于确保数据的安全性，防范未经授权的访问和操作。

举例来说，一个存储桶的 ACL 可以规定某个用户组有读写权限，而其他用户只有读取权限。在对象级别，一个文件的 ACL 可以允许特定用户读取，但不允许写入或删除。这样的细粒度控制可以满足不同应用场景下的权限需求。

5. Access Key

Access Key（访问密钥）是对象存储系统中用于进行身份验证的重要凭证。它是一种由系统生成的密钥对，包括一个 Access Key ID 和一个 Secret Access Key。Access Key ID 用于标识访问者的身份，而 Secret Access Key 则是用于对请求进行签名以进行身份验证的秘密密钥。

在使用对象存储服务时，用户首先需要创建一个 Access Key，这通常通过访问存储服务的管理控制台或调用相应的 API 来完成。生成 Access Key 时，系统会为用户分配一个唯一的 Access Key ID，并生成与之对应的 Secret Access Key。用户需要妥善保管 Secret Access Key，因为它是进行身份验证的关键。

Access Key 在对象存储中扮演着关键的角色，用于验证请求的发送者是否具有执行特定操作的权限。当用户使用 SDK、命令行工具或其他客户端工具与对象存储交互时，通常需要提供 Access Key 以证明其身份。Access Key 通过一系列加密算法与请求进行签名，确保请求的完整性和安全性。

Access Key 的权限可以通过访问策略进行精细的控制。访问策略定义了哪些操作允许被执行，以及在哪些资源上允许执行这些操作。通过合理配置访问策略，可以实现对 Access Key 的权限进行细粒度的控制，确保安全可控的系统访问。

为了增加系统的安全性，建议定期对 Access Key 进行轮换。定期更换 Access Key 可以减少潜在的安全风险，即使某个 Access Key 不慎泄露，也能够限制其有效期，降低被滥用的风险。系统管理员应定期审查和更新 Access Key，保障系统的稳定和安全运行。

2.4 对象存储的标准通信协议——S3 协议

在众多对象存储服务中，Amazon Simple Storage Service（Amazon S3）凭借其卓越性能和广泛应用，成为业界标杆。然而，Amazon S3 之所以如此强大，除了其先进的对象存储概念，还离不开其基于 HTTP/HTTPS 的通信协议——S3 协议。

2.4.1 S3 协议的起源与发展

S3 协议的起源可追溯至 2006 年，当时亚马逊公司推出了一项革命性的云存储服务——Amazon S3。这项服务的目标是为开发者提供一种简单、高效的方式，通过标准的 HTTP 方法对云端存储进行操作。S3 的推出标志着云存储领域的重要创举，同时也为亚马逊的 AWS 云服务奠定了坚实的基础。

该协议的设计注重易用性和直观性。其最初的目标是简化云存储服务的访问方式，使得开发者能够轻松实现对存储桶中对象的上传、下载、删除等基本操作。通过引入 RESTful API 的概念，S3 协议摒弃了繁杂的操作流程，取而代之的是一种更为直接的云存储访问方式。这一理念在后来的发展中成为 S3 协议的核心特点之一。

随着 Amazon S3 服务的广泛应用，S3 协议也经历了不断的演进。通过推出新版本，亚马逊不仅引入了更多的功能，还对协议性能进行了优化。这种不断演进的特性使 S3 协议始终能够适应云存储领域的不断变化和增长需求。通过不断改进的版本，S3 协议在全球范围内成为云存储操作的事实标准，为用户提供了一致且可靠的服务。

S3 协议的开放性是其成功的又一关键因素。亚马逊公司将 S3 协议的 API 开放给了其他云服务提供商，为整个云存储生态系统的发展提供了坚实基础。这种开放性使得不同云存储服务可以实现互通，用户可以更加灵活地选择和切换不同的云存储服务，而不用担心协议兼容性问题。

在整个云计算行业中，S3 协议的起源与发展堪称一项划时代的技术创新。其简单、开放、通用的设计理念不仅改变了开发者对云存储的认知，也为云计算技术的日益普及和发展贡献了重要力量。

2.4.2 S3 协议的底层原理

S3 协议的底层通信原理是其高效运作的关键。理解 S3 协议的底层通信原理有助于开发者更好地利用该协议进行云存储操作。

S3 底层原理包括以下内容。

1. HTTP 和 RESTful API

S3 协议采用 HTTP 作为通信协议，通过 RESTful API（Representational State Transfer）实现对云端存储资源的操作。RESTful API 的设计理念强调资源的标识和状态分离，使得开发者可以通过简单的 HTTP 方法（GET、PUT、DELETE 等）实现对资源的操作，资源的状态则通过 URI 进行标识。这种基于 HTTP 和 RESTful 的设计使得 S3 协议更加直观、易用。

2. 认证与访问控制

在 S3 协议中，每个请求都需要进行认证，确保只有经过授权的用户可以访问相应的存储桶和对象。协议通过 Access Key 和 Secret Key 的组合进行认证，保障了通信的安全性。此外，S3 协议还支持通过访问控制列表（ACLs）和存储桶策略（Bucket Policies）进行更精细的访问控制，满足用户对存储资源的不同权限需求。

3. 数据的传输与传输加速

S3 协议通过 HTTP 传输数据，但为了提高效率，支持分块传输。这意味着大文件可以被分割成小块并分别传输，减少了数据传输的延迟。同时，S3 还支持传输加速，通过 Amazon CloudFront 等内容分发网络（CDN）提供全球范围的高速数据传输服务，提升了数据的传输效率。

4. 错误处理与状态码

S3 协议规定了一系列 HTTP 状态码用于表示请求的处理结果。通过标准的 HTTP 状态码，开发者可以清晰地了解请求是否成功，以及发生了什么样的错误。这种状态码的设计有助于开发者更好地处理异常情况，提升了系统的可靠性。

5. 多区域与多终端适配

S3 协议支持在不同的存储区域（Region）中进行数据存储，通过不同的域名或终端点进行访问。这种设计允许用户将数据存储在离用户更近的位置，提高了访问速度和降低了延迟。

2.4.3 S3 协议的优势

Amazon S3 协议作为一种强大的云存储协议，具有多项优势，使其成为业界领先的云存储服务之一。S3 协议的优势如下。

1. 弹性伸缩

S3 协议以其强大的弹性伸缩性而著称，用户能够根据实际需求动态调整存储容量。这种特性使得用户可以灵活应对业务增长，而不用过度投入或担心容量不足。随着业务规模的变化，用户能够轻松地扩展或收缩存储资源，实现更加精准的资源管理。

2. 高可用性和持久性

S3 协议通过数据冗余和分布式存储，保证了数据的高可用性和持久性。数据在存储时会被复制到多个物理位置和设备上，即使在硬件故障或自然灾害发生时，也能保障数据的安全性和可靠性。这种设计使得 S3 协议成为用户可信赖的数据存储解决方案，尤其在关乎数据安全的敏感应用中更为受欢迎。

3. 强大的安全性控制

S3 协议提供了多层次的安全性控制，包括 Access Control Lists（ACLs）和存储桶策略（Bucket Policies）。这使得用户能够细致地管理对存储桶和对象的访问权限，确保数据仅对授权用户可见。通过灵活的权限管理，用户可以实现细粒度的数据控制，确保数据的保密性和完整性。

4. 灵活的数据传输

数据传输方面，S3 协议使用 HTTPS 协议保障数据在传输过程中的安全性。此外，S3 还支持大文件的分块上传和断点续传，使得大规模数据的传输更为高效和可靠。这种灵活的数据传输方式适用于各种场景，包括大规模数据备份、迁移和共享等。

5. 低延迟的访问速度

S3 协议支持多个存储区域（Region），用户可以选择将存储桶创建在距离用户更近的区域，从而降低访问延迟，提高数据的访问速度，适应不同地域的业务需求。这种区域选择的灵活性使得用户能够优化数据访问体验，提供更加快速和响应的服务。

6. 费用灵活透明

费用方面，S3 协议采用透明而灵活的计费结构。用户只需按照实际使用的存储容量和数据传输量支付费用，而不用担心高额的固定开支，实现了经济上的高效性。这种费用透明度为用户提供了更好的成本控制和资源利用的灵活性。

7. 生态系统整合

S3 协议已经成为云存储领域的事实标准，得到了众多第三方工具和应用的广泛支持。用户可以方便地整合 AWS 服务以及生态系统中的各种工具，从而更好地满足各种应用场景的需求。这种生态系统整合为用户提供了更多选择和扩展性，使得 S3 协议成为一个完备而开放的云存储平台。

2.4.4 S3FS 协议

S3FS 协议是一种在文件系统层面对 Amazon S3 进行映射的协议。它使用 FUSE（Filesystem in Userspace，用户空间文件系统）技术，在用户空间创建一个文件系统，将 Amazon S3 存储桶映射为本地文件系统。S3FS 协议通过本地文件系统的接口，实现了将 S3 对象当作本地文件进行操作的功能，使得用户可以直接通过文件系统的命令和工具来管理 S3 中的数据。

S3FS 协议实际上是基于 S3 协议的一种实现方式，它通过模拟文件系统的方式，使得 S3 的存储桶和对象在本地具有文件和目录结构，方便用户使用。S3FS 协议依赖于 S3 协议的基础，因为它需要通过 S3 的 API 来与 Amazon S3 服务进行通信。S3FS 协议并不替代 S3 协议，而是在其基础上提供了一种更加用户友好的、文件系统级别的接口。简而言之，S3FS 协议是一种在 S3 协议基础上的应用层实现，使得用户可以更方便地通过本地文件系统的方式与 Amazon S3 存储服务进行交互。

1. S3FS 协议的核心概念

S3FS 的核心概念之一是将 Amazon S3 存储桶映射到本地文件系统。这意味着用户可以像在本地文件系统中一样访问和管理 S3 中的对象，通过常见的文件和目录结构进行组织。这种映射使得用户可以通过命令行或图形界面等标准文件系统工具来操作 S3 中的数据，从而实现对 S3 存储的无缝访问和管理。

S3FS 使用 FUSE 技术，这是一种允许用户空间程序创建文件系统的机制。FUSE 使得 S3FS 能够在用户空间实现文件系统，而不用修改内核。这为将 S3 存储桶与本地文件系统进行无缝整合提供了可能。用户可以在不需要特权访问的情况下运行 S3FS，将 S3 存储桶挂载到本地文件系统，轻松实现文件和对象的集成。

S3 存储桶中的对象被映射为文件，而对象的元数据可以映射为文件属性。这种映射关系使得 S3 桶中的数据可以以类似传统文件系统的方式进行操作。通过这种映射，用户可以通过路径和文件名直接访问 S3 存储桶中的对象，简化了对云端存储的访问方式。

为了提高性能，S3FS 通常会使用本地缓存机制。通过将 S3 桶中的对象缓存在本地磁盘上，可以减少对远程 S3 存储的频繁访问，加速数据的读写操作。本地缓存还有助于降低网络延迟，特别是对于那些大文件和频繁访问的数据，提供了更快的响应时间。这种优化提供了更加高效的文件系统性能，使得用户能够更快速地获取和管理 S3 存储桶中的数据。

2. S3FS 协议的优势

（1）透明性

S3FS 确保了用户对 S3 存储桶的操作是透明的，不用深入了解 S3 的底层实现细节。用户可以通过常见的文件和目录结构进行数据的组织和管理，使得整个过程更加直观和用户友好。这种透明性大大降低了用户使用 S3 存储桶的学习成本，使得云存储变得更加易于操作和理解。

（2）易用性

S3FS 提供了一种简单的方式，让用户通过标准的文件系统接口使用和管理 S3 中的数据，不用更改已有的应用程序。这种易用性使得用户能够无缝地将 S3 存储桶整合到其现有的工作流程中，而不用额外的编码或配置。通过简化操作步骤，S3FS 为用户提供了更加便捷的数据管理体验。

（3）云存储扩展

S3FS 使得在云存储环境中进行数据操作更加方便，也为迁移、备份等场景提供了更好的支持。用户可以像访问本地文件系统一样对 S3 存储桶进行操作，这种无缝的扩展性使得用户可以轻松地将现有的数据处理流程扩展到云端，实现更高的灵活性和可扩展性。这种云存储扩展性为用户提供了更多的选择，使得数据的管理和利用更加多样化。

3. S3FS 与 S3 协议的区别

S3FS 和 S3 协议都与 Amazon S3 存储服务相关，但它们在实现和使用方面存在一些关键区别。

（1）实现方式

S3 协议是 Amazon S3 的原生协议，由 Amazon 提供和维护。它是一种 RESTful 协议，通过 HTTP 或 HTTPS 进行通信。S3FS 协议则是一种文件系统层面的实现，它使用 FUSE 技术在用户空间创建一个文件系统，将 Amazon S3 存储桶映射为本地文件系统。S3FS 在本地文件系统中模拟了对 S3 对象的访问，实现了通过文件系统接口对 S3 数据进行操作的功能。

（2）访问方式

S3 协议主要通过 HTTP 请求进行数据访问，用户需要使用 Amazon S3 提供的 API 进行操作。而 S3FS 协议通过本地文件系统的接口，使用户可以像操作本地文件一样对 S3 中的对象进行读写。这种访问方式使得 S3FS 协议更容易集成到现有的文件系统和应用程序中，而不用修改现有的代码。

（3）透明性

S3 协议对用户来说是透明的，但需要使用 Amazon S3 提供的 API 进行数据管理。S3FS

协议通过FUSE技术实现文件系统映射，使S3存储桶在用户看来就像是本地文件系统一样，具有更高的透明性。这种透明性使得用户可以直接通过文件系统接口管理S3中的对象，而不用学习S3的API。

（4）性能

由于S3FS在本地实现了对S3对象的缓存，可以通过本地缓存提高读取性能。但这也带来了一些潜在的一致性和同步问题。相比之下，原生的S3协议可能更适用于大规模、高并发的数据访问场景。

（5）维护和支持

S3协议由Amazon负责维护和更新，保证了其与Amazon S3服务的最佳兼容性。而S3FS协议则由社区维护，可能存在更新和支持的不同程度。

总之，S3协议和S3FS协议各有优劣，选择取决于具体的使用场景和需求。S3协议更适用于需要直接与Amazon S3服务进行集成的情况，而S3FS协议则更适用于需要通过本地文件系统接口访问S3数据的场景。

2.5 对象存储中的纠删码

随着大规模数据的持续增长，存储系统需要更加高效和弹性的方式来保护数据免受损坏或丢失。在这个背景下，纠删码作为一种高效的容错编码技术，逐渐引起了广泛关注。通过在对象存储系统中引入纠删码，我们能够以更经济的方式实现数据的冗余备份，提高数据的可靠性，并在一定程度上节约存储空间。

2.5.1 了解纠删码

纠删码（Erasure Code）是一种冗余编码技术，其基本原理是通过在原始数据的基础上添加冗余信息，以实现对数据的高效、弹性的纠错和恢复。与传统的冗余备份方式不同，纠删码旨在通过智能和经济的方式减少冗余开销，并在一定程度上提高存储系统的效率和可靠性。

纠删码的概念起源于信息论领域，早期用于通信领域的数据传输纠错。随着大规模数据存储需求的增长，纠删码被引入到存储系统中，尤其在云存储和对象存储等领域得到广泛应用。

纠删码将原始数据分割成多个数据块，并通过数学算法生成额外的冗余块。这些冗余块以分布式的方式存储在不同的位置，形成一种容错结构。当部分数据块丢失或损坏时，系统可以通过余下的数据块和冗余块进行计算，从而还原原始数据。这种分布式的冗余结构使得纠删码相对于传统备份方式更加节省存储空间。

纠删码的主要作用是提供高效的容错机制，减少数据损坏或丢失的风险。通过使用数学计算方法，纠删码能够在保障数据可靠性的同时，降低额外的存储成本。因为它具有更高的存储效率和更低的冗余开销，所以适用于大规模数据的高效冗余备份。

纠删码在许多领域都得到了广泛应用，特别是在大规模分布式存储系统和云存储环境中。对象存储服务、分布式文件系统、云备份等都采用了纠删码来提高数据的容错性和可靠性。此外，在网络通信、数据传输以及移动通信等领域，纠删码也有重要的应用，以确保数据的完整性和可靠性。

纠删码的不同变种和算法被设计用于满足不同应用场景的需求，使得纠删码成为现代存储系统中不可或缺的一部分。

2.5.2 纠删码的发展史

为了确保数据的可靠性和完整性，科学家们不断追求创新，纠删码就是在这个背景下应运而生的一项重要技术。随着科技不断演进，纠删码的应用前景也在不断拓展，为我们构建更加稳健和可靠的数字世界提供了强有力的支持。

1. 纠删码的起源

纠删码的起源可以追溯到信息论的早期研究。Claude Shannon 在 20 世纪 40 年代提出了信息论的基本原理，其中包括了一些纠错编码的理论。纠错编码的概念最初是为了解决在信息传输过程中可能发生的错误和噪声引起的数据损坏问题。这些理论为后来纠删码的发展提供了基础。

2. 信息存储领域应用

随着计算机技术的发展，人们开始面临越来越多的数据存储和可靠性问题。在 20 世纪 80 年代，纠删码逐渐被引入到信息存储领域。在存储系统中，纠删码的主要目标是提高数据的冗余度，从而提高存储系统的容错性和可用性。传统的冗余备份方案效率较低，而纠删码通过分布式的方式显著减少了冗余开销。

3. 分布式存储和云存储的应用

随着大规模数据的爆发式增长，分布式存储系统和云存储的兴起加速了纠删码在实际应用中的普及。传统的冗余备份在大规模系统中面临着存储和成本压力，而纠删码通过其高效的容错性成为一种理想的解决方案。大型云服务提供商（如 Amazon S3 等）广泛采用纠删码来提高数据的冗余备份效率。

4. 不同纠删码方案的提出

随着对纠删码的研究深入，不同的纠删码方案被提出以适应不同的应用场景和要求。经典的 Reed-Solomon 码是最早的一种纠删码，后来出现了各种变种和改进，如 Fountain 码、LDPC 码等。每种纠删码方案都有其特定的数学原理和适用范围。

5. 纠删码在未来的发展

随着数据存储需求的不断增加和技术的发展，纠删码在未来将继续发挥重要作用。在物联网、大数据分析、边缘计算等新兴领域，对高效、可靠、经济的数据冗余备份提出了更高的要求，纠删码有望在这些领域发挥更大的作用。不断涌现的新型纠删码方案和算法也将为纠删码的进一步发展提供支持。

2.5.3 纠删码的分类

纠删码作为一种重要的错误纠正和容错手段，具有多种不同的类型和分类方式，其设计灵活而多样。纠删码可以根据线性与非线性、区块与滑动窗口、分散式与集中式等特性进行分类。通过深入了解这些分类，我们可以更好地选择和应用适合特定场景的纠删码，从而提高数据的可靠性和容错性。

1. 线性纠删码与非线性纠删码

线性纠删码和非线性纠删码代表着两种不同的纠删码类型，它们在编码和解码过程中采用了不同的原理和方法。

消息向量是在纠删码中表示原始数据的向量。它包含了需要进行编码的实际信息，可以看作是用户要传输或存储的数据。在纠删码编码过程中，消息向量经过特定的编码算法被转换为编码向量，用于增加冗余以提高数据的容错性。

校验向量是纠删码中用于校验原始数据完整性的向量。通过对消息向量进行编码，生成校验向量，这个校验向量在传输或存储过程中一同被发送或保存。当接收端收到数据后，通过校验向量进行解码，检查原始数据是否有损坏或丢失。如果有，校验向量可以帮助进行修复或恢复。

（1）线性纠删码

线性纠删码以线性代数原理为基础，将数据表示为向量形式，其中消息向量与校验向量之间通过线性组合建立关系。在编码过程中，通过矩阵运算，消息向量与生成矩阵相乘，生成包含冗余信息的编码向量。编码向量的作用是提高数据的冗余度以实现错误的检测和修复。这种线性组合的特性使得线性纠删码在处理错误和丢失数据时具有优势。

编码过程是将消息向量与生成矩阵进行线性组合，生成带有冗余信息的编码向量。解码过程则通过对接收到的编码向量进行矩阵运算，使用逆矩阵或伪逆矩阵，以恢复原始消息向量。这种基于矩阵运算的编码和解码原理是线性纠删码的核心。

Reed-Solomon 码是线性纠删码的典型代表，其设计基于有限域上的多项式运算。通过选定适当的生成多项式，Reed-Solomon 码能够生成强大的纠删码，广泛应用于数据传输和磁盘存储等领域。这种应用广泛的特性证明了线性纠删码在实际场景中的可靠性和有效性。

线性纠删码具有高度的纠删能力，能够纠正多个错误或丢失的数据，因此在通信系统、磁盘存储、数字传输等领域得到广泛应用。其在提高数据可靠性方面的强大能力使其成为许多领域中的首选纠删码方案。

（2）非线性纠删码

与线性纠删码不同，非线性纠删码的编码和解码过程不满足线性关系，其中涉及非线性的运算。这类码的特点是消息向量与校验向量之间的关系不可由简单的线性组合表示。非线性纠删码的引入是为了更灵活地应对某些特殊场景，其中线性关系不足以满足要求。

Fountain 码是一种典型的非线性纠删码，它的设计理念是通过在发送端随机选择编码符号，而在接收端通过概率分布的方式来解码。这使得 Fountain 码能够在不确定的通信环境下表现出色，尤其在无线通信等领域具有独特的优势。

非线性纠删码的编码和解码原理中，涉及非线性的运算。在 Fountain 码的情境下，编码过程中采用随机选择的方式，而解码过程则通过概率分布来恢复原始数据。这种非线性的设计使得 Fountain 码在应对复杂的通信环境和特殊需求时更为灵活。

非线性纠删码常用于一些特殊场景，如无线通信中的数据传输。由于其随机性和非线性特性，Fountain 码在无线信道中表现出色，能够应对丢包、干扰等复杂情况。这种灵活性使得非线性纠删码在特定应用场景中发挥了独特的作用。

2. 区块纠删码与滑动窗口纠删码

区块纠删码与滑动窗口纠删码的分类依据主要体现在它们对消息向量的处理方式上。区块纠删码将消息向量划分为独立的块，在编码和解码过程中独立处理每个块，而滑动窗口纠删码则通过一个固定大小的滑动窗口在消息向量上移动，对窗口中的数据进行连续处理。这种差异影响了它们在容错性、应用场景等方面的表现，使得区块纠删码更适用于独立块的处理，而滑动窗口纠删码更适用于需要流式处理的场景。

（1）区块纠删码

区块纠删码的设计和实现主要基于将消息向量划分为独立的块。在区块纠删码中，整个消息向量被分割成固定大小的块，每个块都被独立地处理，而不涉及对整个消息向量的全局操作。

区块纠删码的核心思想是通过对每个块进行编码，生成校验块，并在解码过程中通过校验块对数据块进行恢复。这种独立块的处理方式使得区块纠删码更加灵活，适用于对消息向量进行分段处理的场景。

区块纠删码的应用广泛，特别在分布式存储和通信领域。通过将数据划分为块，可以实现更高效的纠删码处理，提高系统的容错性和可靠性。这使得区块纠删码成为处理大规模数据的重要工具，尤其在面对大规模数据传输、存储和备份等方面发挥着重要的作用。

（2）滑动窗口纠删码

滑动窗口纠删码基于滑动窗口的思想。在滑动窗口纠删码中，数据被划分为窗口，每次只对一个窗口内的数据进行编码和纠删，窗口之间的移动使得整个数据流可以被高效地处理。

这种纠删码的核心思想是通过对数据流的局部窗口进行编码，以产生冗余信息，并在接收端通过这些冗余信息来检测和修复错误。滑动窗口纠删码适用于实时流式数据的处理场景，其中数据不断生成且需要即时处理。它的设计旨在减小处理窗口的大小，以降低编码和解码的复杂度，同时保持对错误的高效检测和修复能力。

这种方法的优势在于其对于数据流的处理更为灵活，可以根据具体应用场景动态调整窗口大小，并能够在流式数据的高效处理中发挥作用。

3. 分散式纠删码与集中式纠删码

分散式纠删码与集中式纠删码的分类主要基于任务的组织方式。分散式纠删码采用分布式架构，任务分散到多个节点上，适用于大规模系统；而集中式纠删码将任务集中在单个节点上，适用于小规模系统。这两种纠删码的选择取决于系统规模和性能需求。

（1）分散式纠删码

分散式纠删码是一种分布式存储系统中用于容错的纠删码方案。它的核心思想是将数据切分成若干块，然后通过纠删码的编码过程生成冗余块，这些冗余块被分布式地存储在不同的节点上。这样，即使一些节点发生故障或数据丢失，仍然可以通过剩余的块来重建原始数据，确保系统的可靠性和容错性。

在分散式纠删码中，通常采用的是矩阵运算的方式进行数据的编码和解码。通过将数据块与纠删码块相乘，得到最终的编码结果。这样的设计使得系统更加灵活，能够适应不同规模和需求的分布式存储环境。

分散式纠删码的优势在于其高度的容错性和可扩展性。由于纠删码的分布式存储方式，系统能够容忍多个节点的故障，提高了数据的可靠性。同时，当需要扩展存储容量时，可以简单地增加新的节点，而不用对整个系统进行复杂的调整。

（2）集中式纠删码

集中式纠删码是一种在单一节点或中心化服务器上进行的纠删码方案。与分散式纠删码不同，集中式纠删码的核心思想是在一个中心节点上进行数据的编码和解码操作。这个中心节点负责管理整个系统的数据冗余和恢复。

在集中式纠删码中，数据被分成多个块，然后通过纠删码算法生成冗余块。这些冗余块通常被保存在同一台服务器或少数几台特定的服务器上。当数据损坏或节点发生故障时，系统可以通过中心节点上的冗余块来还原原始数据。

集中式纠删码的主要优势在于其实现相对简单，易于管理。由于所有的纠删码操作都在一个中心节点上完成，因此系统的维护和监控相对容易。然而，这也带来了一些潜在的问题，例如单点故障和性能瓶颈，因为所有的计算都集中在一个节点上。

2.5.4 纠删码的类型

要深入理解纠删码的应用和原理，首先需要了解其多样的分类体系。从简单到复杂、从线性到非线性，纠删码的分类涵盖了众多变体和优化，为不同应用场景提供了灵活而高效的选择。

1. Reed-Solomon 码

Reed-Solomon 码是一种强大而灵活的纠删码，其设计理念基于有限域上的代数理论。有限域是一种数学结构，通常用 GF（q）表示，其中 q 是素数的幂，例如 GF（2^8）。Reed-Solomon 码利用有限域上的线性代数运算，通过多项式的乘法和除法来实现对数据的编码和解码。

这种码的设计是为了解决在数据传输和存储中可能出现的各种问题，如通信通道的噪声、存储介质的损坏或丢失。其独特之处在于，它不仅能够检测错误，还能够通过冗余信息进行纠正，即使在面临极端条件下，也能够高效地恢复原始数据。

Reed-Solomon 码的应用非常广泛，特别是在数据通信和存储领域，常常被用于纠正传感器数据中的错误、在数字广播中提高信号质量，以及在各类存储介质上确保数据的可靠性。由于其高度的纠删能力，Reed-Solomon 码还被广泛应用于光学存储介质（如 CD、DVD）、磁盘阵列和闪存等领域。

Reed-Solomon 码的实现相对简单，其算法高效而可靠。这使得它成为数据通信和存储领域中的一种重要工具，为用户提供了一种有效应对数据损坏和丢失的解决方案。通过这种码的应用，可以确保数据的完整性和可靠性，为信息的传输和存储提供了坚实的基础。

2. Luby Transform 码（LT 码）

Luby Transform 码简称为 LT 码，是一种基于概率的纠删码，由 Michael Luby 在 2002 年提出。LT 码的设计理念主要源于信息论和分布式计算领域，旨在提供一种高效、灵活且适应性强的纠删码方案。

LT 码在发送端的关键步骤是通过随机选择编码符号。这种随机性确保了在每次通信过程中都能生成不同的冗余符号，从而增加系统的多样性。这种随机选择的过程基于众多潜在的源符号，通过随机抽样来创建冗余符号。

接收端的解码过程是 LT 码的关键创新之一。它通过概率分布的方式来解码接收到的符号，而不是传统的确定性解码方式。接收端会收集到多个编码符号，并使用这些符号的概率分布信息进行解码，从而提高对丢失或损坏数据的恢复能力。

与一些传统的纠删码不同，LT 码不需要事先知道通信通道的质量或数据的大小。发送端可以根据需要生成任意数量的编码符号，并通过接收端的反馈来调整传输过程。这种特性使得 LT 码更加灵活适应不同的通信场景。

LT 码在接收端可以通过概率分布的解码方式来自适应地恢复原始数据。即使在丢包或噪声较多的情况下，通过收集足够数量的编码符号，接收端仍能以高概率恢复原始数据，具备强大的容错性。

LT 码在大规模分布式系统中有着广泛的应用。由于其不用事先确定通信通道和数据大小的特性，因此能够更好地应对分布式环境中的不确定性，为分布式系统提供高效的纠删码支持。

3. Fountain 码（喷泉码）

Fountain 码也称为喷泉码，是一种具有独特纠删码特性的错误纠正编码。与传统的纠删码（如 Reed-Solomon 码）不同，Fountain 码采用了一种全新的编码思想，使其在数据传输和存储中表现出独特的优势。

Fountain 码的一个显著特点是它的编码过程是随机的。编码时，不需要知道待发送数据的具体内容，而是通过随机生成码字的方式，将原始数据转化为一系列的编码符号。这种特性为 Fountain 码提供了高度的灵活性和效率。

Fountain 码的设计灵感来自信息论中的“无损压缩”，基本思想是通过随机生成的编码符号，接收方可以通过收集足够数量的符号来恢复原始数据，就像一个喷泉一样源源不断地产生水滴。这种源自信息论的设计使得 Fountain 码在传输中表现出非常强大的纠删能力。

由于 Fountain 码的随机生成性质，因此具备很好的适应性，特别是在不确定的通信环境下。即使存在传输过程中的丢包、噪声等问题，接收方仍有很高的概率能够通过收集足够数量的编码符号来恢复原始数据。

由于 Fountain 码的随机生成和高度纠错的特性，它在流媒体传输中表现出色。在这种应用场景下，数据包可能面临的问题较为复杂，Fountain 码通过随机生成的方式提供了一种更为鲁棒的数据传输方式。这里所说的鲁棒性指的是系统在面对异常、干扰或不良条件时能够保持稳定性和正确性的能力。

4. Cauchy 矩阵码

Cauchy 矩阵码是一种基于数学原理的纠删码，其设计灵感来自于数学中的柯西矩阵（Cauchy Matrix）。这种类型的纠删码通常用于分布式存储和通信系统，以提供高容错性和数据可靠性。

Cauchy 矩阵码的基础源于柯西矩阵的性质。柯西矩阵是一种特殊的方阵，其行和列都是柯西数（柯西数是一种特殊的数学结构，具有特定的数学性质）。这些矩阵在数学和工程领域中具有广泛应用。

Cauchy 矩阵码是通过利用柯西矩阵的特殊性质来构建的。通常，这种码通过将原始数据与柯西矩阵相乘，生成冗余校验数据。这样构建的矩阵码可以提供高度的容错性，即使在数据丢失或损坏的情况下也能够恢复原始数据。

Cauchy 矩阵码的独特之处在于其对数据的冗余编码是通过矩阵运算实现的。这种编码方式不仅能够提供良好的纠删能力，还具有较高的系统效率。矩阵乘法的并行性质使得

Cauchy 矩阵码在分布式存储系统中具备出色的性能。

由于柯西矩阵的良好性质，Cauchy 矩阵码在面对数据损失时能够提供高容错性和可靠性。系统可以通过从保持完整数据的节点获取校验数据来恢复缺失的部分，从而保障数据的完整性。

Cauchy 矩阵码广泛应用于分布式系统和云存储中。其数学基础和高容错性使得它成为一种理想的选择，特别是在要求高可靠性和容错性的大规模分布式存储环境中。

5. Vandermonde 矩阵码

Vandermonde 矩阵码的设计基于数学中的 Vandermonde 矩阵。这种类型的纠删码在分布式存储和通信领域中得到广泛应用，以提供高度的数据冗余和容错性。

Vandermonde 矩阵是一种特殊的方阵，其列向量包含等差数列的幂。具体而言，Vandermonde 矩阵的第一列包含各种幂次的数，而后续的列则为第一列的各项的幂。这种矩阵在数学和工程领域中具有广泛的应用。

Vandermonde 矩阵码是通过使用 Vandermonde 矩阵的特殊性质来构建的。通常，原始数据与 Vandermonde 矩阵相乘，生成冗余校验数据。这样的构建方式使得矩阵码能够在数据丢失或损坏的情况下进行有效的恢复。

Vandermonde 矩阵码依赖于 Vandermonde 矩阵的数学性质，其中矩阵乘法用于生成冗余数据。这种数学性质赋予了 Vandermonde 矩阵码高容错性、线性性和可逆性等特点，使得其在纠删码领域具有优越的性能。

与其他纠删码相比，Vandermonde 矩阵码具有高容错性和可逆性。这意味着即使在存在多个损坏或丢失的情况下，也能够通过数学运算来恢复原始数据，保障数据的完整性。

Vandermonde 矩阵码广泛应用于分布式系统和云存储环境中。其数学基础和高容错性使它成为一种理想的纠删码选择，特别是在要求高可靠性和容错性的大规模分布式存储系统中。

2.6 RAID 技术中的纠删码

为了应对存储系统中可能发生的硬盘故障或数据损坏情况，RAID 技术应运而生。在 RAID 技术的背后，纠删码作为一种重要的数据保护手段发挥着关键作用。

2.6.1 了解 RAID 技术

RAID（Redundant Array of Independent Disks）技术是一种通过将多个独立的硬盘组合在一起，形成一个虚拟的存储单元，以提高数据存储和读写性能、提供冗余备份和提升系统可靠性的技术。RAID 技术最初由 David A.Patterson、Garth A.Gibson 和 Randy H.Katz 等学者于 1987 年提出，它的设计旨在通过分布数据和奇偶校验等方式，提供更高的数据冗余性和可用性。随着技术的不断演进和应用场景的多样化，RAID 技术也因此呈现出多样化的分类，如 RAID0、RAID1、RAID5、RAID6 等。

1. RAID0

RAID0 通过条带化技术（Striping）来提高性能。在 RAID0 中，数据被分割成固定大小的块，然后这些块被依次写入不同的硬盘形成条带。这意味着数据的存储和检索可以同时在多个硬盘上进行，从而提高了整体的读写速度，如图 2.2 所示。

在理想状态下，RAID0 支持多磁盘同时读写操作，而且磁盘数量越多，读写速率越快。这使得 RAID0 成为所有磁盘阵列中速度最快的一种，同时实现了高达 100% 的磁盘利用率。然而，RAID0 的一个明显缺陷是缺乏容错能力。由于 RAID0 没有冗余备份数据的机制，一旦其中一块磁盘发生故障，整个磁盘阵列的数据都会受到影响，因此，RAID0 通常应用于对数据要求不高，但对数据传输速率要求较高的场景。在这些情况下，用户更关注数据传输速度而非数据的可靠性。RAID0 的高性能特点使得它在需要大量数据传输的场景中得到广泛应用，例如视频编辑、图形处理等需要大规模数据传输的专业应用领域。

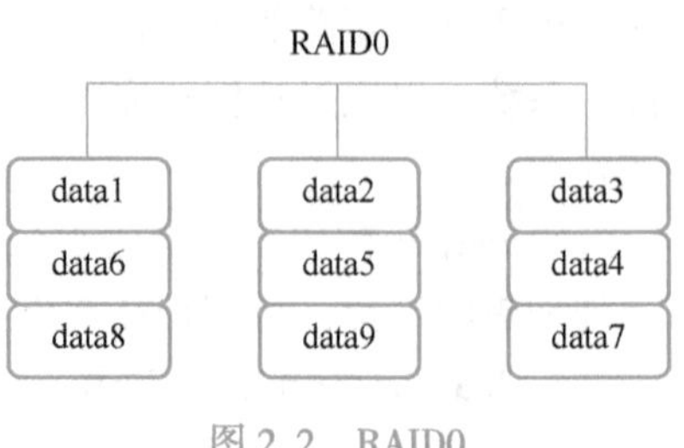

图 2.2 RAID0

2. RAID1

RAID1 又称为镜像集，它以两块磁盘为一组，在一个 RAID1 中可以包含一组或多组磁盘，相同的数据会同时写入到一组磁盘中。这种冗余的设计使得当其中一块磁盘发生故障时，另一块磁盘仍然可用，保障了数据的可靠性和可用性，如图 2.3 所示。

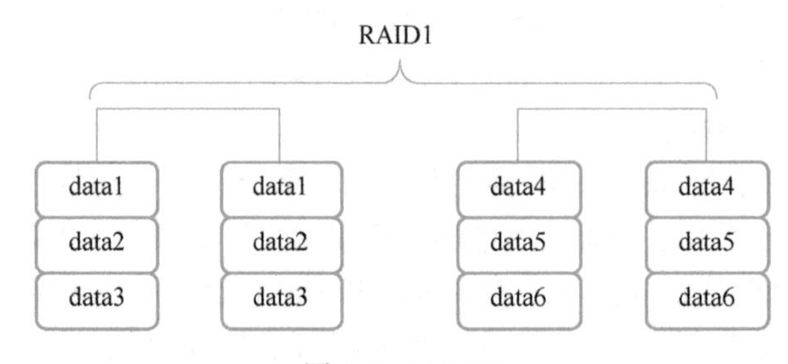

图 2.3 RAID1

在 RAID1 中，数据以双份形式分别写入两个磁盘。其中一份被用作源数据，以供用户读取，而另一份则被用作镜像。这种镜像机制使得在源数据发生丢失的情况下，可以立即通过镜像数据进行替代，从而保障数据的可靠性。RAID1 以此实现了较强的容错能力，当 RAID1 中的其中一块磁盘发生故障时，系统能够通过热交换的方式迅速将故障磁盘替换为一块新的磁盘，保持数据的完整性。

相较于 RAID0，RAID1 的读写速率较慢。由于在 RAID1 中数据需要同时写入两个磁盘，且每个磁盘上的数据量相同，导致了写入速度的降低。然而，这种性能的牺牲是为了获得更高的数据安全性。此外，RAID1 的磁盘利用率为 50%，因为每个数据都要存储在两个磁盘上。这使得 RAID1 适用于对数据安全性要求高，而对读写性能要求较低的应用场景，如关键业务系统的存储。

3. RAID5

RAID5 采用带有分布式奇偶校验的条带化存储方式。在 RAID5 中，数据和校验信息交织存储在多块磁盘上，通过这种方式实现数据的冗余和容错，如图 2.4 所示。

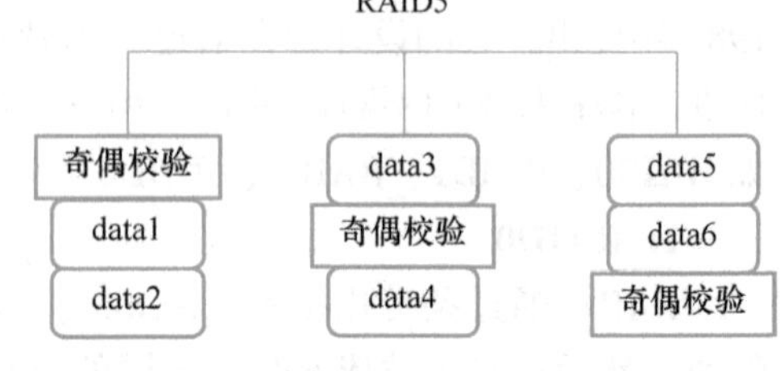

图 2.4 RAID5

RAID5 是一种磁盘阵列配置，通过将奇偶校验信息分散存储在每个磁盘中，实现了对单块磁盘故障的容错。通常至少需要三块磁盘，其中一块用于存储奇偶校验信息，从而提高数据的冗余性和可靠性，减小数据丢失的风险。这种配置使得 RAID5 的磁盘利用率为 $(n-1)/n$，其中 n 是磁盘数量。

由于 RAID5 需要保存奇偶校验信息，相较于 RAID0，其读写速率稍慢。然而，RAID5 具备一定的容错能力，即使其中一块磁盘发生故障，系统仍能保持数据的完整性。在这种情况下，丢失的数据可以通过奇偶校验信息的计算恢复，但可能导致整体读写速度减慢。RAID5 在平衡性能和冗余性方面提供了一种折中的解决方案，适用于对数据可靠性要求较高的应用场景。

4. RAID6

RAID6 是一种磁盘阵列配置，它在 RAID5 的基础上进一步提升了容错性。与 RAID5 类似，RAID6 同样采用奇偶校验信息，但相比之下，它使用了两个独立的奇偶校验块，从而允许同时发生两块磁盘的故障，如图 2.5 所示。

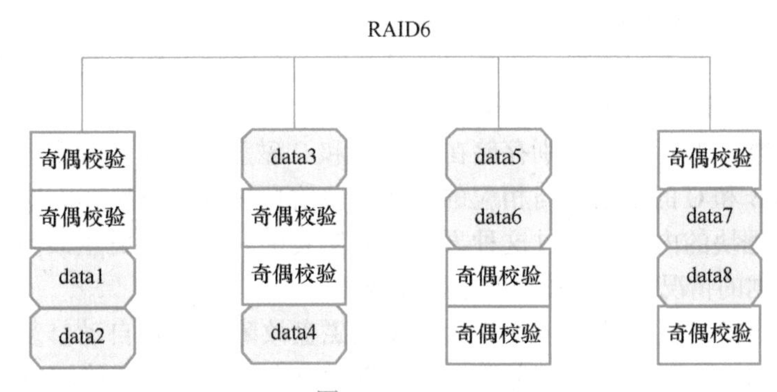

图 2.5　RAID6

RAID6 的核心概念是在磁盘阵列中引入更多的冗余信息，以提高系统对多块磁盘故障的容错能力。通常至少需要 4 块磁盘，其中两块用于存储奇偶校验信息。这种配置使得 RAID6 更具可靠性，即使在极端情况下，系统仍能保持数据的完整性。

然而，与容错性的提升相比，RAID6 的读写性能会相对较低，因为需要更多的计算来处理额外的奇偶校验信息。因此，RAID6 通常应用于对数据可靠性要求极高的存储环境，例如企业级存储系统。

2.6.2 RAID5 技术的纠删码原理

RAID5 基本原理在于将数据和奇偶校验信息分散存储在不同的磁盘上，以提高系统的性能和容错能力。

RAID5 采用分布式存储的策略，至少由三块磁盘组成。这些磁盘上的数据块被平均地分布存储，以提高整体的读取速度。这种分散存储的方式使得系统能够同时从多个磁盘读取数据，从而提升了读取性能。

在 RAID5 的奇偶校验机制中，奇偶校验信息充当了数据冗余的重要组成部分。当用户进行写入操作时，新的数据块与旧的奇偶校验信息进行异或运算，生成新的奇偶校验块。这个奇偶校验块实际上包含了其他数据块的部分信息，通过与数据块的异或运算，奇偶校验块的值可以反映出整个磁盘阵列中数据的一致性。

具体而言，假设磁盘组中有三个数据块 A、B、C 和一个奇偶校验块 P，其初始值为 $A \oplus B \oplus C$。当新的数据块 D 写入时，系统会将 D 与 P 进行异或运算，得到新的奇偶校验块 $P' = P \oplus D$。这样，整个磁盘组的奇偶校验信息就得到了更新。这种奇偶校验的方式使得系统能够检测并修复单个磁盘故障所引起的数据错误。

奇偶校验信息的分布方式被精心设计以确保数据的安全性和容错性。每个数据块组成的数据条带（Stripe）通常包含多个数据块和一个对应的奇偶校验块。这一组数据条带跨越了所有参与 RAID5 的磁盘。

具体来说，假设有 n 块磁盘，每个数据条带中包含 $n-1$ 块数据块和 1 块奇偶校验块。这些数据块和奇偶校验块被轮流分布在不同的磁盘上，确保了奇偶校验信息与实际数据块分散存储在磁盘阵列的不同位置。

这样的分布方式有助于实现数据的冗余存储和容错性。RAID5 的容错原理建立在奇偶校验信息的智能分布和运算基础上。当 RAID5 磁盘组中的某一块磁盘发生故障时，系统能够通过巧妙地利用奇偶校验信息来实现数据的恢复。具体而言，如果 A 磁盘发生故障，系统不会直接遗失 A 磁盘上的数据，而是通过对其他正常磁盘上相应数据块的奇偶校验信息进行异或运算，生成缺失磁盘 A 的数据。

例如，如果数据块 B 和 C 分别存储在 B 磁盘和 C 磁盘上，而 A 磁盘上的数据块发生故障，系统会利用 B 和 C 的数据块与相应的奇偶校验信息进行异或操作。这个异或结果就是磁盘 A 上原始数据块的内容。通过这种方式，即使其中一块磁盘发生故障，RAID5 系统也能够在不丢失数据的情况下完成数据的重建和恢复。

这种智能的容错机制使得 RAID5 在面对单块磁盘故障时能够自动修复，确保了整体系统的稳定性和可用性。同时，由于奇偶校验信息的分布，RAID5 还能够应对多块磁盘同时发生故障的情况，为存储系统提供了一定程度的冗余和安全性。

2.6.3 RAID6 技术的纠删码原理

RAID6 是一种容错性更强的磁盘阵列配置，至少需要 4 块磁盘。与 RAID5 不同，RAID6 采用两个独立的奇偶校验块，这意味着每个数据块都有两个对应的奇偶校验块。这种设计允许系统在两块磁盘同时故障的情况下仍能正常运作。

在 RAID6 的磁盘阵列中，奇偶校验信息的存储涉及一种复杂而巧妙的方式，以确保对数据的高度冗余备份。RAID6 采用两个独立的奇偶校验块，分别命名为 P 和 Q。这两个校验块分别计算两个不同的校验值，为每个数据块提供了双重的容错性。

在具体的存储方式上，RAID6 通过将数据块、P 校验块和 Q 校验块分别分布在磁盘阵列的不同位置，实现了对数据的冗余备份。考虑一个具有 4 块磁盘的 RAID6 系统，数据块 A、B、C、D 及其对应的 P 和 Q 校验块分别存储在这 4 块磁盘上。这样的分布方式使得即便在两块磁盘发生故障的情况下，系统仍然能够通过剩余的磁盘计算并恢复原始数据。

这种独特的奇偶校验信息存储方式提供了额外的冗余度，使得 RAID6 能够在面临极端故障情况时仍然保持数据的完整性。通过分散存储不同的校验块，RAID6 不仅提供了对单块磁盘故障的容错性，还在系统面临多块磁盘故障时提供了更高级别的数据保护。

需要注意的是，虽然 RAID6 在容错性上的提升是显著的，但相对于 RAID5 而言，其读写性能可能会有所降低。这一性能差异主要源于 RAID6 的设计中涉及计算两个独立的奇偶校验块，这增加了数据处理的复杂性，这种性能牺牲是容错性和数据完整性的权衡结果。

因此，在系统设计阶段，需要仔细权衡容错性和性能之间的关系，并根据特定应用的需求来选择合适的 RAID 级别。如果对数据的完整性和可靠性要求较高，尤其是在面对多磁盘故障的风险时，RAID6 的高容错性将是一个明智的选择。然而，对于强调更高读写性能的应用场景，可能需要考虑其他 RAID 级别，如 RAID5 或 RAID10，以取得更为平衡的性能表现。在实际应用中，选择适当的 RAID 级别是系统设计中的一个重要决策，需根据具体需求和预期工作负载来进行谨慎权衡。

2.6.4 分布式存储中 *N* 元一次方程组的应用

随着分布式存储规模的迅速增大，面临的挑战变得更加复杂和严峻。这些挑战主要体现在数据一致性、性能瓶颈以及可扩展性等方面。在处理大规模数据时，传统的存储系统往往难以同时兼顾这些方面的需求，因此出现了对创新存储解决方案的迫切需求。在应对这些挑战的过程中，*N* 元一次方程组作为一种创新的分布式存储理念崭露头角。

N 元一次方程组，作为一种创新的分布式存储概念，具有深远的影响。其核心理念在于将数据以多元一次方程的形式进行组织和存储，这意味着系统的数据结构以更为复杂的数学模型进行构建。这样的组织结构赋予了系统高度的灵活性和可扩展性，使得用户能够更加精细地调整方程中的参数，以适应不同规模和类型的数据。

在 *N* 元一次方程组的设计中，每个方程都代表着一个数据单元，而方程中的元素则承载着数据的具体内容。通过这种形式，系统不仅能够有效地组织大规模数据，还能够灵活地应对数据类型的多样性。例如，在云存储场景中，*N* 元一次方程组可以根据业务需求轻松调整方程结构，以适应不同客户的数据存储要求。

1. *N* 元一次方程组的工作原理

N 元一次方程组在分布式存储中的工作流程涉及数据的存储、访问、计算和容错等多个环节，如图 2.6 所示。

N 元一次方程组在分布式存储中的详细工作流程如下。

（1）数据的划分

首先，需要将要存储的数据划分成若干数据单元。每个数据单元都会被表示为一个 *N* 元一次方程组，其中每个方程代表数据单元的一部分。

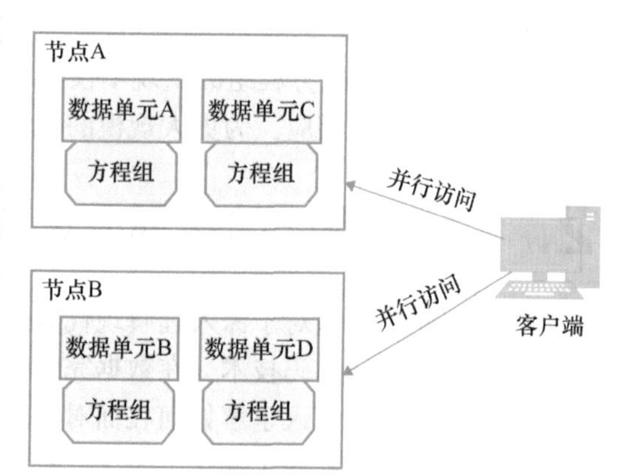

图 2.6　*N* 元一次方程组的工作原理

（2）方程的构建

对于每个数据单元，系统会构建一个包含 N 个未知数的一次方程组。这些方程的系数和常数项根据数据单元的内容而定，构建的方程模拟了数据的数学表示。

（3）方程的分布

构建好的方程组会被分布存储在分布式存储系统的不同节点上。这样的分布式存储方式确保了数据的冗余性和可靠性，同时提高了系统的整体性能。

（4）数据的访问

当需要访问特定的数据单元时，系统会同时访问包含该数据单元方程的多个节点。通过并行地访问这些节点，系统可以更快速地获取方程组的各个部分。

（5）方程的解析

接下来，系统通过解这些方程，还原出完整的数据单元。这一步是分布式存储系统中的核心操作，通常涉及并行计算和分布式计算资源的协同工作。

（6）动态调整和扩展

N 元一次方程组的灵活性使得系统能够根据需要动态调整方程的结构和参数。这种特性使得系统能够适应不同规模和类型的数据，并支持系统的动态扩展。

（7）容错和恢复

由于数据的冗余存储和方程的分布式存储，系统具备强大的容错能力。当节点出现故障或数据损坏时，系统可以通过其他节点上的方程重新构建丢失的数据，确保数据的完整性和可靠性。

2. *N* 元一次方程组的优势

N 元一次方程组通过将数据以多元一次方程的形式进行组织，为系统提供了高度的灵活性和可扩展性。具体而言，*N* 元一次方程组在传统分布式存储中具备以下优势。

（1）数据一致性

N 元一次方程组的数学模型和分布式存储方式使得数据一致性得以更好地维护。通过方程的构建和分布式存储，系统可以更好地管理数据同步和一致性。

（2）性能优化

N 元一次方程组的并行计算和分布式存储方式有助于优化系统性能。在数据访问时，可以通过并行处理方程组的各个部分，提高读写速率和响应时间。

（3）可扩展性

N 元一次方程组的灵活性使得系统能够根据需要动态调整方程的结构和参数，实现对不断增长的数据和用户规模的平滑扩展。

因此，*N* 元一次方程组的出现不仅是对传统分布式存储范式的创新，更是对当前存储领域面临挑战的积极回应，为更大规模的分布式存储提供了一种全新的解决思路。

2.7 纠删码的实现原理

学习纠删码原理对于深入理解现代数据存储和通信系统的运作机制至关重要。纠删码作为一种强大的容错编码技术，在数据完整性和可靠性方面发挥着关键作用。通过掌握纠删码的原理，我们能够深入了解如何在面对数据损坏或丢失的情况下实现数据的高效恢复，从而提高系统的可靠性和稳定性。

2.7.1 伽罗瓦域

伽罗瓦域（Galois Field，GF）也称为有限域，是一种特殊的代数结构。具体来说，伽罗瓦域是一个集合，它包含有限个元素，并且在这个集合上定义了两种运算：加法和乘法。这两种运算满足一些基本的性质，如封闭性（运算的结果仍在集合内）、交换律（运算的顺序不影响结果)、结合律（运算的分组方式不影响结果）和分配律（乘法对加法满足分配律)。此外，伽罗瓦域还满足一些其他的性质，如存在单位元（存在一个元素，与任何元素进行运算都不改变该元素)、存在逆元（每个元素都有一个逆元，与之运算结果为单位元）等。

伽罗瓦域的一个重要特性是它的元素个数（也称为域的阶）是某个素数的幂。这个特性使得伽罗瓦域在许多数学和工程问题中都有重要的应用，包括编码理论、密码学、有限几何、数论等。

伽罗瓦域在纠删码中被用于对原始数据块进行编码，生成纠删块。具体来说，将原始数据块视为一个向量，然后与伽罗瓦域中的元素进行运算，得到编码后的结果。

总之，通过构建伽罗瓦域并使用 Vandermonde 矩阵（见下节）进行编码，可以生成冗余的数据块，从而提高数据的容错性。这是因为在伽罗瓦域中，可以通过一组原始数据块生成一组新的数据块，这些新的数据块包含了原始数据的冗余信息。如果在传输过程中丢失了一部分原始数据块，可以通过剩余的原始数据块和冗余数据块恢复丢失的数据。

2.7.2 Vandermonde 矩阵

Vandermonde 矩阵源自法国数学家 Alexandre-Théophile Vandermonde 的研究，是一种具有独特性质和广泛应用的数学结构。具体而言，Vandermonde 矩阵是一个方阵，其每一行的元素都遵循特定的规则，通常是按照等差或等比数列的形式排列。这一规则赋予了 Vandermonde 矩阵以特殊的几何结构和数学属性。

Vandermonde 矩阵在纠删码中起着关键的作用。首先，需要构建一个 Vandermonde 矩阵。这个矩阵的大小取决于原始数据块的数量以及需要生成的冗余块的数量。例如，如果有 n 个原始数据块和 m 个冗余块，那么 Vandermonde 矩阵的大小就是（$n+m$）行 n 列。

一旦构建了 Vandermonde 矩阵，就可以使用它对原始数据块进行编码，生成纠删块。具体来说，将原始数据块视为一个向量，然后与 Vandermonde 矩阵进行矩阵乘法运算。整个编码过程有限域上进行，通常是GF(2^8)。这意味着所有的加法和乘法运算都是模 2 运算，这样可以有效地减少计算复杂性。

Vandermonde 矩阵在伽罗华域中被用于生成纠删码。具体来说，将原始数据块视为一个向量，然后与 Vandermonde 矩阵进行矩阵乘法运算，得到编码后的结果。这个结果包含了原始数据块以及通过在伽罗华域中的运算生成的纠删块。这些纠删块可以用于在数据丢失或损坏时恢复原始数据，从而提高系统的容错性。

Vandermonde 矩阵在云存储中可以用于创建冗余校验信息，确保即使云服务器上的某些数据丢失或损坏，用户仍能够恢复原始数据。Vandermonde 矩阵在通信中可用于设计纠删码，提高数据在网络传输中的稳定性。

相对于 Cauchy 矩阵，Vandermonde 矩阵以其等差或等比数列排列的简洁结构具有更大的灵活性和适应性，为纠删码设计提供了更多的可能性。

2.7.3 SIMD

SIMD 全称为单指令、多数据（Single Instruction，Multiple Data)，是一种并行计算的模型。在这种模型中，一条指令可以同时对多个数据进行操作。这种方式的优势在于，当需要对大量数据执行相同的操作时，SIMD 可以显著提高计算效率。

SIMD 在纠删码中的表现十分优秀，具体体现在以下方面。

1. 并行计算

SIMD 允许一条指令同时对多个数据进行操作，这使得在处理大量数据时具有很高的效率。在纠删码的计算中，通常需要对大量的数据进行相同的运算。例如，可能需要对一个数据块的所有元素进行异或运算。通过使用 SIMD 可以一次性完成这个运算，从而大大提高计算效率。

2. 优化查表次数

在实际的计算中，通常会预先计算一些结果，并将它们存储在查找表中，以便在后续的计算中直接查找，从而避免重复计算。在 SIMD 中可以同时查找多个表项，从而进一步提高计算效率。

3. 优化计算过程

在纠删码的计算过程中，通常需要对大量的数据进行相同的运算。例如，可能需要对一个数据块的所有元素进行异或运算。通过使用 SIMD 可以一次性完成这个运算，从而大大提高计算效率。

4. 提高数据恢复速度

在纠删码中，如果数据块丢失，需要通过剩余的数据块和冗余数据块恢复丢失的数据。使用 SIMD 可以大大提高数据恢复的速度，因为它可以同时处理多个数据，而不是逐个处理。

SIMD 在纠删码实现中的优势显著体现在提高计算速度和降低延迟方面，尤其在需要处理大规模数据计算的场景中表现得尤为出色。这种并行计算方式更为适用于大规模数据中心、云存储系统等场景，这些场景对于高效的数据处理和纠删码恢复速度均有较高的要求。

2.7.4 LRC 的数据恢复

LRC 全称为局部可恢复码（Longitudinal Redundancy Check），是一种特殊类型的纠删码，它通过将原始的数据块分组，然后在每个组内生成一个组内的局部编码，从而提高了系统整体的可靠性。在 LRC 的设计中，关键思想是通过在每个数据块中引入冗余信息，实现对数据进行校验和纠正，从而在面对硬盘故障或数据损坏时保障系统的可靠性。

数据在 LRC 中被划分为若干个局部组，每个局部组都包含一定数量的数据块。为了提高数据的可靠性和容错能力，每个局部组内都会增加一个局部校验块。局部校验块是通过对该组内的所有数据块进行某种计算（如异或运算）得到的。这个局部校验块包含了该组内所有数据块的冗余信息，从而使得任意单个块的恢复都能在一个组内完成，如图 2.7 所示。

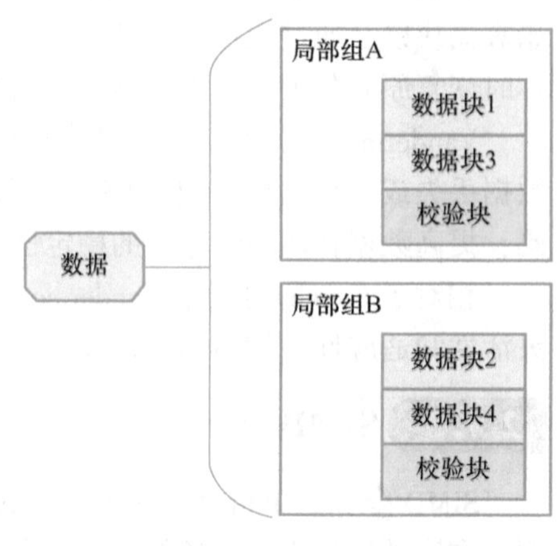

图 2.7　LRC 工作原理

当任意一个数据块丢失的时候，只需要读取本组内的其他数据块和局部校验块，就可以通过逆向计算恢复出丢失的数据块。这种设计使得数据恢复过程非常高效，因为只需要访问本组内的数据，而不用访问其他组的数据。

LRC 的主要优势在于它可以大大降低数据恢复重建的成本，从而提升了系统的整体的可靠性，这种优势主要源于 LRC 的独特设计。在出现硬盘故障后，重建数据非常耗费 CPU 资源，而且计算一个数据块需要通过网络读取数据并传输，这会导致网络负载成倍增加。LRC 通过将校验块分为全局校验块和局部重建校验块，故障恢复时进行分组计算。简而言之，只需要读取本组内的数据块就可以快速恢复，而不用访问其他组的数据，从而降低了数据恢复的网络 I/O 代价。

总之，LRC 通过其独特的设计，有效地提高了数据恢复的效率，降低了数据恢复的成本，从而提高了系统的整体可靠性

2.7.5 Hitchhiker 算法

Hitchhiker 算法是一种高效的纠删码算法，它在实际生产环境中被广泛使用，以提高纠删码的效率。这种算法的核心思想基于 LRC 的设计。

上节讲过，数据在 LRC 中被划分为若干个局部组，并在每个组内增加一个局部校验块，使得任意单个块的恢复都能在一个组内完成。但 LRC 的计算复杂度和网络传输量在处理大量数据时可能会成为瓶颈。Hitchhiker 算法进一步优化了这个过程，通过减少查表次数和利用并行指令，使得多个查表或计算的工作在一个指令内完成。

具体而言，Hitchhiker 算法利用数据块之间的相关性，从而减少编码和解码时的计算量和网络传输量。Hitchhiker 算法通过对数据块进行特殊的编码和解码操作，使得在数据传输过程中，只需要传输和处理一部分数据块，而不是所有的数据块。这样，就可以大大减少计算量和网络传输量，提高数据传输的效率。

1. 工作原理

在编码过程中，Hitchhiker 算法首先将数据块进行分组，然后对每一组数据块进行 LRC 编码，生成相应的校验块。接着，Hitchhiker 算法会对所有的校验块进行一次额外的异或运算，生成一个名为 Hitchhiker 的校验块。这个 Hitchhiker 校验块包含了所有数据块的冗余信息，可以用于在数据传输过程中检测和纠正错误。

在解码过程中，Hitchhiker 算法会首先检查接收到的数据块和校验块是否与 Hitchhiker 校验块一致。如果一致，说明数据没有发生错误；如果不一致，说明数据发生了错误。此时，Hitchhiker 算法会利用 Hitchhiker 校验块中的冗余信息，通过一系列的异或运算，找出错误的数据块并进行纠正。

2. 举例说明

接下来，通过 3 个例子来说明 Hitchhiker 算法的工作原理。

（1）k+1

假如有 3 个自然数，需要找到一种方法，记录第 4 个数字，以确保任何一个数字丢失时都能够进行恢复。这个问题的解决方案相对简单，可以通过记录这 3 个数字的和来实现。假设这 3 个数字分别是 d_1、d_2、d_3，然后引入一个新的数字 y_1，使其等于这 3 个数字的总和，即 $y_1=d_1+d_2+d_3$。

因此，存储过程的要点在于记录这 4 个数字：d_1、d_2、d_3、y_1。

在恢复过程中：如果 d_1、d_2 或 d_3 中的任意一个丢失，都可以通过逆运算恢复。例如 d_1

丢失，可以通过公式 $d_1=y_1-d_2-d_3$ 来恢复。

如果 y_1 丢失，可以通过重新计算 $d_1+d_2+d_3$ 的和，从而找回 y_1。

读者可以通过代码模拟上述过程，示例代码如下。

```
import numpy as np
import random
d = np.array([2,5,8,9,17,23])
print('原始数据是:',d)
y = d.sum()
print('k + 1 冗余策略:',y)
for i in range(3):
    index = random.randint(0,5)
    data = np.delete(d,index)
    print(f'模拟数据丢失,丢失:{d[index]}。剩余数据为:{data}')
    print('EC 策略恢复---------原理:d1 = y1 - d2 - d3')
    lost = y - data.sum()
    print(f'模拟数据找回,找回:{lost}。补全数据为:{d}')
```

这种通过求和冗余的策略实际上是纠删码（Erasure Code，EC）算法的核心思想。通过引入冗余信息，实现对丢失数据的恢复，提高数据的可靠性和容错性。这个简单的例子展示了一种基本的 EC 算法应用，为更复杂的纠删码实现奠定了基础。

（2）$k+2$

在 $k+1$ 的冗余策略基础上，尝试增加更多的校验块，以实现任意 $k+2$ 的冗余策略。

假如有 6 个数据块 d_1、d_2、d_3、d_4、d_5、d_6 与 2 个校验块 y_1、y_2，那么就需要对第 2 个校验块 y_2 设计一个新的计算方法，使之与 3 个数据块之间建立一个不同的关联，以便在 d_1，d_2 丢失时方程组有解。通常采用的方式是，在计算 y_2 时，为每个数据 d_j 设置不同的系数。简而言之，计算 y_1 时，对每个数字乘以 1；计算 y_2 时，依次对每个数字乘以 1、2、4、8……从而建立一个 $k+2$ 的存储系统。

在数据恢复中，如果只丢失其中一个数据块，那么恢复的过程与 $k+1$ 策略相同；如果同时丢失两个数据块（如 d_1 与 d_2），可以使用剩下的数据块与校验块来建立二元一次方程组，如下所示。

$$d_1+d_2=y_1-d_3-d_4-d_5-d_6$$
$$d_1+2d_2=y_2-4d_3-8d_4-16d_5-32d_6$$

解出上述方程组，就可以找回丢失的数据块 d_1 与 d_2。

读者可以通过代码模拟上述过程，示例代码如下。

```
import random
import numpy as np
d = np.array([2,5,8,9,17,23])
print('原始数据是:',d)
y1 = d.sum()
w2 = 2 ** np.arange(6)
y2 = (d * w2).sum()
print('k + 2 冗余策略:',y1,y2)
print('方程 2 对应系数是:',w2)
```

```
print('EC 策略恢复---------二元一次方程!')
demo = list('一二三四五')
for i in range(5):
    print()
    print(f'--------案例{demo[i]}--------')
    index = []
    while True:
        if len(index) == 2:
            break
        i = random.randint(0,5)
        if i not in index:
            index.append(i)
    data = np.delete(d,index)
    print(f'模拟数据丢失,丢失:{d[index]}。剩余数据为:{data}')

    y = np.array([y1 - data.sum(),
                  y2 - (data * np.delete(w2,index)).sum()])
    X = np.array([[1,1],w2[index]])
    lost = np.linalg.solve(X,y)

    print(f'模拟数据找回,找回:{lost}。补全数据为:{d}')
    print()
```

(3) $k+m$

如果要提高冗余度，使纠错码（EC）能够实现与 4 副本相当的可靠性，即 $k+3$，就需要在上述策略的基础上增加一个校验块 y_3。

对于 y_3 的计算，需要为所有的数据块 d_j 选择一组新的系数，例如 1、3、9、27……这样做的目的是为了确保在数据丢失时，能够得到一个可解的三元一次方程组。

具体来说，当存储系统中的任意三个数据块丢失时，可以通过剩下的数据块和校验块，建立一个关于丢失数据的三元一次方程组。例如，数据块 d_1、d_2 和 d_3 丢失，可以通过以下方程组找回丢失的数据。

$$d_1+d_2+d_3=y_1$$

$$d_1+2d_2+4d_3=y_2$$

$$d_1+3d_2+9d_3=y_3$$

解出上述方程组，就可以找回丢失的数据块 d_1、d_2 和 d_3。这样，即使在丢失任意 3 份数据的情况下，也能保证数据的完整性和可靠性，从而实现了 $k+3$ 的冗余策略。这种策略对于提高存储系统的可靠性和容错性具有重要的意义。

通过不断地增加不同的系数，就可以得到 $k+m$ 的 EC 冗余存储策略的实现。这种策略可以根据存储系统的实际需求和容错能力要求进行灵活调整，提供了一种有效的数据保护和恢复机制。

读者可以通过代码模拟 $k+m$ 的纠删过程，示例代码如下。

```
import random
import numpy as np
m = 4
```

```
d = np.array([2,5,8,9,17,23])
print('原始数据是:',d)
y_ = []
w_ = []
for i in range(1,m + 1):
    w = i ** np.arange(6)
    y = (d * w).sum()
    y_.append(y)
    w_.append(w)
print(f'k + {m}冗余策略:',y_)

print(f'EC 策略恢复---------{m}元一次方程!')
demo = list('一二三四五')
for i in range(5):
    print()
    print(f'--------案例{demo[i]}--------')
    index = []
    while True:
        if len(index) == m:
            break
        i = random.randint(0,5)
        if i not in index:
            index.append(i)
    data = np.delete(d,index)
    print(f'模拟数据丢失,丢失:{d[index]}。剩余数据为:{data}')

    y = []
    X = []
    for y_i,w_i in zip(y_,w_):
        y.append(y_i - (data * np.delete(w_i,index)).sum())
        X.append(w_i[index])

    lost = np.linalg.solve(X,y)

    print(f'模拟数据找回,找回:{lost}。补全数据为:{d}')
    print()
```

与 LRC 或者 RS（Reed-Solomon 码）等其他纠删码方法相比，Hitchhiker 在某些场景下具有一定的优势。例如，由于 Hitchhiker 的计算复杂度相对较低，因此它适合于需要快速处理大量数据的场景。然而，Hitchhiker 的纠错能力相对较弱，不适合于需要高度可靠性的应用。

2.7.6 I/O 开销

I/O 开销全称输入输出开销，是指在数据传输过程中，CPU 所花费的时间和资源。这种开销通常包括网络消耗、磁盘 I/O、数据库查询、文件 I/O 等。在计算机操作系统中，所谓的 I/O 就是输入（Input）和输出（Output），也可以理解为读（Read）和写（Write）。对于不同的对象，I/O 模式可以划分为磁盘 I/O 模型和网络 I/O 模型。

1. I/O 开销的影响

在纠删码的效率评估中，I/O 开销是一个重要的因素。纠删码的实现通常需要额外的 I/O 操作，例如读取原始数据、计算校验信息，以及写入校验信息等。这些额外的 I/O 操作会增加系统的 I/O 开销。

如果 I/O 开销过大，那么即使纠删码能够有效地纠正错误，其在实际应用中的效率也可能会受到影响。因为过大的 I/O 开销可能会导致系统的响应时间增加，从而降低用户体验。此外，过大的 I/O 开销还可能导致系统资源的浪费，例如 CPU 资源和内存资源等。

因此，在评估纠删码的效率时，除了考虑其纠错能力外，还需要考虑其对系统 I/O 开销的影响。通过优化纠删码的实现方式，例如优化校验信息的计算方法，或者优化数据的读写方式等，可以有效地降低 I/O 开销，从而提高纠删码的效率。

2. I/O 开销优化

以下是一些可以尝试优化纠删码的 I/O 开销的方法。

（1）使用更高效的编码和解码算法

不同的编码和解码算法在效率上可能会有很大的差异。一些高效的算法可以在保持相同的容错能力的同时，减少 CPU 的计算量。例如，一些现代的纠删码算法（如 Reed-Solomon 码和 LDPC 码）可以通过使用特殊的数学技巧，大大减少编码和解码的计算量。

（2）采用异步或并行的方式执行 I/O 操作

在处理大量的 I/O 操作时，可以考虑使用异步或并行的方式，以提高系统的响应速度。异步操作可以避免 CPU 在等待 I/O 操作完成时处于空闲状态，从而提高 CPU 的利用率。并行操作可以同时处理多个 I/O 操作，从而提高系统的吞吐量。

（3）动态调整纠删码的配置和分布

根据系统的实际情况，可以动态调整纠删码的配置和分布，以达到最优的 I/O 性能。例如，可以根据网络的带宽和延迟、存储设备的性能，以及数据的访问模式等因素，选择合适的纠删码参数，以及合理地分布数据和冗余信息。

2.8 Reed-Solomon 码

在众多的纠删码技术中，Reed-Solomon 码以其独特的优势和广泛的应用，成为这个领域的一个重要里程碑。接下来，将深入探讨 Reed-Solomon 码的原理，以及它在纠删码领域的重要性。

2.8.1 Reed-Solomon 码的发展史

Reed-Solomon 码是一种重要的纠删码，由 Irving S.Reed 和 Gustave Solomon 在 1960 年首次提出。他们在麻省理工学院林肯实验室工作时，发表了题为“Polynomial Codes over Certain Finite Fields”的论文，详细描述了这种新型编码方案。

同年，Daniel Gorenstein 和 Neal Zierler 开发了 BCH 码（一种编码方法），并提出了实用的固定多项式解码器。由于 Reed-Solomon 码可以看作是 BCH 码的特例，因此这种解码器也可以用于解码 Reed-Solomon 码。

1977 年，Reed-Solomon 码在旅行者计划中得到了应用，以级联纠错码的形式实现。

1982 年，Reed-Solomon 码在大批量消费产品中的首次商业应用出现在光盘上，其中使用了两个交错的 Reed-Solomon 码。

此后，Reed-Solomon 码被广泛应用于各种商业用途，包括 CD、DVD、蓝光光盘和 QR 码等。在数据传输中，它也被用于 DSL 和 WiMAX；广播系统中 DVB 和 ATSC 也闪现着它的身影；在计算机科学里，它是 RAID 6 标准的重要成员。

2.8.2 Reed-Solomon 码的应用领域

Reed-Solomon 码是一种重要的纠删码，已经在各种领域得到了广泛的应用，以下是 Reed-Solomon 码的主要应用领域。

1. 存储设备

Reed-Solomon 码在各类存储设备中发挥着重要作用，包括磁带、光盘、DVD、条形码等。这些设备在存储数据时，可能会因噪音、干扰或 CD 划痕等原因导致数据错误。Reed-Solomon 码能有效地检测并纠正这些错误，确保数据的完整性和可靠性。

2. 无线或移动通信

无线或移动通信设备，如蜂窝电话、微波链路等，在数据传输过程中可能会受到各种干扰。Reed-Solomon 码在其中能够有效地检测并纠正数据错误。

3. 卫星通信

在卫星通信中，数据需要通过长距离的空间传输，很容易受到各种干扰。Reed-Solomon 码在这种情况下可以实现良好的纠删作用。

4. 数字电视

数字电视在数据传输过程中可能会受到各种干扰。Reed-Solomon 码在其中能够有效地发挥作用，从而确保图像和声音的质量。

5. 计算机科学

在计算机科学领域，Reed-Solomon 码是 RAID 6 标准的重要组成部分。当硬盘驱动器出现故障时，RAID 6 可以利用 Reed-Solomon 码恢复丢失的数据，从而确保数据的完整性和可靠性。

2.8.3 Reed-Solomon 编码算法的实现原理

Reed-Solomon 编码算法是一种可以在数据传输或存储时增加一些额外的信息，用来检测和修正可能发生的错误的方法。它的原理是把数据看成是一些数字组成的多项式，然后用一些数学运算来生成一些校验数字，放在数据后面。这样，即使在数据传输或存储的过程中，有一些数字被损坏或丢失，也可以用校验数字来找出错误的位置和大小，从而恢复出原始的数据。

1. Reed-Solomon 编码原理

Reed-Solomon 编码的过程可以概括为以下步骤。

（1）数据块的划分

RS 编码会将需要编码的流数据重新排列为以 Symbol 为单位的数据块。例如，对于 IEEE 802.3 200/400GBASE-R 使用的 RS（544，514）编码，每个 Symbol 数据 10bits，原始需要加密的数据是 514 个 Symbols，校验数据为 30 个 Symbols，最终完成的编码为 544 个 Symbols。

（2）补0

将原始需要编码的数据后面补上一定数量的0。这些0是为校验码占位。例如，原始数据为“1，2，3，4，5，6，7，8，9，10，11”（每个元素为一个Symbol），在后面补0后得到“1，2，3，4，5，6，7，8，9，10，11，0，0，0，0”。

（3）除以生成多项式

将补0后的数据表示为多项式形式，并除以生成多项式 $g(x)$，取余下的多项式为校验多项式 $p(x)$。其中生成多项式 $g(x)$ 是由其阶数和原始元素定义的。

（4）生成编码

将校验多项式加到刚才补过0的编码数据多项式中，就是最终生成的编码。例如，除以生成多项式 $g(x)=x^4+15x^3+3x^2+x+12$，取余数“3，3，12，12”。最后，将这个余数加到补过0的原始数据中，生成最终的编码“1，2，3，4，5，6，7，8，9，10，11，3，3，12，12”。

需要注意的是，以上所有的运算都是在有限域中进行的。

2. Reed-Solomon 解码原理

Reed-Solomon 编码的解码过程主要包括以下步骤。

（1）计算 Syndromes 值

传输过程中若出现错误，接收到的数据则为原始编码数据与错误数据的叠加。此时，将\\alpha^{i}（\\alpha 是有限域的生成元素，i 是整数）代入接收数据，若结果非零，则此结果称为 Syndrome，且仅与引入的错误有关。Syndrome 的值只取决于传输过程中引入的错误，与原始编码数据无关。简而言之，即使原始编码数据发生了改变，只要引入的错误保持不变，那么计算出的 Syndrome 值也会保持不变。

（2）定位错误位置

定义一个称为 Error Locator 的多项式。根据定义，\\alpha$^{\{-1\}-j}$\(\\alpha 的逆元的 j 次幂）是该多项式的根。因此，通过计算出的 Syndrome 值，求解出 Error Locator 的系数\\Lambda，然后根据 Error Locator 多项式的定义求解出\\alpha$^{\{-1\}-j}$，从而确定错误的位置。

（3）求解错误值

确定了\\alpha$^{\{-1\}-j}$后，即可根据 Syndrome 公式求出 Y_j，也就是错误的值。

（4）纠正错误

知道错误的位置与值后，从接收数据中去掉错误，以便恢复发送的编码数据。

（5）恢复原始信息

恢复编码数据后，直接丢弃校验数据，剩余部分即为原始发送的信息数据。

在探索 Reed-Solomon 编码算法的实现原理的过程中，需要深入了解了编码和解码的详细步骤，以及涉及的数学原理。这种编码算法的强大之处在于其能够有效地纠正错误，保证数据传输的准确性。尽管涉及的数学知识较为复杂，但只要耐心理解，就能掌握其精髓。

2.9 本章小结

本章首先了解对象存储，包括对象存储的基本概念和相对于传统存储的优势。强调了对象存储的独特设计理念、工作原理的关键特性以及开源与闭源的区别。之后聚焦于 MinIO 这一对象存储产品，详细介绍了其轻量高效、协议兼容性、高度可定制性、容器友好和数据安全性等特点，有助于读者对对象存储的深入了解。之后，介绍了对象存储中的常见概念，包括基本概念和高级概念。接着，详细阐述了对象存储的标准统信协议——S3，包括 S3 的起源与发展、底层通信原理、优势，以及 S3FS 与 S3 协议和 Linux 系统挂载对象存储桶。接下来，深入讨论了对象存储中的纠删码，包括了解纠删码、纠删码的发展与现状以及纠删码的分类。此外，还探讨了 RAID 技术中的纠删码，包括了解 RAID 技术、RAID5 技术的纠删码原理、RAID6 技术中的纠删码原理，以及更大规模的分布式存储 N 元一次方组。然后，详细介绍了纠删码的实现原理，包括 Vandermonde 矩阵、伽罗华域、并行查表 SIMD、LRC 的数据恢复、HitchhikerEC 算法以及 IO 开销。最后，对 Reed-Solomon 码进行了深入的研究，包括 Reed-Solomon 码的发展历史、应用领域以及 Reed-Solomon 编码算法的实现原理。本章内容详尽，为读者提供了全面的对象存储和纠删码的理论知识。期待读者在后面的实践中取得成功。

Chapter 3

第3章 MinIO的部署

本章学习目标

- 了解 MinIO 部署前的准备工作。
- 掌握 MinIO 在不同环境下的部署方式。
- 掌握 MinIO 升级与扩容的方式。

在数字化时代，数据的价值愈发凸显。类似于日常生活中人们需要精心规划和整理家庭物品一样，对于数字领域中的关键信息，如企业和个人的重要数据，需要一种有序而高效的存储管理方式。MinIO 如同一位可靠的数字保管员，为数字生活提供了卓越的存储解决方案。在日常生活中，整理书籍、文件或其他珍贵物品时，通常会选择一个适当的储物柜，将这些物品有序地摆放，以便更方便地查找和管理。在数字领域，MinIO 扮演了这样一个储物柜的角色。本章将深入研究 MinIO 的部署相关内容，引导读者巧妙地配置、安装和管理 MinIO，使其成为一个高效、稳定且适应各种环境的数字保管员。

3.1 MinIO 部署前的准备

在开始部署 MinIO 这一高性能、高可扩展的对象存储系统之前，有必要进行一些关键的准备工作。这些准备工作涵盖了硬件配置、容量规划、网络规划以及软件环境等多个方面，旨在确保 MinIO 能够在各种环境中稳定、高效地运行。

3.1.1 MinIO 的运行优势

1. 在低成本硬件上运行

MinIO 的设计使其能够在低成本硬件上运行，这为用户提供了显著的成本优势。用户不用购买昂贵的专用硬件，而可以使用现有的或者低成本的通用硬件来部署 MinIO。这意味着，无论是在个人项目，还是在大规模的数据中心，都可以以较低的成本来部署和运行 MinIO。这种低成本的特性，使得 MinIO 成为许多用户的首选对象存储解决方案。

尽管 MinIO 可以在低成本硬件上运行，但它仍然有一些基本的硬件要求。例如，MinIO 推荐使用直连的 JBOD 组，使用 XFS 格式的磁盘以获得最佳性能。这是因为，JBOD 可以提供更高的存储效率，而 XFS 文件系统则可以提供更好的性能和稳定性。此外，使用其他类型的后端存储可能会导致性能、可靠性、可预测性和一致性的损失。因此，为了保证 MinIO

的性能和稳定性，需要确保用于 MinIO 的所有服务器磁盘类型相同容量相同。

即使 MinIO 在低成本硬件上运行，也能够提供高性能和高可用性。这是因为 MinIO 使用了高效的数据结构和算法，以及高度优化的存储和网络代码。这意味着，无论数据的规模如何，MinIO 都可以提供快速的数据访问和高效的数据管理。

2. 可跨平台

MinIO 的跨平台特性是其主要优势之一，它可以在多种操作系统和硬件架构上运行，包括但不限于 Linux、Windows 和 macOS。这使得 MinIO 能够适应各种不同的部署环境，无论是在个人计算机上，还是在大规模的数据中心，都可以轻松地部署和运行 MinIO。这种跨平台的特性使 MinIO 具有极高的灵活性，可以满足各种不同的业务需求和技术环境。

此外，由于 MinIO 是兼容 Amazon S3 API 的，它可以与现有的 S3 应用程序集成，或者作为一个独立的存储后端来使用，因此，MinIO 可以轻松地融入现有的应用和服务中，大大降低了迁移和集成的难度。

3. 可支持虚拟化

MinIO 可以在各种虚拟化平台上的虚拟机中运行，包括 VMware、Hyper-V、KVM 等。这些虚拟化平台提供了灵活的虚拟机管理和配置选项，可以根据需求调整虚拟机的硬件资源。在虚拟机中运行 MinIO，可以在物理硬件资源有限的情况下，通过虚拟化技术来部署和扩展存储基础设施。

MinIO 也可以在容器中运行，特别是在 Docker 和 Kubernetes 环境中。MinIO 提供了 Docker 镜像，可以直接在 Docker 环境中运行。而对于 Kubernetes 环境，MinIO 提供了 Kubernetes Operator，可以帮助用户在 Kubernetes 集群中部署和管理 MinIO，这使得在大规模的 Kubernetes 环境中部署和管理 MinIO 变得更加简单和高效。

3.1.2 硬件准备

首先，需要选择合适的服务器。服务器的选择取决于存储需求、性能需求以及预算。通常，需要选择支持 X86-64 或 ARM64 架构的服务器。这些服务器具有强大的计算能力，可以满足大规模数据处理的需求。此外，这些服务器还支持大量的内存和存储设备，可以提供大量的存储空间。在选择服务器时，还需要考虑服务器的价格、能耗、散热等因素，以确保服务器的总体拥有成本在可接受的范围内。

存储设备是对象存储系统的核心部分。MinIO 推荐使用 NVMe Flash PCIe Gen 5.0 驱动器。该驱动器具有极高的读写速度，可以提供快速的数据访问性能。在选择存储设备时，需要考虑存储容量、性能以及可靠性。例如，需要选择具有足够存储容量的驱动器，以存储大量的数据；需要选择性能稳定、故障率低的驱动器，以确保数据的安全；还需要考虑存储设备的扩展性，以便在未来可以方便地增加存储容量。

网络设备的配置直接影响到对象存储系统的访问速度和稳定性。MinIO 推荐使用一个或两个 100 GbE 网络接口卡。该网络接口卡具有极高的网络带宽，可以提供较高的数据传输速度。在配置网络设备时，需要考虑网络的带宽、延迟以及可靠性。例如，需要选择延迟低、稳定性好的网络设备，以确保数据传输的稳定性。此外，还需要考虑网络设备的扩展性，以便在未来可以方便地增加网络带宽。在配置交换机和路由器时，需要根据网络规模和业务需求来设置相关参数，如端口速率、VLAN 设置、路由协议等，以优化网络性能。

在硬件准备完成后，需要在服务器上安装 Linux 操作系统。MinIO 推荐使用 Linux 内核 5.x 或更高版本的操作系统。该操作系统具有良好的稳定性和性能，可以提供稳定、高效的运行环境。在安装操作系统时，需要考虑操作系统的稳定性、安全性以及对硬件的支持情况。此外，还需要确保操作系统支持服务器的硬件设备，包括 CPU、内存、存储设备和网络设备等。

3.1.3 容量规划与纠删码

在部署 MinIO 时，需要根据数据量和业务需求来规划存储容量。MinIO 建议规划“2 年+”的容量，例如，系统每年产生 10TB 的数据，那么建议部署时为每一个节点分配 30TB 空间。这样可以确保在未来两年内，即使数据量持续增长，也不需要频繁地扩展存储容量。

MinIO 使用了 Reed-Solomon 纠删码算法，它可以把一个对象拆分成 m 份数据和 n 份奇偶校验块。例如，$m=4$，$n=2$，那么一个对象就会被拆分成 4 个数据块和 2 个奇偶校验块，一共 6 个块。这种方式下，即使丢失了一半的编码块，也可以通过剩余的编码块恢复原始的数据。此外，所有编码块的大小是原对象的 2 倍，跟传统多副本存储方案相比，它只冗余存了一份，但可靠性更高。这样可以有效地提高存储效率，同时也可以提高数据的可靠性。

MinIO 中的存储级别包括 STANDARD 和 REDUCED_REDUNDANCY，可以通过对两种级别的设置来修改对象的奇偶校验块和数据块的比例，以便用户更好地控制磁盘使用率和容错性。这样可以根据数据的重要性和可靠性需求，选择合适的存储级别。例如，对于重要的数据，可以选择 STANDARD 级别，以提供更高的容错性；对于不太重要的数据，可以选择 REDUCED_REDUNDANCY 级别，以节省存储空间。

3.1.4 网络规划

无论在哪个平台上部署 MinIO，都需要确保网络设置正确，以便 MinIO 可以正确地与其他服务和应用程序进行通信。

网络架构的设计是网络规划的重要部分。在设计网络架构时，需要考虑的因素包括网络的拓扑结构、网络设备的布局、网络的分层结构等。例如，可以选择星形、环形、总线型等网络拓扑结构，这些不同的拓扑结构有各自的优点和缺点，需要根据实际的网络环境和业务需求来选择。此外，还需要根据网络规模和业务需求来选择合适的网络设备布局，如集中式布局、分散式布局等。在网络的分层结构方面，可以考虑如核心层、汇聚层、接入层等结构，以满足不同的网络性能和可靠性需求。例如，核心层负责处理大量的网络流量，需要选择性能强大的网络设备；而接入层直接连接到用户设备，可能需要支持更多的端口，但性能要求相对较低。

网络性能优化是提高网络效率和稳定性的重要手段。在优化网络性能时，需要考虑的因素包括网络的带宽、网络的延迟、网络的丢包率等。例如，可以通过增加网络带宽、减少网络延迟、降低网络丢包率等方法来优化网络性能。此外，还可以使用一些网络优化技术，如 QoS（服务质量）、流量整形、负载均衡等，以进一步提高网络性能。例如，通过 QoS 设置，可以保证重要业务的网络质量；通过流量整形，可以防止网络拥塞；通过负载均衡，可以提高网络的可用性和稳定性。

3.1.5 软件环境

MinIO 是使用 Golang（Go）语言开发的，因此在部署前，需要在服务器上安装 Golang 环境。Golang 是一种现代的编程语言，具有简洁、高效和安全的特点，使得 MinIO 具有出色的性能和稳定性。

3.2 非生产环境部署

在日常的软件开发和运维过程中，生产环境是直接面向用户来提供服务的环境。然而，直接在生产环境中进行新功能的开发、系统的调试或者性能的测试，可能会影响到生产环境的稳定性，甚至影响到用户的使用体验。因此，通常需要一个与生产环境相似但又相互隔离的环境，也就是非生产环境来完成这些工作。同样，对于 MinIO 这样的对象存储系统，无论是开发新功能，还是进行性能调优，甚至模拟故障恢复，非生产环境都发挥着重要的作用。

3.2.1 非生产环境应用说明

顾名思义，非生产环境是指不直接用于生产的环境，通常用于开发、测试和质量保证等。在非生产环境中，开发人员可以编写和测试新的代码，QA 团队可以进行性能测试和压力测试，以确保系统在生产环境中的稳定性和性能。

与之相对，生产环境是直接面向用户提供服务的环境。在生产环境中，系统需要保持不间断地运行，以确保服务的可用性。因此，生产环境通常需要有更高的稳定性和性能。

两者的主要区别在于它们的使用目的和需求。非生产环境主要用于开发和测试，可以容忍一定程度的错误和故障；而生产环境则需要提供稳定、高效的服务，对错误和故障的容忍度很低。因此，在配置和管理这两种环境时，需要考虑不同的因素和需求。

MinIO 在非生产环境中的应用主要体现在以下方面。

1. 开发和测试

开发人员可以在非生产环境中部署 MinIO，以模拟生产环境中的对象存储服务。这样，开发人员可以在一个与生产环境相似但又相互隔离的环境中，进行新功能的开发和测试。这不仅可以帮助开发人员在将代码部署到生产环境之前，发现并修复可能存在的问题，也可以避免因开发和测试工作影响到生产环境的稳定性。

2. 性能调优

在非生产环境中部署 MinIO 可以帮助用户进行性能调优。例如，可以在非生产环境中模拟高负载的情况，观察 MinIO 的性能表现，然后根据观察结果调整 MinIO 的配置，以提高其在生产环境中的性能。

3. 故障模拟和恢复

非生产环境可以用于模拟各种故障情况，以测试 MinIO 的故障恢复能力。例如，可以在非生产环境中模拟磁盘故障、网络故障等情况，然后观察 MinIO 的故障恢复过程，以验证其在生产环境中的可靠性和耐久性。

4. 培训和学习

非生产环境提供了一个安全的环境，用于帮助新的开发人员和运维人员学习和熟悉 MinIO

的部署和管理过程。他们可以在非生产环境中尝试各种操作，而不用担心会影响生产环境。

3.2.2 MinIO 在 Windows 环境下的部署

1）进入 MinIO 官方网站的下载界面，如图 3.1 所示。

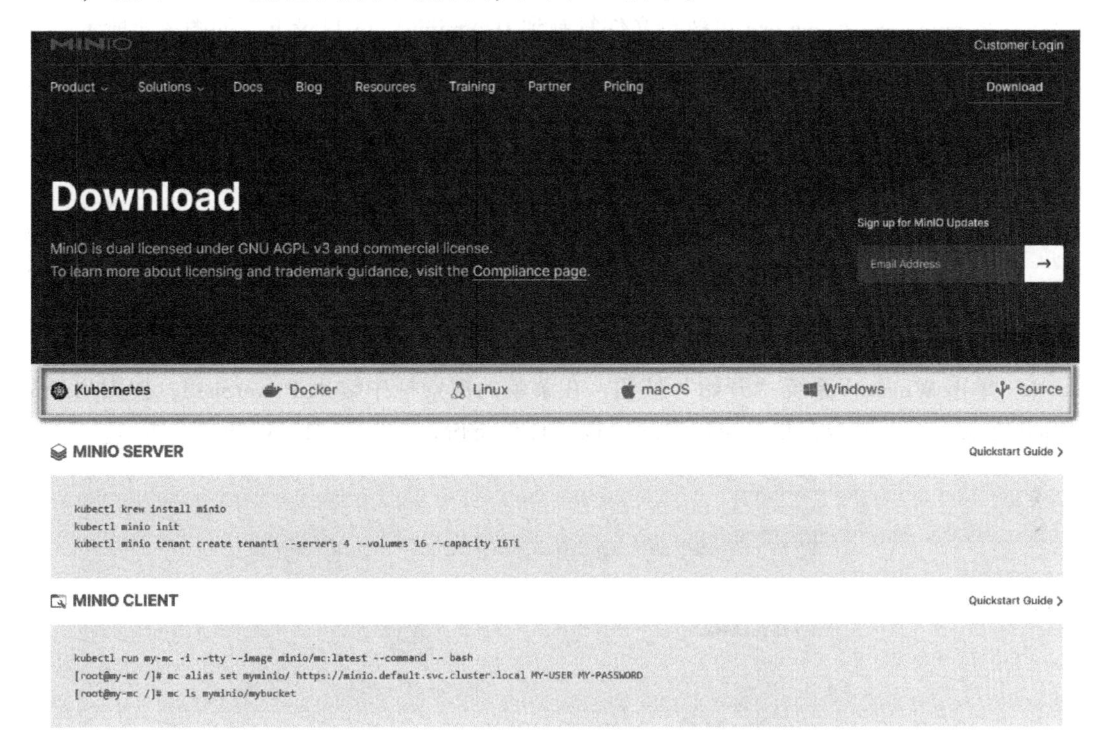

图 3.1　MinIO 官方网站的下载界面

2）在 MinIO 官方网站的下载界面中，选择部署环境栏中的 Windows 选项卡，进入 Windows 环境下载界面，如图 3.2 所示。

图 3.2　Windows 环境下载界面

3）在 Windows 环境下载界面中，分别单击 MINIO SERVER 与 MINIO CLIENT 板块右侧的 DOWNLOAD 按钮，开始下载 MinIO 服务端与客户端的可执行文件。MinIO 服务端与客户端的可执行文件名称分别为 minio.exe 与 mc.exe。

4）在“D:\minio”目录下分别创建 bin、data 与 logs 目录，如图 3.3 所示。

5）将 minio.exe 与 mc.exe 可执行文件复制到 D:\minio\bin 目录下，如图 3.4 所示。

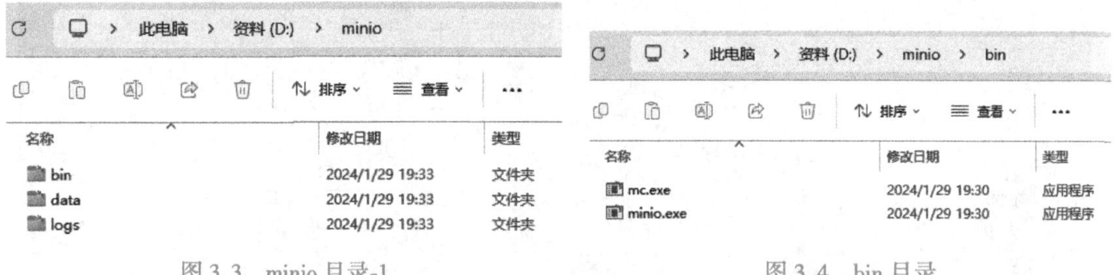

图 3.3　minio 目录-1　　　　图 3.4　bin 目录

6）单击 Windows 系统“开始”按钮，在菜单的搜索栏中输入 PowerShell，搜索出 PowerShell 终端程序，单击右侧选项栏中的“以管理员身份运行”选项，如图 3.5 所示。

图 3.5　Windows“开始”菜单栏-1

7）运行 PowerShell 之后，进入其终端，在终端中配置 MinIO 的管理用户名与密码，示例代码如下。

```
PS C:\Users\98565> cd D:\minio\bin
PS D:\minio\bin> setx MINIO_ROOT_USER minio

成功：指定的值已得到保存。
PS D:\minio\bin>  setx MINIO_ROOT_PASSWORD 123456

成功：指定的值已得到保存。
```

此处需要注意的是，用户密码必须设置为 8 位或以上。

8）执行 MinIO 启动命令。示例代码如下。

```
PS D:\minio\bin>  D:\minio\bin\minio.exe server D:\minio\data --console-address ":9001" --address ":9000" > D:\minio\logs\minio.log
```

9）MinIO 启动之后，通过浏览器访问 http://127.0.0.1:9000/，即可进入 MinIO 登录界面，如图 3.6 所示。

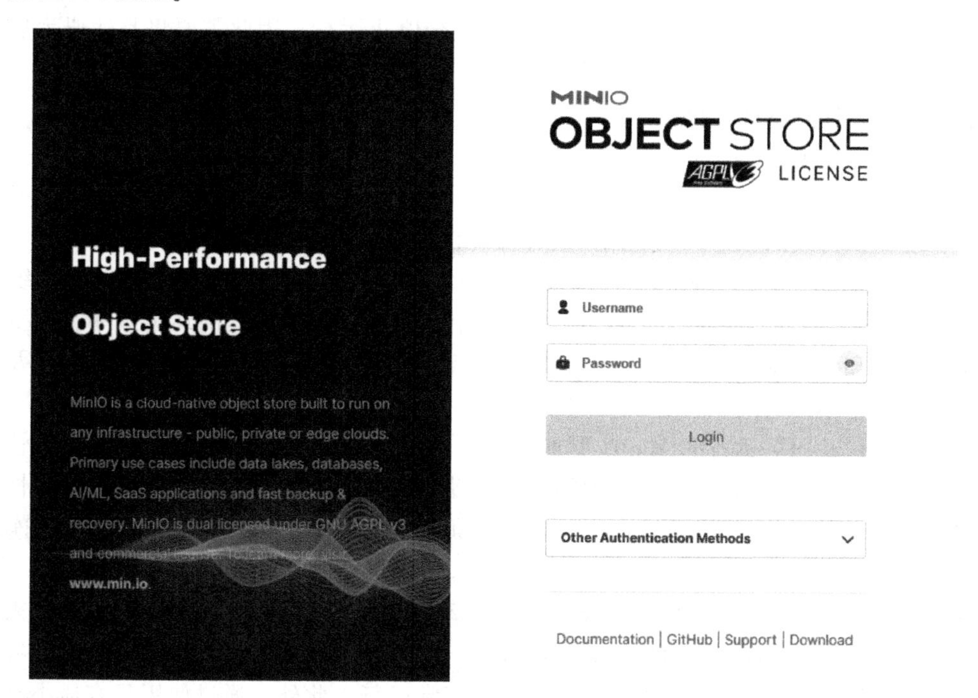

图 3.6　MinIO 登录界面

10）在 MinIO 登录界面中，通过之前设置的管理用户名与密码登录，进入 MinIO 主页面，如图 3.7 所示。

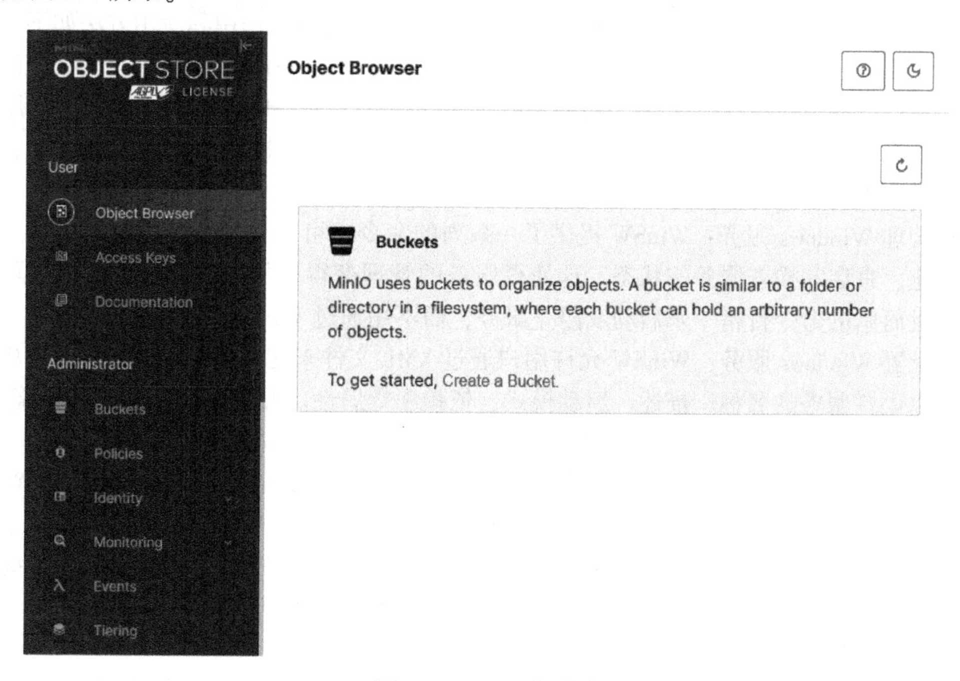

图 3.7　MinIO 主页面

3.2.3 将 MinIO 注册为后台运行

MinIO 启动后，只要关闭终端窗口，MinIO 就会停止运行。因此需要将其注册为后台运行，使前台的操作不会影响到 MinIO 的运行。

1. MinIO 后台运行的优势

将 MinIO 注册为 Windows 服务后，MinIO 可以在后台持续运行。这意味着，即使关闭了命令行窗口或者用户注销了登录，MinIO 服务也不会被关闭，从而可以确保 MinIO 服务在任何时候都能提供持续的服务，满足用户的存储和访问需求。

注册为 Windows 服务的 MinIO 可以设置为系统启动时自动运行。这样，每次系统启动时，MinIO 服务都会自动启动，而不用用户手动启动。这可以大大提高运维效率，减少人工操作的复杂性和出错率。此外，自动启动也可以确保在系统重启后，MinIO 服务能够及时恢复，减少服务中断的时间。

作为 Windows 服务运行的 MinIO 更加稳定。在 Windows 中，服务是由服务控制管理器（SCM）管理的，SCM 可以在服务出现问题时自动重启服务，从而提高了服务的可用性。这意味着，即使 MinIO 服务出现了故障，SCM 也可以自动恢复服务，保证该服务的连续可用性。

Windows 服务可以在没有用户登录的情况下运行，并且可以使用不同的用户账户来运行服务。简而言之，MinIO 服务可以在系统级别运行，而不依赖于特定的用户账户。这样，即使用户账户被注销或者被锁定，MinIO 服务也能正常运行。此外，通过使用具有最小必要权限的用户账户来运行服务，可以减少安全风险，提高系统的安全性。

2. WinSW 简介

WinSW 全称 Windows Service Wrapper，是一个轻量级的、可执行的二进制文件，专门设计用于将任何自定义进程包装并管理为 Windows 服务。它的主要作用和使用方法如下。

- 包装自定义进程：WinSW 可以将任何 Windows 上的程序注册为服务。也就是说，用户可以将任何可执行文件（例如.bat、.exe 等）作为 Windows 服务运行，而不用修改原有的代码。这对于需要在后台运行的应用程序，如数据库、Web 服务器或者定时任务等，非常有用。
- 管理 Windows 服务：WinSW 提供了一系列的命令，可以用于安装、卸载、启动、停止、重启和检查服务的状态。这使得服务的管理变得更加方便和高效。用户可以通过简单的命令行指令来启动或停止服务，而不用通过 Windows 的服务管理器。
- 配置 Windows 服务：WinSW 允许用户通过 XML 文件来配置服务。在配置文件中，可以设置服务的名称、描述、启动模式、依赖项等属性。此外，还可以设置环境变量，以及指定要执行的可执行文件和参数。这为服务的配置提供了极大的灵活性。
- 优雅地关闭服务：WinSW 支持优雅地关闭服务。当服务被要求停止时，WinSW 首先尝试调用 GenerateConsoleCtrlEvent 方法，然后等待一段时间，让进程自行退出。如果进程在规定的时间内没有退出，WinSW 会调用终止进程的 API 函数来立即终止服务。这样可以确保服务的平滑关闭，避免数据丢失或者其他问题。

3. 注册服务

MinIO 的后台运行依赖于 WinSW，所以需要先部署 WinSW，具体操作步骤如下。

1）进入 GitHub 中的 WinSW 下载页面，如图 3.8 所示。

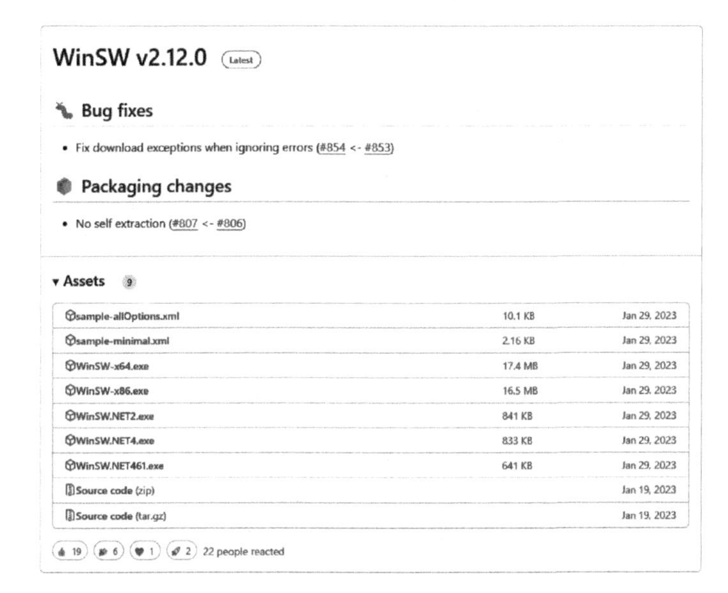

图 3.8　WinSW 下载页面

2）单击下载列表中符合系统要求的文件，即可开始下载，此处选择 WinSW-x64.exe 选项。将下载后的 WinSW-x64.exe 文件复制到 D:\minio 目录（路径可自定义）下，如图 3.9 所示。

3）可对 WinSW-x64.exe 文件进行重命名，便于日常管理。此处将 WinSW-x64.exe 文件重命名为 minio-server.exe，如图 3.10 所示。

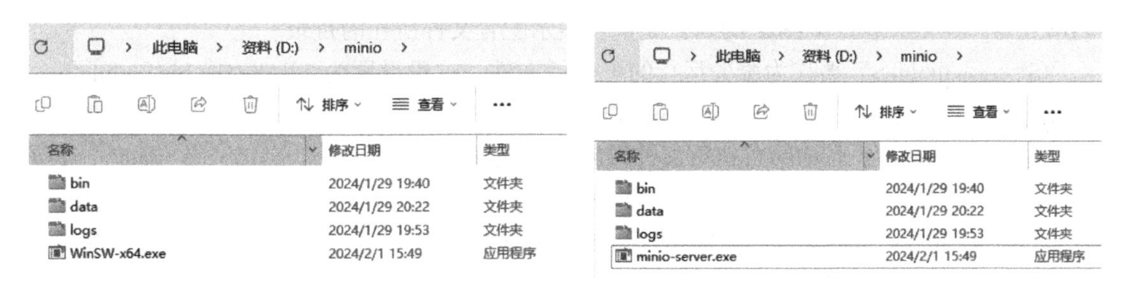

图 3.9　minio 目录-2

图 3.10　minio 目录-3

4）在 minio 目录下，创建一个与 minio-server.exe 同名的 xml 文件，如图 3.11 所示。

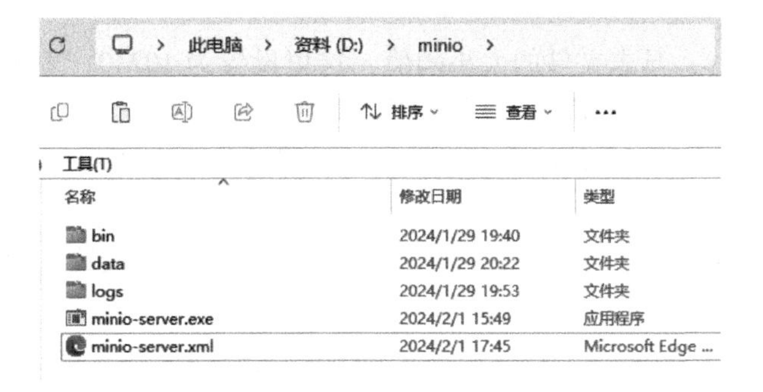

图 3.11　minio 目录-4

5）编辑 minio-server.xml 文件，示例代码如下。

```
<service>
    <id>minio-server</id>
    <name>minio-server</name>
    <description>minio 文件存储服务器</description>
    <!--设置环境变量 -->
    <env name="HOME" value="%BASE%"/>
    <executable>%BASE% \bin \minio.exe</executable>
    <arguments>server "%BASE% \data"</arguments>
    <!-- <logmode>rotate</logmode> -->
    <logpath>%BASE% \logs</logpath>
    <log mode="roll-by-size-time">
      <sizeThreshold>10240</sizeThreshold>
      <pattern>yyyyMMdd</pattern>
      <autoRollAtTime>00:00:00</autoRollAtTime>
      <zipOlderThanNumDays>5</zipOlderThanNumDays>
      <zipDateFormat>yyyyMMdd</zipDateFormat>
    </log>
</service>
```

这段代码用于将 MinIO 注册为 Windows 服务，以下是各个元素的含义。

① <id>：服务的唯一标识符，这里设置为 minio-server。

② <name>：服务的显示名称，这里设置为 minio-server。

③ <description>：服务的描述，这里设置为“minio 文件存储服务器”。

④ <env name="HOME" value="%BASE%"/>：设置环境变量 HOME 的值为%BASE%。%BASE%是 WinSW 的内置变量，表示配置文件所在的目录。

⑤ <executable>：要作为服务运行的可执行文件，这里设置为%BASE%\bin\minio.exe，表示配置文件所在的目录下的 minio.exe 文件。

⑥ <arguments>：传递给可执行文件的参数，这里设置为 server "%BASE%\data"，表示启动 MinIO 的服务器模式，并将数据存储在配置文件所在目录下的“data”文件夹中。

⑦ <logpath>：日志文件的存储路径，这里设置为%BASE%\logs，表示将日志文件存储在配置文件所在目录下的 logs 文件夹中。

⑧ <log mode="roll-by-size-time">：日志文件的滚动模式，这里设置为 roll-by-size-time，表示当日志文件的大小达到一定阈值或者到达一定时间时，自动创建新的日志文件。其中各参数含义如下。

- <sizeThreshold>：日志文件的大小阈值，这里设置为 10240，表示当日志文件的大小达到 10240 字节（10KB）时，自动创建新的日志文件。
- <pattern>：新的日志文件的命名模式，这里设置为 yyyyMMdd，表示按照年月日的格式命名新的日志文件。
- <autoRollAtTime>：自动创建新的日志文件的时间，这里设置为 00:00:00，表示在每天的 0 点自动创建新的日志文件。
- <zipOlderThanNumDays>：自动压缩旧的日志文件的天数，这里设置为 5，表示将 5 天前的日志文件自动压缩。

- <zipDateFormat>：压缩文件的命名模式，这里设置为 yyyyMMdd，表示按照年月日的格式命名压缩文件。

总之，这段代码定义了一个 Windows 服务，该服务会在后台运行 MinIO，并将数据存储在指定的位置，同时还会生成日志文件以便于问题排查。

6）在 PowerShell 终端中，执行安装 WinSW 的命令，示例代码如下。

```
PS C:\WINDOWS\system32> cd D:\minio
PS D:\minio> .\minio-server.exe install
2024-02-01 18:12:02,427 INFO  - Installing service 'minio-server (minio-server)'...
2024-02-01 18:12:02,469 INFO  - Service 'minio-server (minio-server)' was installed successfully.
```

7）WinSW 安装完成后，通过 Windows “开始”菜单找到“计算机管理”程序，如图 3.12 所示。

图 3.12　Windows“开始”菜单栏-2

8）以管理员身份运行“计算机管理”程序，在“计算机管理”程序窗口中，选择“服务和应用程序”下的“服务”选项，并在其中找到 minio-server 服务，如图 3.13 所示。

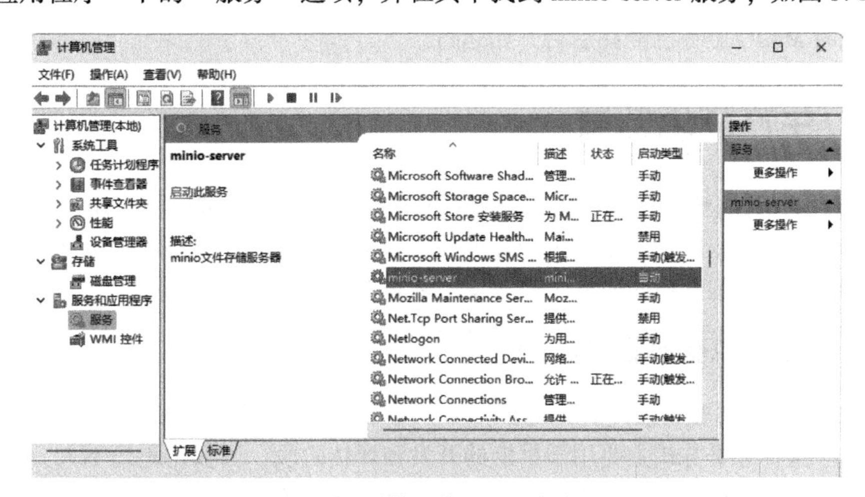

图 3.13　“计算机管理”程序窗口-1

9）单击 minio-server 后，再单击左 minio-server 下的“启动”按钮，开始启动 MinIO，并且会弹出“服务控制”对话框，如图 3.14 所示。

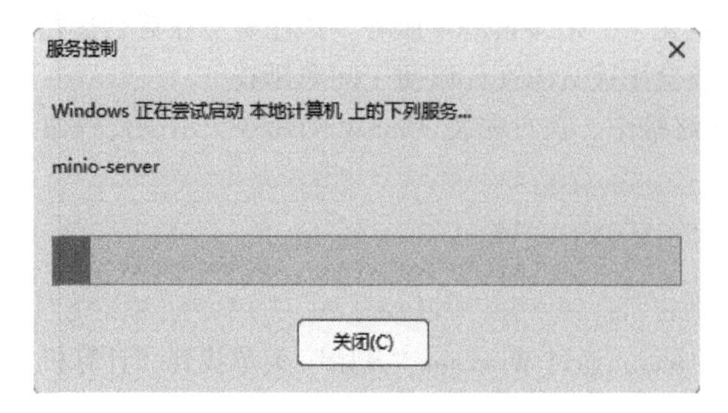

图 3.14 “服务控制”对话框

10）等待“服务控制”对话框加载完成后，即可完成 MinIO 服务的启动，如图 3.15 所示。

服务

minio-server

停止此服务
重启动此服务

描述:
minio文件存储服务器

名称	描述	状态	启动类型	登录为
Microsoft Software Shad...	管理...		手动	本地系统
Microsoft Storage Space...	Micr...		手动	网络服务
Microsoft Store 安装服务	为 M...	正在运行	手动	本地系统
Microsoft Update Health...	Mai...		禁用	本地系统
Microsoft Windows SMS ...	根据...		手动(触发...	本地服务
minio-server	mini...	正在运行	自动	本地系统
Mozilla Maintenance Ser...	Moz...		手动	本地系统
Net.Tcp Port Sharing Ser...	提供...		禁用	本地服务
Netlogon	为用...		手动	本地系统
Network Connected Devi...	网络...		手动(触发...	本地服务
Network Connection Bro...	允许 ...	正在运行	手动(触发...	本地系统
Network Connections	管理...		手动	本地系统
Network Connectivity Ass...	提供 ...		手动(触发...	本地系统
Network List Service	识别...	正在运行	手动	网络服务
Network Setup Service	网络...		手动(触发...	本地系统

图 3.15 “计算机管理”程序窗口-2

11）此时 MinIO 服务已经在后台开始运行。

3.3 生产环境部署

MinIO 作为一种高性能、高可用的开源对象存储服务，已经被广泛应用于各种生产环境中。然而，要将 MinIO 成功部署到生产环境并充分发挥其性能，需要对其部署过程有深入的理解。接下来，将详细介绍如何在生产环境中部署 MinIO。

3.3.1 单节点单驱动器部署

MinIO 的单节点单驱动器部署，也被称为“单节点单硬盘”（SNSD）配置，是一种简单的部署方式。这种部署方式主要用于早期的开发和评估阶段，当数据量还不大，对存储系统的性能和可靠性要求还不高的时候，可以选择这种部署方式。

在这种配置中，MinIO 服务运行在一个节点上，并使用一个驱动器作为存储设备。这意味着所有的数据都存储在一个硬盘上，如果这个硬盘发生故障，可能会导致数据丢失。因此，这种部署方式不会提供任何超出底层存储卷实现的额外可靠性或可用性。

尽管 MinIO 在这种模式下只使用一个驱动器，但它仍然实现了一种零校验冗余编码后端，这使得在不用多个驱动器的情况下，也能访问到纠删码（EC）编码特性。然而，由于这种模式下的数据是直接存储在硬盘上的，所以必须通过 S3 API 来访问存储的对象，而不能通过文件系统/POSIX 接口直接访问对象。

MinIO 推荐使用 XFS。XFS 是一种高性能的文件系统，特别适用于大数据应用。MinIO 使用 XFS 进行内部测试和验证，以确保其在 XFS 上的性能和稳定性。MinIO 并未对其他文件系统（如 EXT4、BTRFS 或 ZFS 等）进行测试，也不推荐使用这些文件系统，因为这些文件系统可能无法提供与 XFS 相当的性能和稳定性。因此需要将驱动器格式化为 XFS 格式。

在部署 MinIO 之前，需要保证节点可以分配 2GB 内存给 MinIO 服务，并且至少拥有 32GB 存储空间。

部署 MinIO 的示例代码如下。

```
[root@minio1 ~]#wget https://dl.minio.org.cn/server/minio/release/linux-amd64/archive/
minio-20240310025348.0.0-1.x86_64.rpm -O minio.rpm
[root@minio1 ~]#sudo dnf install minio.rpm
```

需要注意的是，此处使用的是 AMD 64 位处理器，如果是其他处理器架构，那么需要根据官方提供的方式进行部署。为 MinIO 配置 minio.service 文件，使用户可通过 system 对 MinIO 进行管理，配置示例如下。

```
[Unit]
Description=MinIO
Documentation=https://minio.org.cn/docs/minio/linux/index.html
Wants=network-online.target
After=network-online.target
AssertFileIsExecutable=/usr/local/bin/minio

[Service]
WorkingDirectory=/usr/local

User=minio-user
Group=minio-user
ProtectProc=invisible

EnvironmentFile=-/etc/default/minio
ExecStartPre=/bin/bash -c "if [ -z \"${MINIO_VOLUMES}\" ]; then echo \"Variable MINIO_VOLUMES
not set in /etc/default/minio\"; exit 1; fi"
ExecStart=/usr/local/bin/minio server $MINIO_OPTS $MINIO_VOLUMES

#MinIO RELEASE.2023-05-04T21-44-30Z adds support for Type=notify (https://www.freedesktop.org/
software/systemd/man/systemd.service.html#Type=)
# This may improvesystemctl setups where other services use 'After=minio.server'
# Uncomment the line to enable the functionality
```

```
# Type=notify

# Letsystemd restart this service always
Restart=always

# Specifies the maximum file descriptor number that can be opened by this process
LimitNOFILE=65536

# Specifies the maximum number of threads this process can create
TasksMax=infinity

# Disable timeout logic and wait until process is stopped
TimeoutStopSec=infinity
SendSIGKILL=no

[Install]
WantedBy=multi-user.target

# Built for ${project.name}-${project.version} (${project.name})
```

在 minio.service 文件中指定了名为 minio-user 的用户与组来运行 MinIO，因此需要创建这样的用户与组，并赋予其权限，示例代码如下。

```
[root@minio1 ~]#groupadd -r minio-user
[root@minio1 ~]#useradd -M -r -g minio-user minio-user
[root@minio1 ~]#chown minio-user:minio-user /mnt/disk1
```

在/etc/default/minio 文件中配置 MinIO 的服务环境，配置结果如下。

```
# MINIO_ROOT_USER and MINIO_ROOT_PASSWORD sets the root account for the MinIO server.
# This user has unrestricted permissions to perform S3 and administrative API operations on any
resource in the deployment.
# Omit to use the default values 'minioadmin:minioadmin'.
#MinIO recommends setting non-default values as a best practice, regardless of environment

MINIO_ROOT_USER=minioadmin
MINIO_ROOT_PASSWORD=minioadminkey

# MINIO_VOLUMES sets the storage volume or path to use for the MinIO server.

MINIO_VOLUMES="/mnt/data"

# MINIO_OPTS sets any additionalcommandline options to pass to the MinIO server.
# For example, `--console-address :9001` sets the MinIO Console listen port
MINIO_OPTS="--console-address :9001"

# MINIO_SERVER_URL sets the hostname of the local machine for use with the MinIO Server
#MinIO assumes your network control plane can correctly resolve this hostname to the local ma-
chine
```

```
# Uncomment the following line and replace the value with the correct hostname for the local machine and port for the MinIO server (9000 by default).

#MINIO_SERVER_URL="http://minio.example.net:9000"
```

启动 MinIO 服务，示例代码如下。

```
sudo systemctl start minio.service
```

至此，MinIO 单节点单驱动器部署完成。

3.3.2 单节点多驱动器部署

MinIO 的单节点多驱动器部署，也被称为“单节点多硬盘”（Single Node Multiple Drives，SNMD）配置，是一种适用于中小规模数据存储需求的部署方式。这种部署方式充分利用了单个节点上的多个硬盘资源，通过将这些硬盘整合在一起，形成一个统一的存储池，从而提高了存储空间的利用率和数据的访问效率。

在这种配置中，MinIO 服务运行在一个节点上，并使用多个驱动器作为存储设备。这些驱动器可以被视为一个统一的存储池，MinIO 会在这些驱动器之间分布式地存储数据。数据不再是存储在单个硬盘上，而是被分散存储在多个硬盘上，这样即使某个硬盘发生故障，也不会影响到其他硬盘上的数据，从而提高了数据的可靠性。

与单驱动器的 MinIO 服务相比，单节点多驱动器的配置可以提供更高的可用性。在单驱动器服务中，如果驱动器出现故障，那么存储在该驱动器上的所有数据都将无法访问。然而，在单节点多驱动器的配置中，只要有超过一半的驱动器在线，数据就能够被安全地访问和恢复。

安装 MinIO 与配置 minio.service 文件的具体方式可参考 3.3.1 小节中的内容，此处不再赘述。

创建用于运行 MinIO 服务的用户与组，并赋予其权限，示例代码如下。

```
[root@minio1 ~]#groupadd -r minio-user
[root@minio1 ~]#useradd -M -r -g minio-user minio-user
[root@minio1 ~]#chown minio-user:minio-user /mnt/disk1 /mnt/disk2 /mnt/disk3 /mnt/disk4
```

在/etc/default/minio 文件中配置 MinIO 的服务环境，配置结果如下。

```
# MINIO_ROOT_USER and MINIO_ROOT_PASSWORD sets the root account for the MinIO server.
# This user has unrestricted permissions to perform S3 and administrative API operations on any resource in the deployment.
# Omit to use the default values 'minioadmin:minioadmin'.
#MinIO recommends setting non-default values as a best practice, regardless of environment.

MINIO_ROOT_USER=myminioadmin
MINIO_ROOT_PASSWORD=minio-secret-key-change-me

# MINIO_VOLUMES sets the storage volumes or paths to use for the MinIO server.
# The specified path uses MinIO expansion notation to denote a sequential series of drives between 1 and 4, inclusive.
# All drives or paths included in the expanded drive list must exist * and * be empty or freshly formatted forMinIO to start successfully.
```

```
MINIO_VOLUMES="/data-{1...4}"

# MINIO_OPTS sets any additionalcommandline options to pass to the MinIO server.
# For example, `--console-address :9001` sets the MinIO Console listen port
MINIO_OPTS="--console-address :9001"

# MINIO_SERVER_URL sets the hostname of the local machine for use with the MinIO Server.
#MinIO assumes your network control plane can correctly resolve this hostname to the local ma-
chine.

# Uncomment the following line and replace the value with the correct hostname for the local ma-
chine.

#MINIO_SERVER_URL="http://minio.example.net"
```

环境文件配置完成后，启动 MinIO 服务即可。

3.3.3 多节点多驱动器部署

MinIO 的多节点多驱动器部署，也被称为“分布式”配置，是一种企业级的部署方式。这种部署方式提供了高性能、高可用性和可扩展性，适用于处理大规模数据的场景。在这种配置中，可以将多个硬盘（这些硬盘可以分布在不同的机器上）组成一个统一的对象存储服务，从而实现数据的分布式存储和管理。

分布式 MinIO 采用纠删码技术来防范多个节点宕机和位衰减（Bit Rot）。在使用分布式 MinIO 时，只要有 4 个或更多的硬盘，纠删码功能就会自动启用。

与单机 MinIO 服务相比，分布式 MinIO 可以提供更高的可用性。在单机服务中，如果服务器出现故障，那么存储在该服务器上的所有数据都将无法访问。然而，在分布式 MinIO 中，只要有超过一半数量的硬盘在线，数据就能够被安全地访问和恢复。此外，为了创建新的对象，至少需要有超过一半数量的硬盘可用。

MinIO 在分布式和单机模式下，都能保证所有读写操作的一致性。具体来说，MinIO 遵循严格的 Read-After-Write 一致性模型，一旦数据被写入，随后的读操作就能立即看到这些新写入的数据。

在实际部署分布式 MinIO 时，需要注意网络和防火墙设置。每个节点应该能够全双工地访问部署中的其他节点，以确保数据的正常同步和传输。此外，所有 MinIO 服务器在部署中必须使用相同的监听端口，以确保客户端能够正确地访问和使用 MinIO 服务。

在分布式部署 MinIO 之前，需要在每台主机的/etc/hosts 中配置主机名解析，示例代码如下。

```
172.25.218.134  minio1
172.25.218.135  minio2
172.25.218.136  minio3
172.25.218.133  minio4
```

将各节点上的驱动器格式化为 XFS 格式，配置结果如下。

```
[root@minio1 ~]#lsblk -f
NAME  FSTYPE LABEL UUID                                 MOUNTPOINT
vda
├─vda1
├─vda2 vfat         8BE7-4ED9                            /boot/efi
└─vda3 xfs    root  53bb18d5-efdd-4e34-9acf-00d02f3c8d0d /
vdb
└─vdb1 xfs          fd5850be-6cdf-4412-a083-13ec52da93af /mnt/minio1
vdc
└─vdc1 xfs          59228760-a322-4914-9efb-44cf4960c21f /mnt/minio2
vdd
└─vdd1 xfs          99e05672-b280-4579-85c9-d4268685507b /mnt/minio3
vde
└─vde1 xfs          03d4b280-beb0-4683-a47c-55a87e9c25ef /mnt/minio4
```

在分布式系统中，各节点的时间同步至关重要。时间同步能确保数据一致性，便于故障排查，以及保证任务调度的准确性。如果节点时间不一致，可能导致数据冲突，增加故障排查难度，或者使得定时任务无法准确执行。因此，为了保证分布式系统的正常运行，必须确保集群中所有节点的时间是同步的。

首先，通过终端在服务器中安装ntpdate工具，示例代码如下。

```
[root@web1 ~]# yum -y install ntpdate
```

在使用ntpdate工具调整时间时，需要在命令中添加时间服务器的IP地址或域名。而时间服务器的IP地址或域名只需要通过搜索引擎进行搜索即可得到，这些IP地址都是由网站本身、企业或个人提供的，为保证可靠性尽量选择由网站本身或企业提供的时间服务器IP地址。

调整主机时间，示例代码如下。

```
[root@web1 ~]#ntpdate -u 120.25.108.11
5  Feb 15:27:30 ntpdate[6064]: adjust time server 120.25.108.11 offset 0.002690 sec
```

在线上业务中为了保证服务器系统时间的准确性，可以通过配置计划任务定时对系统时间进行校准，示例代码如下。

```
[root@lb ~]#crontab -e
*/30 * * * * ntpdate -u 120.25.108.11
[root@lb ~]#crontab -l
*/30 * * * * ntpdate -u 120.25.108.11
```

在正式部署MinIO之前，用户需要保证启动器中不得具有任何数据。然后，在每个节点上部署MinIO。安装MinIO与配置minio.service文件的具体方式可参考3.3.1小节中的内容，此处不再赘述。

创建用于运行MinIO的用户与组，并赋予其权限，示例代码如下。

```
groupadd -r minio-user
useradd -M -r -g minio-user minio-user
chown minio-user:minio-user /mnt/disk1 /mnt/disk2 /mnt/disk3 /mnt/disk4
```

在/etc/default/minio文件中配置MinIO的服务环境，配置结果如下。

```
[root@minio1 ~]# cat /etc/default/minio
# Set the hosts and volumes MinIO uses at startup
# The command uses MinIO expansion notation {x...y} to denote a
# sequential series.
#
# The following example covers four MinIO hosts
# with 4 drives each at the specified hostname and drive locations.
# The command includes the port that each MinIO server listens on
# (default 9000)

MINIO_VOLUMES="http://minio{1...4}/mnt/minio{1...4}/"

# Set all MinIO server options
#
# The following explicitly sets the MinIO 控制台 listen address to
# port 9001 on all network interfaces.The default behavior is dynamic
# port selection.

MINIO_OPTS="--console-address :9001"

# Set the root username.This user has unrestricted permissions to
# perform S3 and administrative API operations on any resource in the
# deployment.
#
# Defer to your organizations requirements for superadmin user name.

MINIO_ROOT_USER=minioadmin

# Set the root password
#
# Use a long, random, unique string that meets your organizations
# requirements for passwords.

MINIO_ROOT_PASSWORD=minioadmin

# Set to the URL of the load balancer for the MinIO deployment
# This value *must* match across all MinIO servers.If you do
# not have a load balancer, set this value to to any *one* of the
#MinIO hosts in the deployment as a temporary measure.
MINIO_SERVER_URL="http://127.0.0.1:9000"
```

服务环境配置完成后，运行 MinIO 服务，示例代码如下。

```
sudo systemctl start minio.service
```

至此，每个节点上的 MinIO 服务都已经部署完成，但仍需通过部署负载均衡来提供统一的访问地址。

Nginx 是一款开源的、高性能的 HTTP 和反向代理服务器，同时提供了 IMAP/POP3/SMTP 服务，目前已经成为最受欢迎的 Web 服务器之一。

Nginx 的反向代理功能是其最重要的特性之一。作为反向代理服务器，Nginx 可以接收来自客户端的请求，然后将这些请求转发到内部网络的服务器。服务器处理完请求后，将响应发送回 Nginx，然后 Nginx 再将响应返回给客户端。这种方式可以隐藏服务器的信息，提高内部网络的安全性。此外，通过反向代理，Nginx 还可以实现负载均衡和缓存静态内容，进一步提高网站的性能和可用性。

Nginx 的负载均衡功能是其另一个重要特性。作为负载均衡器，Nginx 可以将接收到的请求分配到多个服务器，从而平衡每个服务器的负载，提高网站的可用性和响应速度。Nginx 支持多种负载均衡算法，包括轮询、最少连接和 IP 哈希等。此外，Nginx 还支持健康检查和会话保持等高级负载均衡功能。

在负载均衡节点上安装 Nginx，示例代码如下。

```
yum -y install nginx
```

然后，为 Nginx 配置上游服务器组，配置结果如下。

```
[root@iZ0jlca9oak12cz0nxjnu2Z ~]# cat /etc/nginx/conf.d/minio.conf
upstream minio_s3 {
  least_conn;
  server minio1:9000;
  server minio2:9000;
  server minio3:9000;
  server minio4:9000;
}

upstream minio_console {
  least_conn;
  server minio1:9001;
  server minio2:9001;
  server minio3:9001;
  server minio4:9001;
}

server {
  listen       9000;
  listen  [::]:9000;
  server_name  _;

  # Allow special characters in headers
  ignore_invalid_headers off;
  # Allow any size file to be uploaded.
  # Set to a value such as 1000m; to restrict file size to a specific value
  client_max_body_size 0;
  # Disable buffering
  proxy_buffering off;
  proxy_request_buffering off;

  location / {
     proxy_set_header Host $http_host;
```

```
        proxy_set_header X-Real-IP $remote_addr;
        proxy_set_header X-Forwarded-For $proxy_add_x_forwarded_for;
        proxy_set_header X-Forwarded-Proto $scheme;

        proxy_connect_timeout 300;
        # Default is HTTP/1, keepalive is only enabled in HTTP/1.1
        proxy_http_version 1.1;
        proxy_set_header Connection"";
        chunked_transfer_encoding off;

        proxy_pass http://minio_s3; # This uses the upstream directive definition to load balance
    }
}

server {

    listen      9001;
    listen  [::]:9001;
    server_name  _;

    # Allow special characters in headers
    ignore_invalid_headers off;
    # Allow any size file to be uploaded.
    # Set to a value such as 1000m; to restrict file size to a specific value
    client_max_body_size 0;
    # Disable buffering
    proxy_buffering off;
    proxy_request_buffering off;

    location / {
        proxy_set_header Host $http_host;
        proxy_set_header X-Real-IP $remote_addr;
        proxy_set_header X-Forwarded-For $proxy_add_x_forwarded_for;
        proxy_set_header X-Forwarded-Proto $scheme;
        proxy_set_header X-NginX-Proxy true;

        # This is necessary to pass the correct IP to be hashed
        real_ip_header X-Real-IP;

        proxy_connect_timeout 300;

        # To supportwebsocket
        proxy_http_version 1.1;
        proxy_set_header Upgrade $http_upgrade;
        proxy_set_header Connection "upgrade";

        chunked_transfer_encoding off;
```

```
    proxy_pass http://minio_console/; # This uses the upstream directive definition to
load balance
  }
}
```

由上述代码可知，Nginx 负载均衡配置了 4 个 MinIO 节点，作为上游服务器组的成员。然后启动 Nginx 即可通过该节点的 9001 端口访问到 MinIO 控制台，示例代码如下。

```
systemctl start nginx
```

通过控制台可以查看当前的节点数与驱动器数量，如图 3.16 所示。

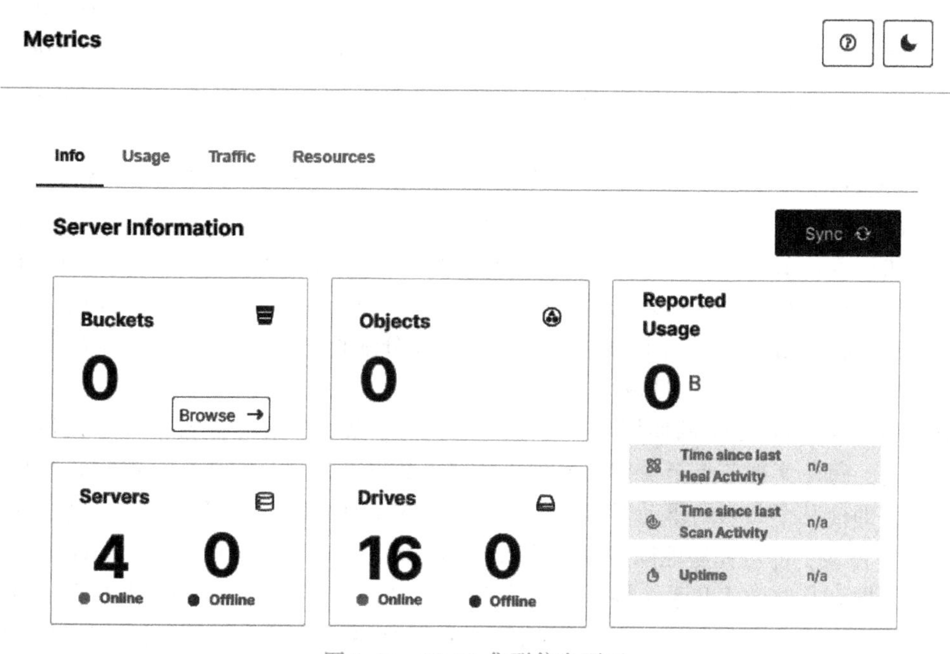

图 3.16　MinIO 集群信息页面

由图 3.16 可知，当前集群中拥有 4 个节点与 16 个驱动器。至此，一个 MinIO 集群已经部署完成。用户可在此基础上部署多个集群，使其互相备份，以保证数据的安全性。此外，还可以为多个集群配置高可用方案，以保证服务的可用性。

3.3.4 Kubernetes 下部署

首先，Kubernetes 的强大容器编排能力和 MinIO 的高性能对象存储服务相结合，可以实现高效的资源管理和提高存储效率。其次，Kubernetes 的动态伸缩功能使得 MinIO 能够灵活应对数据量和请求量的变化，满足大规模数据处理和存储的需求。再次，Kubernetes 的故障恢复和服务发现机制保证了 MinIO 服务的高可用性。最后，Kubernetes 提供的各种工具和插件简化了 MinIO 的管理和维护工作，提高了运维效率。

1. MinIO Operator 概述

MinIO Operator 是一个专门为 Kubernetes 设计的 Operator，它的主要功能是在 Kubernetes 集群中自动化部署和管理 MinIO 实例。这种自动化管理包括创建、更新、备份和恢复 MinIO 实例等操作，大大简化了在 Kubernetes 环境中使用 MinIO 的复杂性。

MinIO 提供了与 Amazon S3 兼容的 API，这意味着任何支持 S3 API 的应用程序都可以无缝地与其进行集成，从而利用 MinIO 提供的高性能对象存储服务。

MinIO Operator 不仅是一个工具，更是一个扩展了 Kubernetes API 的框架。通过 MinIO Operator，用户可以在公有云和私有云上部署 MinIO Tenants。这里的 MinIO Tenants 指的是 MinIO 的租户集群，每个租户都是一个独立的 MinIO 实例，可以独立地进行扩展和管理。这种设计使得 MinIO 能够更好地满足不同用户的需求，同时也提高了系统的可扩展性和灵活性。

2. DirectPV 概述

DirectPV 是一个用于直连存储的容器存储接口（CSI）驱动程序。它不同于 SAN 或 NAS 这样的存储系统，而是作为一个分布式持久卷管理器，可以跨服务器发现、格式化、装载、调度和监视驱动器。这种设计使得 DirectPV 能够直接管理和使用物理存储，从而提高存储效率和性能。

在 Kubernetes 环境中，DirectPV 可以解决 Kubernetes hostPath 和本地 PV 静态配置的限制。这些配置方式通常需要在节点上预先准备好可用的块存储或文件系统，并且都有亲和性限制，无法让 Kubernetes 自身去调度来让数据卷分布在不同的节点上。DirectPV 通过在每个节点上发现、格式化、装载和监视驱动器，创建供 Kubernetes PV 使用的存储池。然后，Kubernetes API 通过 DirectPV CSI 调度存储资源为 Pod 分配直连式存储 PV。这种方式使得存储资源的管理和调度更加灵活和高效。

对于 MinIO，DirectPV 的使用带来了显著的优势。MinIO 集群将数据分布在每个 MinIO 集群节点上，每个集群节点至少拥有 4 个驱动器，数据被均匀分布在每个集群节点的驱动器上。这样，即使某个节点的驱动器出现故障，由于 MinIO 集群的高可用特性，只要驱动器有总数的 $N/2$ 在线，即可完整地同步和还原数据。因此，DirectPV 可以帮助 MinIO 更好地利用直连存储，提高存储效率和系统性能。总体来说，DirectPV 在 Kubernetes 环境下对 MinIO 的作用主要体现在提高存储效率、简化存储管理和提高系统的可用性等方面。这些优势使得 MinIO 能够更好地满足大规模数据处理和存储的需求，同时也为 MinIO 的稳定运行提供了保障。

3. 部署流程

Krew 是一个专门为 Kubernetes 设计的 Operator，它的主要功能是作为 kubectl 插件的包管理工具。这意味着，Krew 可以帮助用户在 Kubernetes 环境中搜索、安装和管理各种 kubectl 插件，包括 DirectPV。这些插件可以扩展 kubectl 的功能，提供更多的操作和管理选项。

从 GitHub 上下载 Krew 安装包到 Kubernetes 的 Mast 节点上，并进行解压，示例代码如下。

```
tar -zxvf krew-linux_amd64.tar.gz
```

将环境变量写入/etc/profile 文件中，示例代码如下。

```
PATH=${PATH}:${HOME}/.krew/bin
```

安装 Krew，示例代码如下。

```
./krew-linux_amd64 install krew
```

由于网络问题，可能需要多次安装，或者通过配置代理进行网络优化。

MinIO Operator 使用 Kubernetes TLS 证书管理 API 来管理 TLS 证书签名请求（CSR），以创建签名的 TLS 证书。

在/etc/kubernetes/controller-manager 文件中添加证书内容，用于指定集群签名证书与密钥的位置，示例代码如下。

```
--cluster-signing-cert-file=/etc/kubernetes/pki/ca.crt \
--cluster-signing-key-file=/etc/kubernetes/pki/ca.key \
```

配置完成后，重新启动 kube-controller-manager 服务。

从 MinIO 官网下载 MinIO Operator 可执行文件到 Kubernetes 集群的 Master 节点上，并对其重新命名，示例代码如下。

```
mv kubectl-minio_4.5.4_linux_amd64 kubectl-minio
```

赋予其执行权限，示例代码如下。

```
chmod +x kubectl-minio
```

将 MinIO Operator 可执行文件移动到/usr/local/bin/目录下，示例代码如下。

```
cp kubectl-minio /usr/local/bin/
```

此时，MinIO Operator 部署完成，用户可通过查看版本号进行验证，示例代码如下。

```
kubectl minio version
```

初始化 MinIO Operator，示例代码如下。

```
kubectl minio init
```

上述命令的主要作用是启动 MinIO Operator 服务，并创建一个名为 minio-operator 的命名空间。如果 Kubernetes 集群中已经安装了 MinIO Operator，这个命令还会将 Operator 升级到与 MinIO 插件版本匹配的版本。这个初始化过程是部署 MinIO Operator 的必要步骤，它确保了 MinIO Operator 可以正常运行，并为后续的操作做好了准备。

通过命令创建一个临时代理，该代理将本地主机的流量转发到 MinIO Operator 控制台，示例代码如下。

```
[root@master ~]#kubectl minio proxy -n minio-operator
Starting port forward of the Console UI.

To connect open a browser and go to http://localhost:9090

Current JWT to login:eyJhbGciOiJSUzI1NiIsImtpZCI6IlhBV181UFRYaXB6RTRhb2F1N0d0ejF6YkUycXZoSF
VROFAtdFB6VkJnQWcifQ.eyJpc3MiOiJrdWJlcm5ldGVzL3NlcnZpY2VhY2NvdW50Iiwia3ViZXJuZXRlcy5pby9z
ZXJ2aWNlYWNjb3VudC9uYW1lc3BhY2UiOiJtaW5pby1vcGVyYXRvciIsImt1YmVybmV0ZXMuaW8vc2VydmljZWFjY
291bnQvc2VjcmV0Lm5hbWUiOiJjb25zb2xlLXNhLXRva2VuLTRmdnhyIiwia3ViZXJuZXRlcy5pby9zZXJ2aWNlYW
Njb3VudC9zZXJ2aWNlLWFjY291bnQubmFtZSI6ImNvbnNvbGUtc2EiLCJrdWJlcm5ldGVzLmlvL3NlcnZpY2VhY2N
vdW50L3NlcnZpY2UtYWNjb3VudC51aWQiOiJhMGQ5NDU4OC0xM2Q2LTQ1ODgtYjllNS1lMzZjZmFhNDRlMjEiLCJz
dWIiOiJzeXN0ZW06c2VydmljZWFjY291bnQ6bWluaW8tb3BlcmF0b3I6Y29uc29sZS1zYSJ9.Zn2i-rKqx9n3dKPc
MfsQsEu5GjRLhUL9u_nTXdvTqgDyizTHR5glBK7iMCC4jt6YUhA8sldcjWmTU7mQALdJYrAj-Cyc3TIIEBdOMAtLU_
Bez7ED4k47Iew3IoM7rjl11cjuraw3biBE_gBVm2ok_uYG0AnB3JQeE5eRfDDaAm8xYPpbq921pM2nTYxID3xkqVr
```

```
cGsdz0mZ-eUo_QodqGvgwoPjMtVMB1W9NLfG2kXgzolCkn78lhyRB51sTwv0uOwglAgUZjXgDpfCLCVU9YXs4kFa3M
04VgoaBVLDMo5IT5SD-tWhHRRB-b56pspo49WVZpgVrR-CRDB3xDje9sg

Forwarding from 0.0.0.0:9090 -> 9090
Handling connection for 9090
```

这个命令是在没有配置 Ingress 的情况下，访问 Operator 控制台 Pods 的一种替代方法。与此同时，终端会输出一串 JWT（JSON Web Token）代码，用于界面登录。JWT 是一种用于身份认证和授权的开放标准，它可以在不同的应用和服务之间传递安全的信息。

访问 Master 节点的 9090 端口，即可访问 MinIO 的登录界面，如图 3.17 所示。

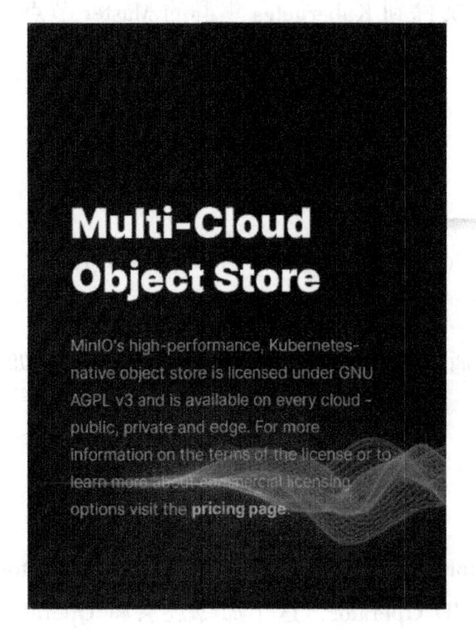

图 3.17　MinIO 登录界面

用户可在登录界面的 JWT 输入框中，输入终端给出的 JWT，单击 Login 按钮即可登录。

通过 Krew 安装 DirectPV 插件，示例代码如下。

```
kubectl krew install directpv
```

安装 DirectPV 的驱动程序，示例代码如下。

```
kubectl directpv install
```

查看可用的驱动器信息，示例代码如下。

```
[root@master ~]#kubectl directpv info
```

输出内容如图 3.18 所示。

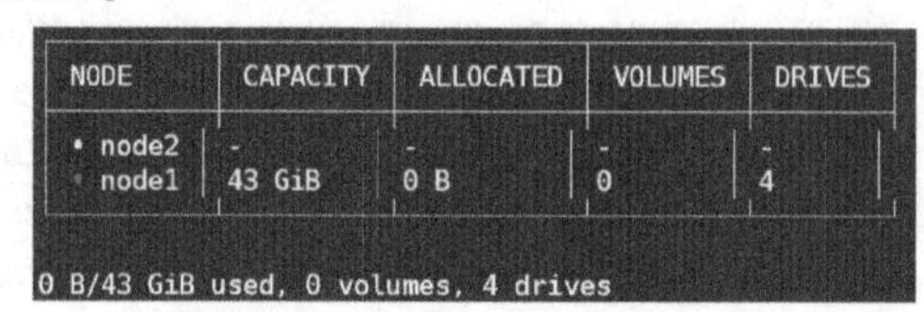

NODE	CAPACITY	ALLOCATED	VOLUMES	DRIVES
• node2	-	-	-	-
• node1	43 GiB	0 B	0	4

0 B/43 GiB used, 0 volumes, 4 drives

图 3.18　驱动器信息-1

创建初始化配置文件，用于配置初始化，示例代码如下。

```
[root@master ~]#kubectl directpv discover
```

输出内容如图 3.19 所示。

ID	NODE	DRIVE	SIZE	FILESYSTEM	MAKE
259:7$INVpl0cffi...	node1	nvme0n5	30 GiB	-	VMware Virtual NVMe Disk

Generated 'drives.yaml' successfully.

图 3.19　配置文件信息

通过初始化文件对磁盘进行初始化，示例代码如下。

```
[root@master ~]# ls
drives.yaml
[root@master ~]#kubectl directpv init drives.yaml --dangerous
```

输出内容如图 3.20 所示。

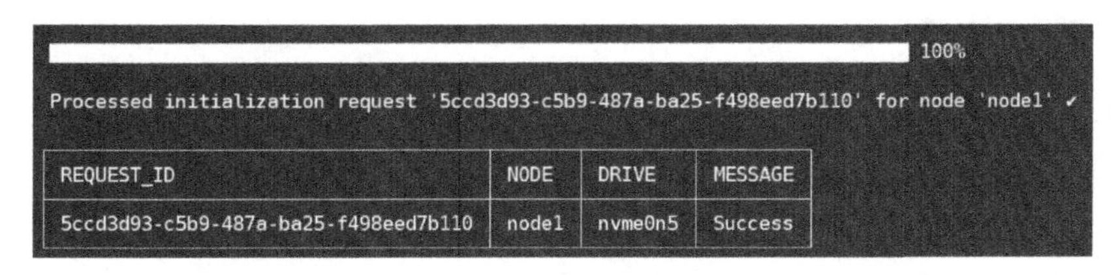

100%

Processed initialization request '5ccd3d93-c5b9-487a-ba25-f498eed7b110' for node 'node1' ✔

REQUEST_ID	NODE	DRIVE	MESSAGE
5ccd3d93-c5b9-487a-ba25-f498eed7b110	node1	nvme0n5	Success

图 3.20　磁盘信息

初始化完成后，查看可用驱动器，示例代码如下。

```
[root@master ~]#kubectl directpv list drives
```

输出内容如图 3.21 所示。

NODE	NAME	MAKE	SIZE	FREE	VOLUMES	STATUS
node1	dm-1	rl-swap	3.0 GiB	3.0 GiB	-	Ready
node1	nvme0n5	VMware Virtual NVMe Disk	30 GiB	30 GiB	-	Ready
node1	nvme0n3	VMware Virtual NVMe Disk	5.0 GiB	5.0 GiB	-	Ready
node1	nvme0n4	VMware Virtual NVMe Disk	5.0 GiB	5.0 GiB	-	Ready

图 3.21　驱动器信息-2

至此，基于 Kubernetes 集群的 MinIO 环境部署完成，用户可通过 Web 界面创建 MinIO 集群。

3.4 扩容与升级

3.4.1 MinIO 扩容

MinIO 扩容是指对现有的存储池进行扩展，增加存储空间，该操作可应用于以下多个场景。

首先，业务发展和用户数量增长可能导致数据量迅速扩大。这可能涉及用户上传的文件数量增加，或者由于业务扩展而需要存储更多的日志数据和事务数据。为满足数据增长的需求，可能需要增加存储空间。扩大 MinIO 集群的规模可以有效地增加存储空间。

其次，当并发请求量增加，例如网站访问量增加或业务并发操作数量增加时，可能需要提高处理能力以保证服务的响应速度。在这种情况下，扩大 MinIO 集群的规模可以增加处理能力，从而提高服务性能。

再次，为提高系统的可用性并防止单点故障，可能需要增加系统的冗余度。例如，如果存储系统只有一个节点，那么当这个节点出现故障时，整个存储系统就会无法使用。扩大 MinIO 集群的规模可以增加系统的冗余度，从而提高系统的可用性。

最后，随着业务的发展，可能会出现新的需求，例如需要存储更大的文件或需要支持更多的并发操作。扩大 MinIO 集群的规模可以有效地满足这些新的业务需求。

下面举例说明。假设当前拥有 4 个 MinIO 节点，每个节点上有 4 个驱动器，用户需要在此基础上额外扩容 4 个节点。首先，为新节点配置主机名解析，配置结果如下。

```
172.25.218.134  minio1
172.25.218.135  minio2
172.25.218.136  minio3
172.25.218.133  minio4
172.25.218.131  minio5
172.25.218.132  minio6
172.25.218.127  minio7
172.25.218.129  minio8
```

为新节点配置时间同步，安装 MinIO，配置 minio.service 文件，创建用户与组。其中，配置时间同步的方式可参考 3.3.3 小节，安装 MinIO、配置 minio.service 文件、创建用户与组的方式可参考 3.3.1 小节，此处不再赘述。

为所有节点配置/etc/default/minio 文件，文件内容如下。

```
# Set the hosts and volumes MinIO uses at startup
# The command uses MinIO expansion notation {x...y} to denote a
# sequential series.
#
# The following example covers four MinIO hosts
# with 4 drives each at the specified hostname and drive locations.
# The command includes the port that each MinIO server listens on
# (default 9000)

MINIO_VOLUMES="http://minio{1...4}/mnt/minio{1...4}/ http://minio{5...8}/mnt/minio{1...
4}/"

# Set all MinIO server options
#
# The following explicitly sets the MinIO 控制台 listen address to
# port 9001 on all network interfaces.The default behavior is dynamic
# port selection.
```

```
MINIO_OPTS="--console-address :9001"

# Set the root username.This user has unrestricted permissions to
# perform S3 and administrative API operations on any resource in the
# deployment.
#
# Defer to your organizations requirements for superadmin user name.

MINIO_ROOT_USER=minioadmin

# Set the root password
#
# Use a long, random, unique string that meets your organizations
# requirements for passwords.

MINIO_ROOT_PASSWORD=minioadmin

# Set to the URL of the load balancer for the MinIO deployment
# This value *must* match across all MinIO servers.If you do
# not have a load balancer, set this value to to any *one* of the
#MinIO hosts in the deployment as a temporary measure.
MINIO_SERVER_URL="http://127.0.0.1:9000"
```

配置完成后，用户需要同时在所有节点上重新启动 MinIO 服务，示例代码如下。

```
sudo systemctl restart minio.service
```

至此，MinIO 扩容完成。

3.4.2 版本升级的作用与周期

MinIO 的版本升级是一个持续的改进和优化过程。通过版本升级，MinIO 能够持续地引入新功能，修复已知问题，提高安全性，并进行数据迁移。这些都是为了提供更优质的服务，满足用户的需求，以及应对技术的发展和变化。

MinIO 的每个新版本都可能包含一些新的功能，这些功能旨在帮助用户更有效地管理和利用相应的数据。例如，新版本可能支持更丰富的 API，从而为用户提供更多的数据操作和查询方式。此外，新版本可能增强数据处理能力，如支持更大文件的上传或提供更快的数据读写速度。新版本还可能支持新的技术，如新的数据压缩算法或新的网络协议。

版本升级是修复已知问题的重要手段。当 MinIO 开发团队发现软件中存在的问题时，他们会在新版本中进行修复。然后，通过版本升级，这个修复的问题将被推送给所有用户。这意味着，只要用户升级到新版本，就能避免这个问题的影响。

版本升级也有助于提高 MinIO 的安全性。当 MinIO 开发团队发现一个安全漏洞时，他们会在新版本中进行修复。然后，通过版本升级，这个修复的漏洞将被推送给所有用户。这样，只要用户升级到新版本，就能避免这个安全漏洞的影响。

在某些情况下，版本升级可能涉及数据迁移。例如，当新版本与旧版本之间存在不兼容的变化时，用户可能需要进行数据迁移以确保数据的完整性和一致性。数据迁移可能包括将数据从旧格式转换为新格式，或者将数据从旧的存储位置移动到新的存储位置。

MinIO 版本升级周期并非固定。这是由于 MinIO 的开发团队会基于多种因素来确定新版本的发布时间，这些因素包括新功能的开发进度、已知问题的修复状况以及对新技术的适配需求。例如，一旦开发团队完成了新功能的开发，修复了已知的问题，或者适配了新的技术，他们可能会发布一个新的版本。

3.4.3 Linux 环境下升级

MinIO 的升级过程不需要停机或安排维护期，它重新启动的速度很快，因此并行重新启动所有服务器进程通常在几秒内完成。MinIO 官方提供了两种在 Linux 环境下升级 MinIO 的方式，一种是升级托管的 MinIO，另一种是升级非托管的 MinIO。

1. 升级托管的 MinIO

下载与安装最新的稳定版本的 MinIO，示例代码如下。

```
wget https://dl.minio.org.cn/server/minio/release/linux-amd64/archive/minio-20240310025348.
0.0-1.x86_64.rpm -O minio.rpm
sudo dnf update minio.rpm
```

同时重启所有的 MinIO 进程，示例代码如下。

```
mc admin service restart minio.service
```

这个过程通常会在几秒内完成，并且不会中断正在进行的操作。

升级 MinIO 客户端，示例代码如下。

```
mc update
```

2. 升级非托管的 MinIO

可将当前 MinIO 的所有二进制文件进行更新后重启 MinIO，示例代码如下。

```
mc admin update minio.service
```

需要注意的是，该操作必须保证运行 MinIO 的用户拥有对二进制文件的读、写权限，否则命令可能会执行失败。

此外，用户还可以直接指定 MinIO 任意版本的二进制文件 URL 进行更新，示例代码如下。

```
mc admin update minio.service https://minio-mirror.example.com/minio
```

最后，升级 MinIO 客户端。

如果上述命令不可用，那么用户可以手动下载并替换二进制文件，示例代码如下。

```
wget https://dl.minio.org.cn/server/minio/release/linux-amd64/minio
chmod +x ./minio
sudo mv -f ./minio /usr/local/bin/
```

二进制文件替换完成后，必须重新启动所有节点。

3.4.4 Kubernetes 环境下升级

Kubernetes 环境下使用的是 MinIO Operator 实现 MinIO 部署，因此在该环境下升级 MinIO 与 Linux 环境有所不同。MinIO 官方按照版本与部署方式的不同提供了多种升级方式，此处采用 MinIO Kubernetes 插件升级的方式将 MinIO 升级至 5.0.13 版本（当前主流的稳定版本）。

使用 Krew 安装 MinIO 插件，示例代码如下。

```
kubectl krew update
kubectl krew install minio
```

Krew 还可以更新 MinIO 插件，示例代码如下。

```
kubectl krew upgrade minio
```

MinIO 插件安装完成后，可通过命令进行验证，示例代码如下。

```
kubectl minio version
```

初始化 MinIO Operator，示例代码如下。

```
kubectl minio init
```

至此，MinIO 升级完成。

3.5 本章小结

本章详细介绍了 MinIO 的部署方式。

首先，介绍了 MinIO 部署前的准备工作，包括硬件准备、容量规划与纠删码以及网络规划等。这些准备工作是确保 MinIO 部署成功和运行稳定的关键。

接下来，分别介绍了在非生产环境和生产环境下的 MinIO 部署方式。在非生产环境下，主要介绍了在 Windows 下的部署方式。在生产环境下，主要介绍了在 Linux 下的单节点部署和分布式部署方式。这些部署方式为用户提供了灵活的选择，可以根据实际需求和环境条件选择合适的部署方式。

最后，介绍了在 Kubernetes 环境下的 MinIO 部署方式。

第4章 MinIO服务端控制台管理

Chapter 4

本章学习目标

- 熟悉 MinIO 的控制台操作。
- 熟悉 MinIO 的监控功能。
- 掌握 MinIO 的生命周期配置方式。

在厨房环境中，需要使用各种设备（如烤箱、炉灶、微波炉等）来烹饪食物。人们需要在厨房里四处奔波，分别操作每一个设备，这无疑会增加操作的复杂性。然而，如果有一个中央控制面板，就可以在一个地方集中管理所有的设备，使得烹饪过程变得更加高效和流畅。

同样，MinIO 控制台就像是这个中央控制面板，它允许在一个地方集中管理和监控 MinIO 实例，包括存储桶、对象、策略和用户等。通过 MinIO 控制台，可以更有效地管理资源，监控系统的性能，以及快速地发现和解决问题。因此，MinIO 控制台对于有效地使用 MinIO 来说，具有重要的意义。

4.1 控制台基础操作

在生活中，钥匙用于开启门锁，进入相应的房间；而在 MinIO 系统中，Access Keys 就像这把钥匙，用于证明身份，让可以访问和管理有权访问的数据资源。因此，理解和正确使用 Access Keys，对于使用 MinIO 系统来说至关重要。

4.1.1 Access Keys 的管理与应用

在 MinIO 中，Access Keys 是一种用于身份认证的机制，由 Access Key ID 和 Secret Access Key 组成，类似于用户名和密码的组合。Access Keys 在 MinIO 中的主要作用可以分为身份认证与权限管理两个方面。

1. 身份认证

当尝试访问 MinIO 的资源时，需要提供 Access Keys 来证明身份。只有在提供了有效的 Access Keys 的情况下，才能够访问有权访问的资源。这类似于使用钥匙打开门锁，只有正确的钥匙才能打开对应的锁。

2. 权限管理

通过 Access Keys，MinIO 可以确定身份，并根据权限设置来决定可以访问哪些资源。这使得 MinIO 能够提供精细的访问控制，确保只有授权的用户才能访问特定的资源。类似于不同的钥匙可以打开不同的门，不同的用户根据他们的权限有不同的访问范围。

在 Access Keys 页面，系统会展示与已经通过身份认证的用户关联的所有 Access Keys。对于特定用户，已经存在的 Access Keys，摘要列表会展示其相关信息，如过期时间、状态、名称以及描述等。

登录 MinIO 控制台，单击左侧菜单栏中的 Access Keys 选项，进入 Access Keys 页面，如图 4.1 所示。

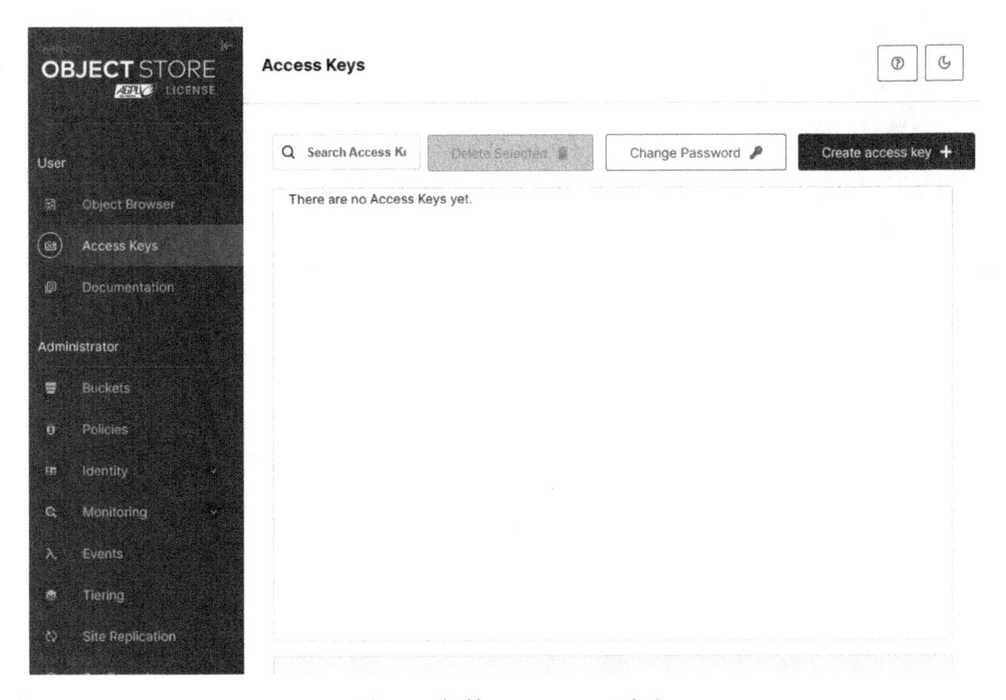

图 4.1　初始 Access Keys 页面

在操作界面上，用户可以查看其自定义策略，并创建新的策略或修改现有的策略。需要注意的是，Access Keys 策略所授予的权限不能超过父用户的权限。

通过单击右上角的 Create access key 按钮，可以创建新的 Access Keys。控制台会自动生成访问密钥和密码，用户也可以自定义密钥与密码，如图 4.2 所示。

Access Keys 在为应用程序提供身份认证起着重要作用，其中的权限可从“父”用户继承。对于那些使用外部身份管理器的部署，Access Keys 为用户提供了一种创建长期凭证的方式。单击 Expiry 下拉菜单栏可选择 Access Keys 的有效日期。

为 Access Keys 设置自定义策略，可以进一步限制使用该密钥进行身份认证的用户的权限。单击 Restrict beyond user policy 右侧的开关按钮，可以打开策略编辑器，并根据需要进行修改，如图 4.3 所示。

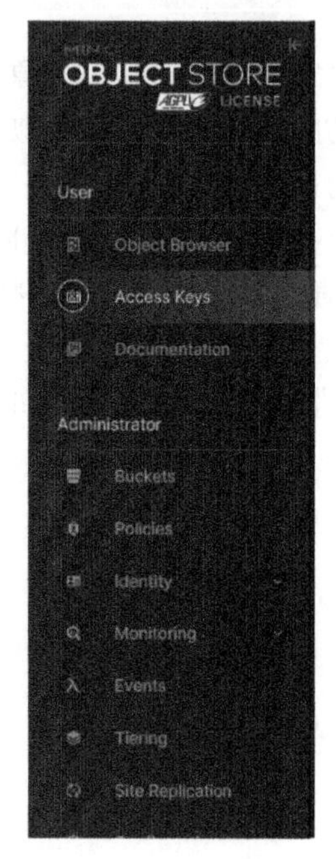

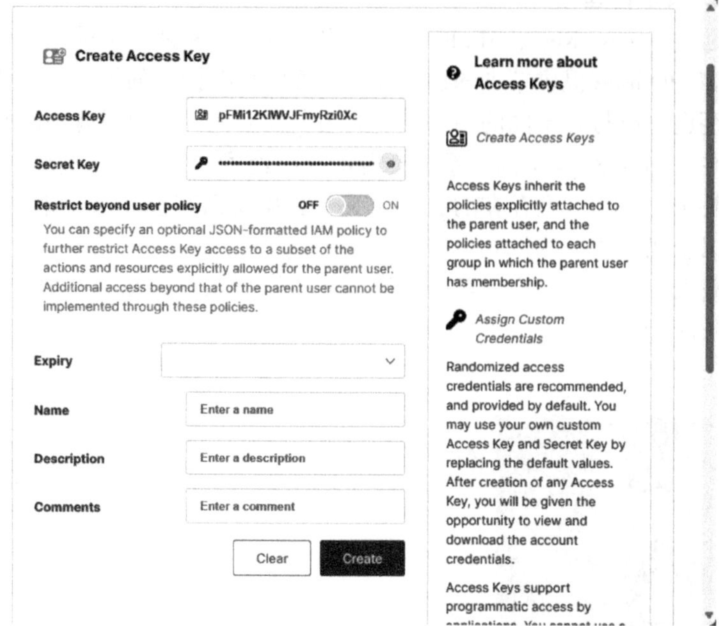

图 4.2　创建 Access Keys 页面

Restrict beyond user policy　OFF　ON

You can specify an optional JSON-formatted IAM policy to further restrict Access Key access to a subset of the actions and resources explicitly allowed for the parent user. Additional access beyond that of the parent user cannot be implemented through these policies.

Current User Policy - edit the JSON to remove permissions for this Access Key

```
    "Statement": [
        {
            "Effect": "Allow",
            "Action": [
                "admin:*"
            ]
        },
        {
            "Effect": "Allow",
            "Action": [
                "kms:*"
            ]
        },
        {
            "Effect": "Allow",
            "Action": [
                "s3:*"
            ],
            "Resource": [
```

图 4.3　策略编辑器

Access Keys 配置完成后，单击右下角的 Create 按钮即可创建 Access Keys，并弹出新 Access Keys 确认对话框，如图 4.4 所示。

New Access Key Created

A new Access Key has been created with the following details:

Access Key

kTN9mtbBk5WK625yiHeJ

Secret Key

vPHTV3CS586gM0F5YG3brUSzb7XZlLTvfWFyS2ar

Write these down, as this is the only time the secret will be displayed.

Download for import

图 4.4　新 Access Keys 确认对话框

用户需要在新 Access Keys 确认对话框记录新创建的 Access Keys，或者单击右下角的 Downloade for import 按钮进行下载。稍后即可在 Access Keys 页面中查看已创建的 Access Keys，如图 4.5 所示。

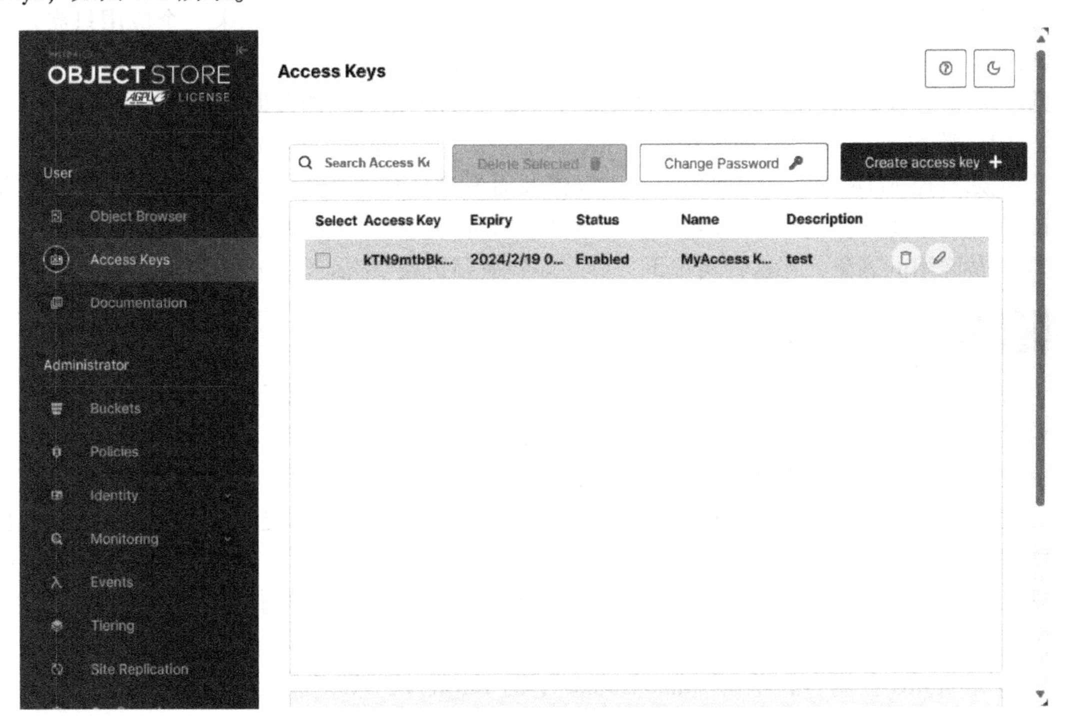

图 4.5　新建 Access Keys 页面

在创建访问密钥后，需要确保已将 Access Keys 保存到安全的位置，因为一旦创建，就无法检索或重置密码值。如果需要轮换应用程序的凭据，可以创建一个新的 Access Keys，并在应用程序更新为使用新建的 Access Keys 后，自动删除旧的 Access Keys。这样可以确保应用程序的凭据始终是最新的，同时也增加了系统的安全性。

Access Keys 存储的内容通常是敏感信息，因此需要使用一些安全存储策略进行存储。常见的安全存储策略如下。

（1）安全存储

在任何情况下，都不应该在公开的地方（如 GitHub、公开的文档等）暴露 Access Keys。为了安全地存储 Access Keys，可以考虑使用密码管理器，这是一种专门用于存储密码和其他敏感信息的工具，它们通常会使用强加密算法来保护存储的信息。另外，也可以考虑使用加密的文件来存储 Access Keys，这样即使文件被盗，攻击者没有解密密钥，也无法获取 Access Keys。这种方法可以有效地防止 Access Keys 在被盗窃后被滥用，从而保护系统和数据的安全。

（2）定期更换

为了提高系统的安全性，建议定期更换 Access Keys。这是因为，随着时间的推移，Access Keys 的泄露风险会逐渐增大。如果发现 Access Keys 被泄露，应立即停用旧的 Access Keys，并生成新的 Access Keys。这样可以确保即使旧的 Access Keys 被泄露，攻击者也无法使用它们来访问系统。

（3）使用最小权限原则

在为每个使用者或应用分配 Access Keys 时，应遵循最小权限原则，即只授予完成任务所需的最小权限。这样可以减少 Access Keys 被滥用的风险。例如，如果一个应用只需要读取某个存储桶的数据，那么就没有必要给它授予写入或删除数据的权限。这种做法可以有效地限制攻击者在获取 Access Keys 后能做的事情，从而降低系统和数据被破坏的风险。

（4）监控 Access Keys 的使用

定期监控 Access Keys 的使用情况，以便及时发现任何异常行为。例如，如果发现非预期的大量数据访问，或者 Access Keys 在不寻常的时间或地点被使用，这可能是 Access Keys 被盗或被滥用的迹象。在这种情况下，应立即检查并更换 Access Keys。

4.1.2 存储桶的创建与配置

在 MinIO 中，存储桶是用于组织和管理数据的基本单位，类似于文件系统中的目录。每个存储桶都有一个唯一的名称，并且可以包含任意数量的对象。因此，理解和合理使用存储桶是通过 MinIO 进行数据存储和管理的关键。

通过在不同的存储桶中存储不同类型或用途的数据，用户可以更有效地组织和管理他们的数据。MinIO 允许用户为每个存储桶设置不同的访问权限，从而实现对数据的精细化访问控制。用户可以为每个存储桶设置数据生命周期策略，自动删除过期的数据，从而节省存储空间。

登录 MinIO 控制台，单击 Administrator 下的 Buckets 选项，进入 Buckets 管理页面，如图 4.6 所示。

在 Buckets 管理页面中单击页面右上角的 Create Bucket 按钮，进入 Bucket 创建页面，如图 4.7 所示。

用户需要在 Bucket 创建页面的 Bucket Name 输入框中自定义 Bucket 的名称。此处注意，Bucket 的命名需要遵循以下命名规则。

- 存储桶名称的长度必须介于 3（最小）和 63（最大）字符之间。
- 存储桶名称只能由小写字母、数字、点（.）和连字符（-）组成。
- 存储桶名称不得包含两个相邻的句点，或者一个句点和一个连字符相邻。

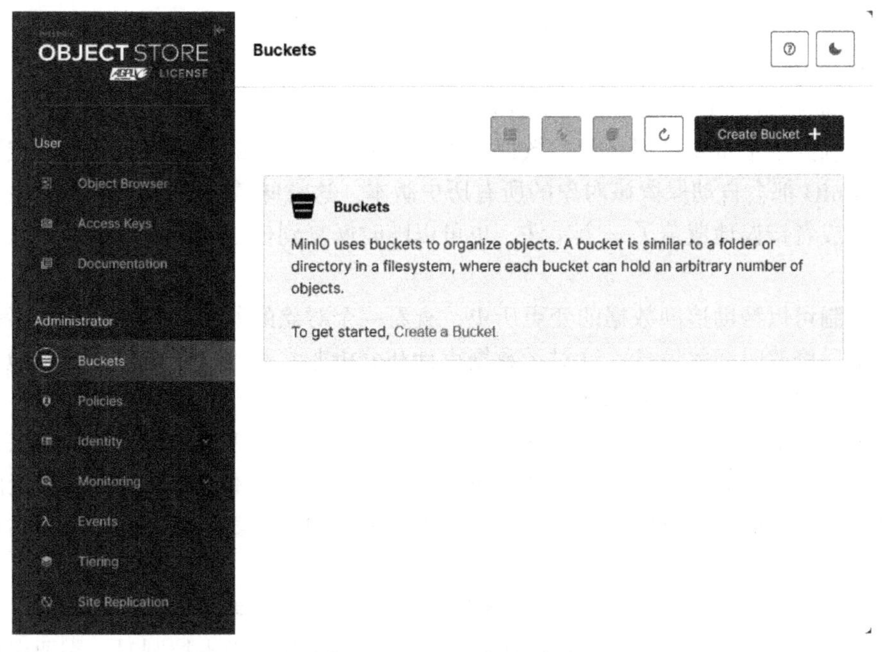

图 4.6　Buckets 管理页面

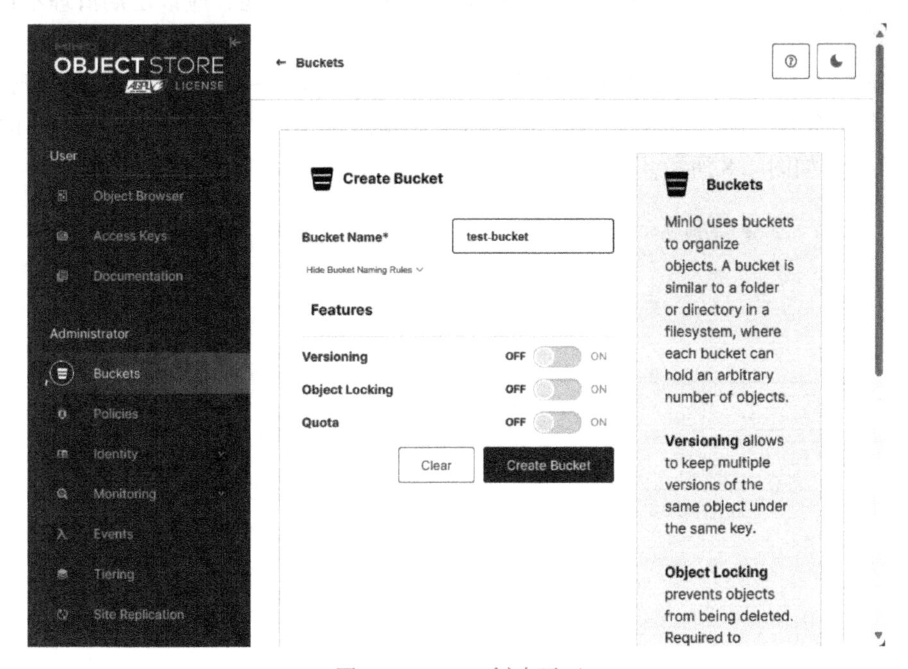

图 4.7　Bucket 创建页面

- 存储桶名称的格式不得为 IP 地址（例如，192.168.5.4）。
- 存储桶名称不得以前缀 xn-开头。
- 存储桶名称不得以后缀-s3alias 结尾。此后缀保留用于接入点别名。
- 存储桶名称在分区中必须是唯一的。

Bucket 创建页面中包括一个 Features 板块，此处有 3 个配置按钮，分别是 Versioning、

Object Locking 与 Quota。接下来，重点介绍这 3 个选项的功能。

1. Versioning

Versioning 按钮用于开启或关闭存储桶的版本控制功能。

版本控制的一个重要作用是保护数据免受意外删除或覆盖的影响。每当删除或覆盖一个对象时，MinIO 都会自动保留该对象的所有历史版本。这意味着，即使不小心删除了一个重要的文件，或者错误地覆盖了一个文件，也可以随时恢复到任何一个历史版本，从而避免数据丢失。

版本控制可以帮助追溯数据的变更历史，查看一个对象的所有历史版本，包括每个版本的大小、最后修改时间等信息。这对于数据审计和分析非常有用，因为可以清楚地了解数据的变更过程，以及每次变更的具体内容。

版本控制还提供了一些高级的数据管理功能，如生命周期策略可以设置规则来自动清理过期的版本，从而节省存储空间。例如，可以设置一个规则，使得所有超过 30 天的历史版本自动被删除。这样，就可以在保留重要的历史数据的同时，避免无用的旧版本占用过多的存储空间。

需要注意的是，开启版本控制后，存储的数据量可能会显著增加，因为 MinIO 需要存储所有版本的数据。这可能会导致存储成本增加。因此，在开启版本控制时，需要考虑到这一点，并确保有足够的存储空间来存储所有的数据版本。如果可能，应该定期清理不再需要的旧版本，以节省存储空间。

在 MinIO 中，每个启用了版本控制的对象都会生成一个唯一且不可变的标识符，这个标识符是写入操作的一部分。这个标识符被称为对象版本 ID，它由一个固定大小的 128 位 UUIDv4 组成，如图 4.8 所示。

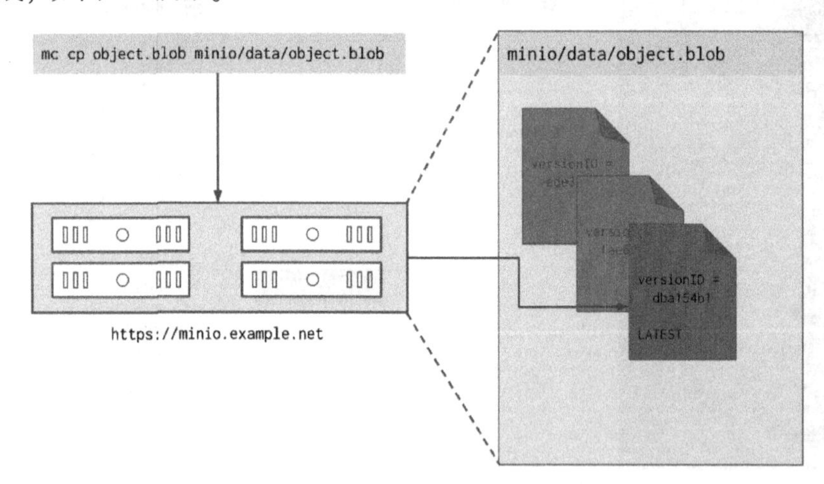

图 4.8　Bucket 版本控制

UUIDv4 是一种广泛使用的技术，它可以生成足够随机的值以确保在任何环境中的唯一性。这种唯一性是计算上难以猜测的，因此，它不需要集中注册或者权威的流程来保证唯一性。这就意味着，每个对象版本 ID 都是全局唯一的，不会出现重复。

需要注意的是，MinIO 不支持客户端管理的版本 ID 分配。所有的版本 ID 生成都由 MinIO 服务器进程处理。这样可以确保版本 ID 的生成过程是安全和可控的，避免了客户端可能引入的安全风险。

即使在禁用或暂停版本控制时创建的对象，MinIO 也会使用版本 ID。这意味着，无论版本控制是否启用，用户都可以通过在 S3 操作中指定版本 ID 来访问或删除这些对象。

在开启版本控制功能后，该选项下会出现两个子选项，分别是 Exclude Folders 与 Excluded Prefixes，如图 4.9 所示。

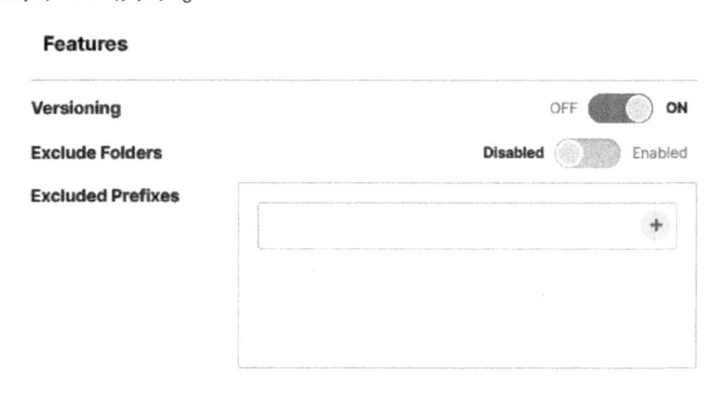

图 4.9 Versioning 子选项

在 MinIO 中创建存储桶时，开启 Exclude Folders 选项后，该存储桶中的文件夹将不会被版本化。这意味着，对于在这些文件夹中进行的任何更改，MinIO 都不会保存其历史版本。

这个功能在某些情况下可能非常有用。例如，如果有一个文件夹，它包含的文件经常变动，而并不需要保留这些文件的历史版本，那么可以选择将这个文件夹排除在版本控制之外。这样，可以节省存储空间，因为 MinIO 不需要为这些频繁变动的文件保存历史版本。

然而，需要注意的是，一旦选择将一个文件夹排除在版本控制之外，那么就无法恢复该文件夹中文件的任何历史版本。因此，在开启 Exclude Folders 选项时，需要谨慎考虑是否真的不需要保留这些文件夹中文件的历史版本。

至于 Excluded Prefixes 选项则允许用户指定一些前缀，这些前缀的对象将不会被版本化。具体而言，包含这些前缀的对象，无论进行何种更改，MinIO 都不会保存其历史版本。

例如，如果有一些频繁变动的文件，而这些文件的历史版本并不重要，那么可以通过设置 Excluded Prefixes 来避免为这些文件生成和存储历史版本，从而节省存储空间。

2. Object Locking

如果选择开启 Object Locking 功能，将会启动一种被称为 Write-Once Read-Many（WORM）的不可变性模式。这种模式的主要目标是保护版本化对象免受删除，该功能在许多受到严格监管的行业中是必需的，例如金融服务行业和医疗保健行业。

Object Locking 的主要功能之一是数据保护，通过强制实施 WORM 不可变性，可以有效地保护版本化对象免受删除。一旦一个对象被写入并且被锁定，那么在锁定期满之前，这个对象就不能再被修改或删除，如图 4.10 所示。

MinIO 的 Object Locking 功能提供了关键的数据保留合规性。它满足了 SEC17a-4(f)、FINRA 4511(C)和 CFTC 1.31(c)-(d)等规定的要求。这意味着，使用 MinIO 的企业可以更好地满足这些监管要求，从而避免因为数据保留问题而引发的合规风险。

需要注意的是，启用对象锁定的存储桶会自动启用版本控制。这是因为对象锁定需要在每个对象版本上单独应用，因此利用版本控制来跟踪对象的每个版本。用户只能在创建存储桶时启用对象锁定。一旦存储桶创建完成，就不能再更改其对象锁定设置。简而言之，在创建存储桶时就决定是否需要启用对象锁定功能。尽管对象被锁定，但是删除操作仍然会按照正常的行为在版本化的存储桶中创建一个删除标记。然而，非删除标记的对象版本仍然受到保留规则的保护，不会被特定的删除或覆盖操作影响。即使一个对象被删除，其历史版本仍然可以被访问和恢复。

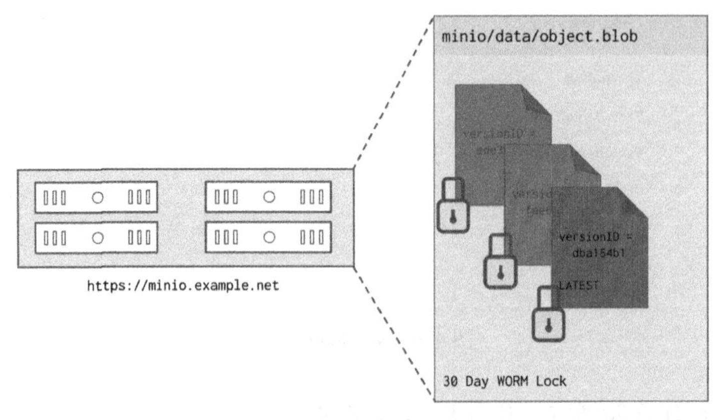

图 4.10　Object Locking 原理

Object Locking 开启后，不仅会自动开启 Versioning 还会新增一个 Retention 按钮，如图 4.11 所示。

图 4.11　新增 Retention 按钮

开启 Retention 功能后，用户可在此处设置保留模式与保留时长，如图 4.12 所示。

图 4.12　开启 Retention 功能

Retention 选项下包括两个数据保留模式，分别是 Compliance 与 Governance。其中，Governance 模式提供了一种相对灵活的数据保护方式。在这种模式下，只要用户拥有适当的权限，就可以在保留期内删除或覆盖一个对象。即使一个对象被设置为 Governance 模式，也可以在需要的情况下对其进行修改。这种模式既提供了一定程度的数据保护，防止了数据的意外丢失，同时也保留了一定的操作灵活性，允许在必要的情况下对数据进行修改。

与 Governance 模式相比，Compliance 模式提供了更强的数据保护。在 Compliance 模式下，一个对象在其保留期内不能被覆盖或删除，无论用户拥有何种权限。一旦一个对象被设置为 Compliance 模式，并且指定了一个保留期，那么在这个保留期内，这个对象就完全是不可变的。这种模式通常用于满足严格的要求，需要对数据进行长期的不可变存储。

在设置数据保留策略时，需要根据数据的重要性和合规性要求，选择合适的保留模式。例如，如果数据非常重要，且需要满足严格的要求，那么可以选择 Compliance 模式。而如果数据的重要性相对较低，且需要保留一定的操作灵活性，那么可以选择 Governance 模式。

3. Quota

在 MinIO 中创建存储桶时，如果选择开启 Quota（配额）功能，将会对存储桶内的数据量进行限制。这种功能在需要精细控制存储空间使用的场景中比较重要，例如，当需要避免某个存储桶占用过多的存储空间时，或者需要按照特定的预算来管理存储资源时。

通过设置配额可以限制存储桶内的数据量。一旦存储桶的数据量达到了设定的配额，MinIO 就不会再允许向该存储桶中写入更多的数据。这种机制可以防止存储桶无限制地增长，从而帮助管理存储空间的使用。

配额功能可以帮助更好地管理和控制存储资源。通过为每个存储桶设置合适的配额，可以确保存储资源被合理地分配和使用。这可以防止某个存储桶占用过多的存储资源，从而影响到其他存储桶的正常使用。

配额是在创建存储桶时设置的，可以通过 mc quota set 命令来设置。配额的单位可以是 KB、MB、GB、TB 等，可以根据实际需求来选择合适的单位。

一旦存储桶的数据量达到了设定的配额，MinIO 就不会再允许向该存储桶中写入更多的数据。因此，需要根据实际需求合理设置配额，以避免因配额限制而影响正常的数据存储和访问。如果发现当前的配额已经无法满足需求，可能需要重新评估并调整配额设置。

Bucket 配置完成后，单击页面右上角的 Create Bucket 按钮，即可完成创建。用户可在 Buckets 管理页面中查看已存在的存储桶，如图 4.13 所示。

图 4.13　已存在的存储桶

4.1.3 定制 IAM 策略

IAM（Identity and Access Management）策略是一种定义了一组权限的 JSON 文档。这些权限决定了 IAM 用户、组和角色在 AWS 中可以和不可做的操作。

1. 默认 IAM 策略

登录 MinIO 控制台，单击 Administrator 下的 Policies 选项，进入 IAM Policies 管理页面，如图 4. 14 所示。

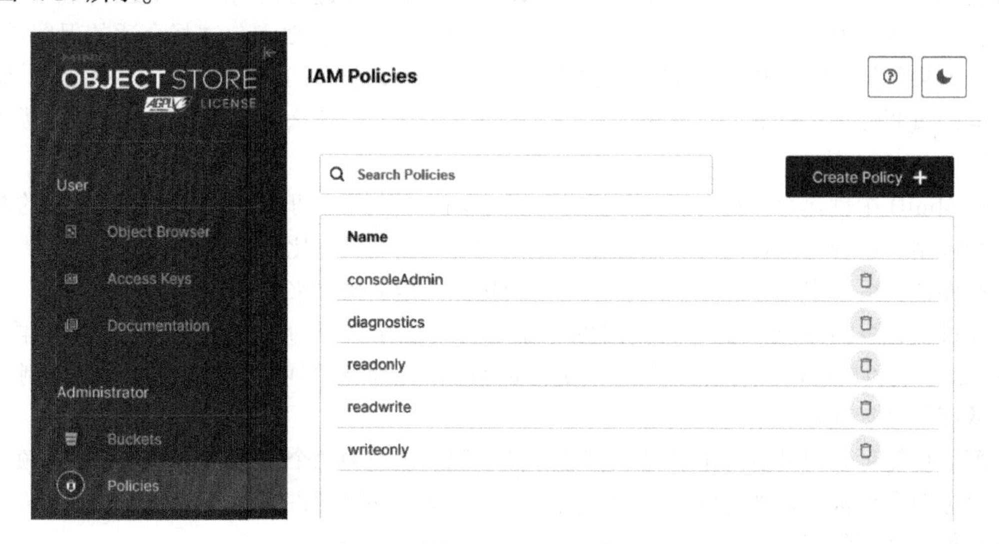

图 4. 14　始初 IAM Policies 管理页面

用户可在 IAM Policies 管理页面中查看已存在的 IAM 策略。默认存在的 IAM 策略包括 consoleAdmin、diagnostics、readonly、readwrite 与 writeonly。

- consolcAdmin 策略授予了对所有 S3 和管理 API 操作的完全访问权限。拥有此策略的用户可以管理 MinIO 部署中的所有资源，包括创建和删除存储桶、上传和删除对象，以及管理用户和权限等。
- diagnostics 策略授予了对 MinIO 部署进行诊断操作的权限。这包括服务器跟踪、性能分析、控制台日志、服务器信息、锁信息、带宽监控等。这个策略通常适用于需要进行系统诊断和性能分析的用户。
- readonly 策略授予了对 MinIO 部署中所有对象的只读权限。拥有此策略的用户可以获取存储桶的位置和读取对象，但不能进行写入或删除操作。
- readwrite 策略授予了对 MinIO 部署中所有对象的读写权限。拥有此策略的用户可以进行读取、写入和删除操作。
- writeonly 策略授予了对 MinIO 部署中所有对象的只写权限。拥有此策略的用户可以进行写入操作，但不能进行读取或删除操作。

2. 创建 IAM 策略

在 IAM Policies 管理页面，单击页面右上角的 Create Policy 按钮，进入 Policy 创建页面（Greate Policy 页面），如图 4. 15 所示。

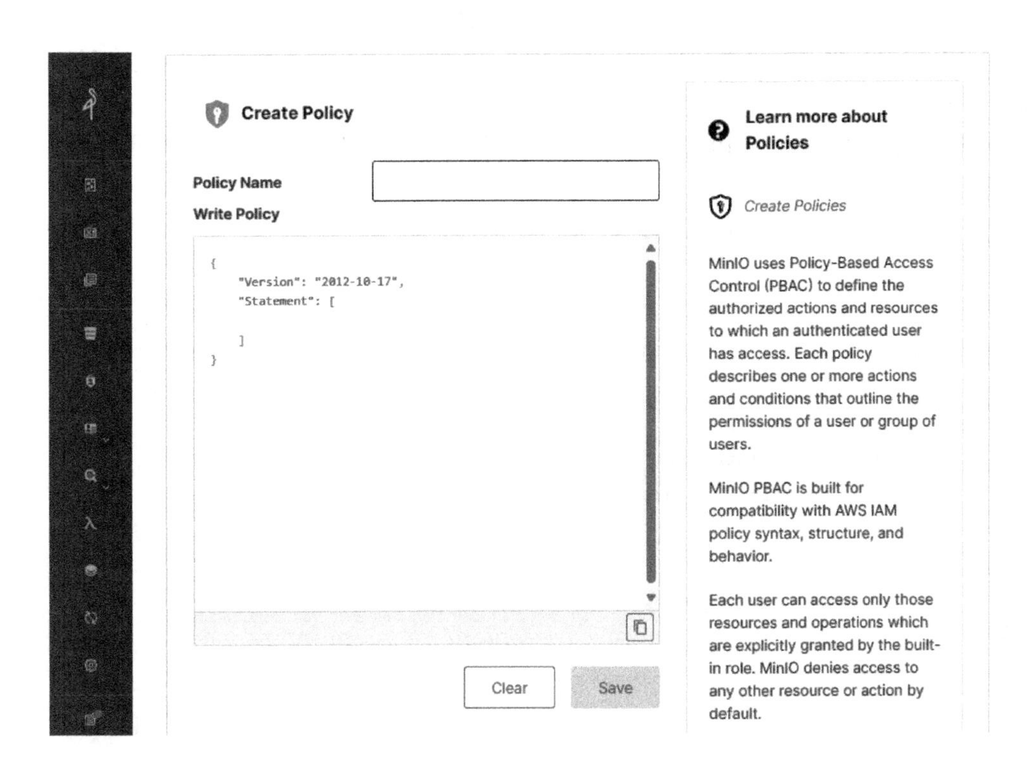

图 4.15　Policy 创建页面

用户可以在 Policy Name 输入框中输入新策略的名称，以及在 Write Policy 输入框中写入具体的策略规则。需要注意的是，MinIO 中的 IAM 策略规则遵循了 AWS IAM 策略语法、结构和行为。

IAM 策略语法结构通常包括 Version、Statement。接下来，重点讲解这些语法结构。

（1） Version

Version 是策略语法的版本。当前，推荐使用的版本是 2012-10-17。

（2） Statement

Statement 包含一个或多个声明，每个声明都描述了一种特定的访问权限，都是一个独立的 JSON 对象，包含以下几个常见的选项参数。

① Effect：描述了这个声明是允许（Allow）还是拒绝（Deny）某种操作，是一个必需的参数。

② Action：描述了允许或拒绝的操作。这可以是一个单一的操作（如 s3:GetObject），也可以是一个操作列表（如 s3:GetObject 表示获取 S3 对象的操作），还可以是一个通配符（如 s3:*）表示所有 S3 操作。

③ Resource：描述了操作所涉及的资源。这可以是一个单一的资源（如 arn:aws:s3:::my_bucket/my_object），也可以是一个资源列表，还可以是一个通配符（如 arn:aws:s3:::*）表示所有 S3 资源。

④ Condition：描述了声明生效的条件。这是一个可选的参数，用来增加额外的安全控制。例如，可以设置一个条件，使得某个操作只在特定的 IP 地址范围内有效。

⑤ Principal：描述了允许或拒绝访问的用户或服务。这是一个可选的参数，通常在资源策略中使用。

⑥ Sid：这个参数是声明的可选标识符。这是一个可选的参数，用来给声明命名，以便于管理和引用。

以下是一个 IAM 策略的配置示例。

```
{
    "Version": "2012-10-17",
    "Statement": [
        {
            "Effect": "Allow",
            "Action": "s3:ListBucket",
            "Resource": "arn:aws:s3:::example_bucket",
            "Condition": {
                "IpAddress": {
                    "aws:SourceIp": "203.0.113.0/24"
                }
            }
        },
        {
            "Effect": "Deny",
            "Action": "s3:DeleteObject",
            "Resource": "arn:aws:s3:::example_bucket/*"
        }
    ]
}
```

上述 IAM 策略包括以下两个声明。

第一个声明是允许声明。Action 字段为 s3:ListBucket，表示此声明允许列出存储桶的内容。Resource 字段为 arn:aws:s3:::example_bucket，表示此声明适用于名为 example_bucket 的存储桶。Condition 字段定义了一个条件，只有当请求来自 IP 地址 203.0.113.0/24 时，此声明才会生效。简而言之，只有来自这个 IP 地址范围的请求才能列出 example_bucket 的内容。

第二个声明是拒绝声明。Action 字段为 s3:DeleteObject，表示此声明拒绝删除 S3 存储桶中的对象。Resource 字段为 arn:aws:s3:::example_bucket/*，表示此声明适用于 example_bucket 存储桶中的所有对象。此声明没有 Condition 字段，因此无论请求来自何处，都不允许删除 example_bucket 中的任何对象。

总之，上述策略允许特定 IP 地址范围的用户列出 example_bucket 的内容，但不允许任何用户删除 example_bucket 中的对象。这是一种常见的安全策略，用于限制对敏感资源的访问和修改。

IAM 策略配置完成后，单击页面右下角的 Save 按钮即可完成创建，如图 4.16 所示。

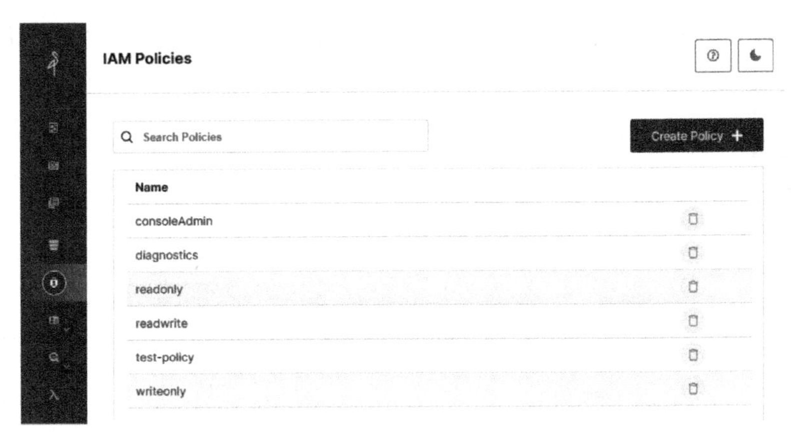

图 4.16 完成创建的 IAM Policies 管理页面

4.1.4 用户和用户组管理

在 MinIO 中，用户和组扮演着重要的角色，它们在权限管理和访问控制方面起着关键作用。

1. 用户

用户是权限最直接的体现，MinIO 提供了用户管理功能，可以在控制台直接添加用户和密码。每个用户都有一对用户名和密码，这些用户可以是内置的 Identity Provider（IDP）创建的，也可以是通过第三方 OIDC 和 LDAP 方式创建的。用户的权限分为两部分：用户原本具有的权限和从所在用户组继承而来的权限。

在 MinIO 控制台左侧菜单栏中，单击 Identity 选项会展开多个子选项，如图 4.17 所示。

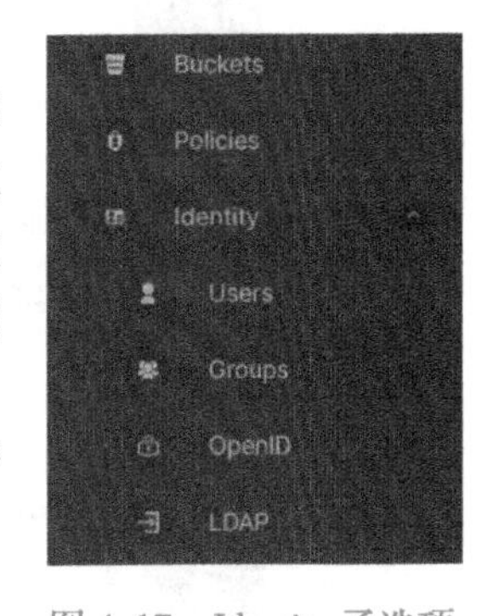

图 4.17 Identity 子选项

单击 Users 子选项进入用户管理页面，如图 4.18 所示。

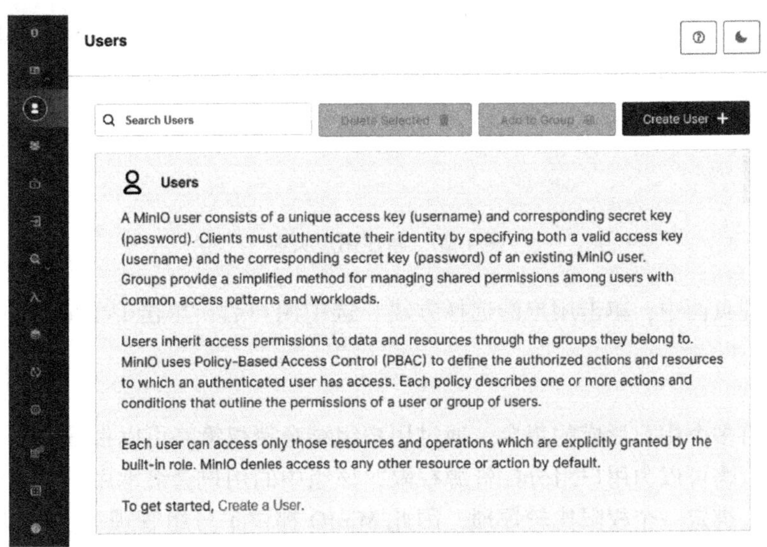

图 4.18 用户管理页面

在用户管理页面中单击右上角的 Create User 按钮，进入用户创建页面，如图 4. 19 所示。

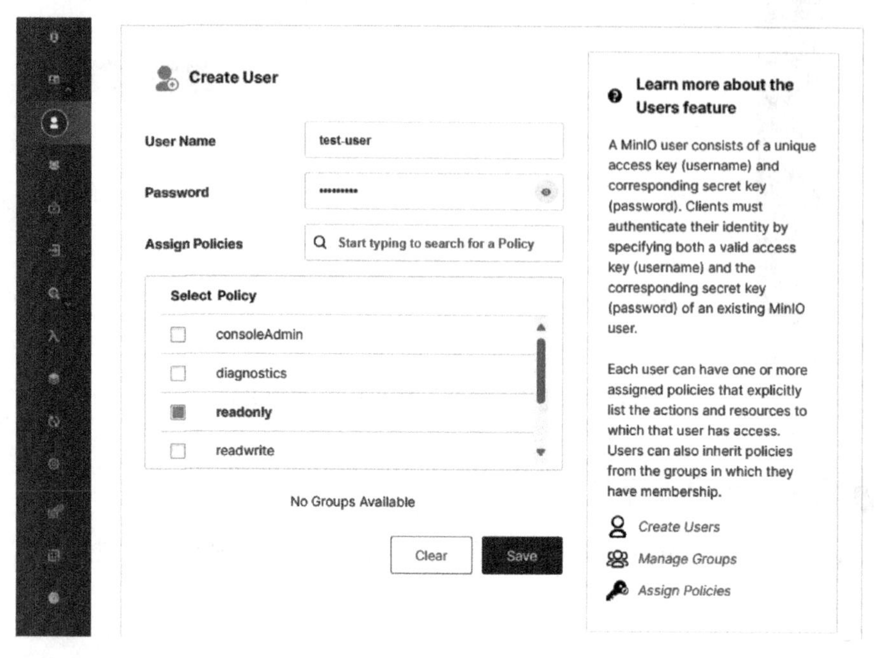

图 4. 19　用户创建页面

用户可以在用户创建页面的 User Name 输入框输入用户名称，在 Password 输入框中输入用户的密码，在 Assign Policies 模块下选择用户的 IAM 策略。

用户配置完成后，单击页面右下角的 Save 按钮即可完成创建，如图 4. 20 所示。

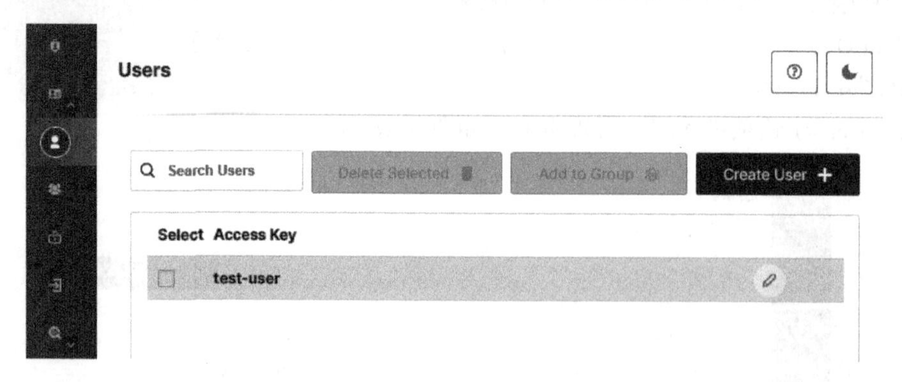

图 4. 20　新建用户页面

在用户管理页面中，单击用户的选择方块，选中用户后，单击 Delete Selected 按钮即可删除用户。

2. 用户组

用户组是由多个用户形成的集合。通过用户组结合授权策略可以批量管理一组用户的权限。通过授权策略可以为用户组分配资源权限，该组中的用户会继承用户组的资源权限。如果每个用户都去绑定一个权限比较烦琐，因此 MinIO 提供了分组管理，也可以理解为角色，分组添加多个权限，然后用户添加到分组中，都可以具有多个权限。

在 MinIO 控制台左侧菜单栏中，单击 Identity 选项下的 Groups 子选项，进入用户组管理页面，如图 4.21 所示。

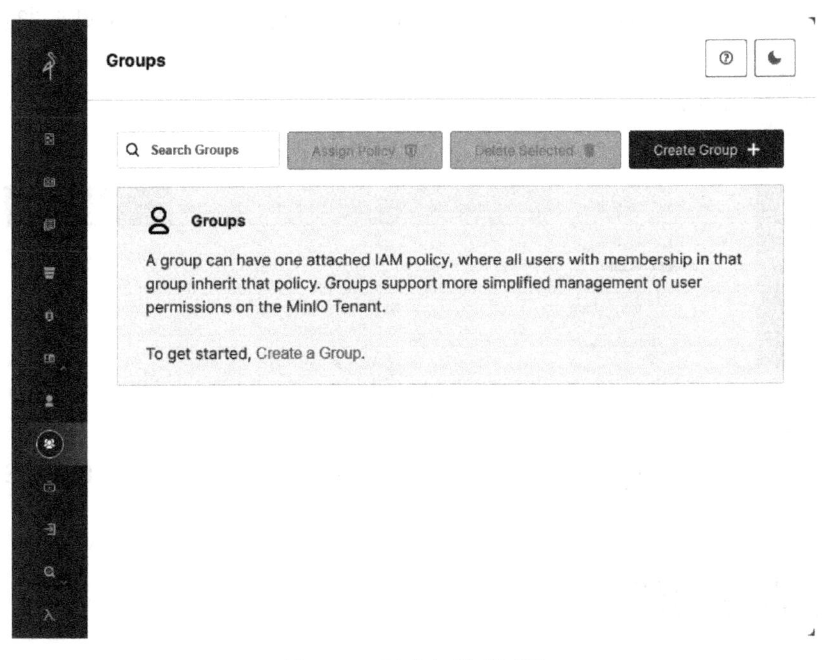

图 4.21　用户组管理页面

在用户组管理页面中单击右上角的 Create Group 按钮，进入用户组创建页面，如图 4.22 所示。

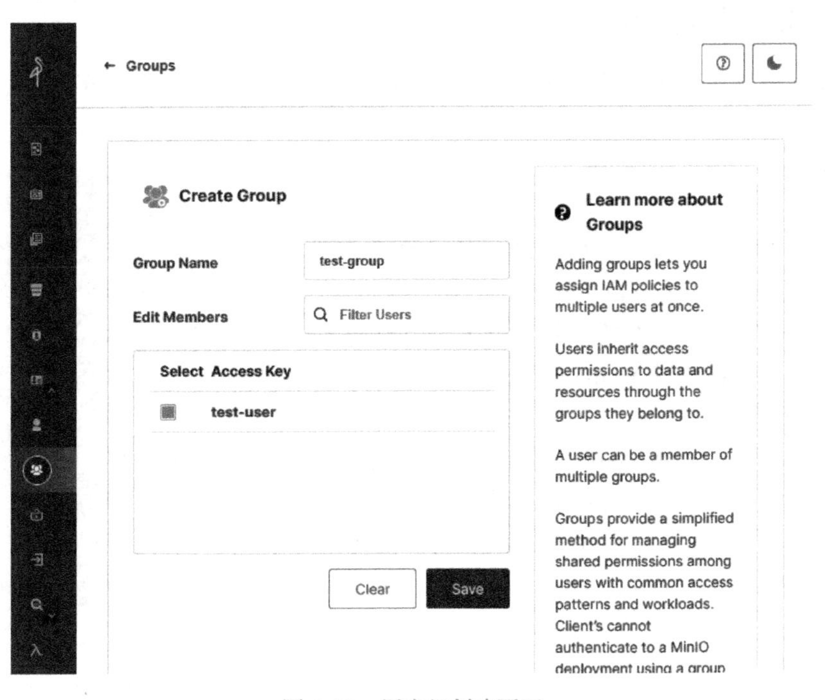

图 4.22　用户组创建页面

用户可以在用户组创建页面的 Group Name 输入框中输入用户组的名称，在 Edit Members 板块中选择用户组包括的用户（Select Access Key）。

用户组配置完成后，单击页面右下角的 Save 按钮即可完成创建，如图 4.23 所示。

图 4.23　新建用户组页面

在用户组管理页面中单击用户组的选择方块，选中用户组后，单击 Delete Selected 按钮即可删除用户组。

4.2 监控功能

监控功能可以实时了解 MinIO 系统的运行状态，通过分析性能指标和日志信息，发现和解决问题，从而优化系统性能。此外，通过审计和追踪功能可以更好地理解用户的行为模式，提高系统的安全性和可靠性。

4.2.1 常用性能指标

在 MinIO 控制台左侧菜单栏中，单击 Monitoring 选项会展开多个子选项，如图 4.24 所示。

单击 Metrics 子选项即可进入监控指标页面（Metrics 页面），如图 4.25 所示。

在监控指标页面中展示了 MinIO 当前的状态信息。其中，Server Information 板块是 MinIO 服务的信息。由图 4.25 可知，当前拥有 1 个存储桶与 1 个对象，并且由 1 个节点与 1 个驱动器支持服务运行。页面右侧是 MinIO 的使用情况，Servers 板块展示了 MinIO 节点的信息，如图 4.26 所示。

由图 4.26 可知，当前 MinIO 的节点、驱动器、网络的数量都是 1 个，并且服务已经正常运行了 17 分钟。驱动器中存储数据的目录是 D:\minio\data，共有 592.1GB 空间，已使用 287.2GB 空间，剩余 304.9GB 空间可用。

在 MinIO 控制台，单击 Monitoring 选项下的 Logs 子选项，可进入日志管理页面（Logs 页面）。如果 MinIO 发生故障，那么故障信息会以日志的形式写入到日志管理页面，如图 4.27 所示。

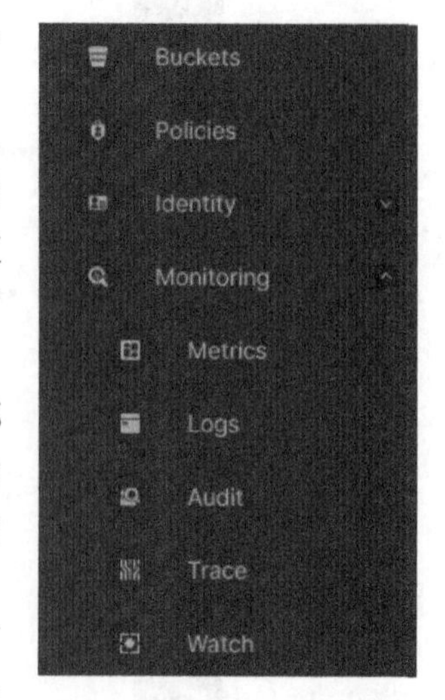

图 4.24　Monitoring 子选项

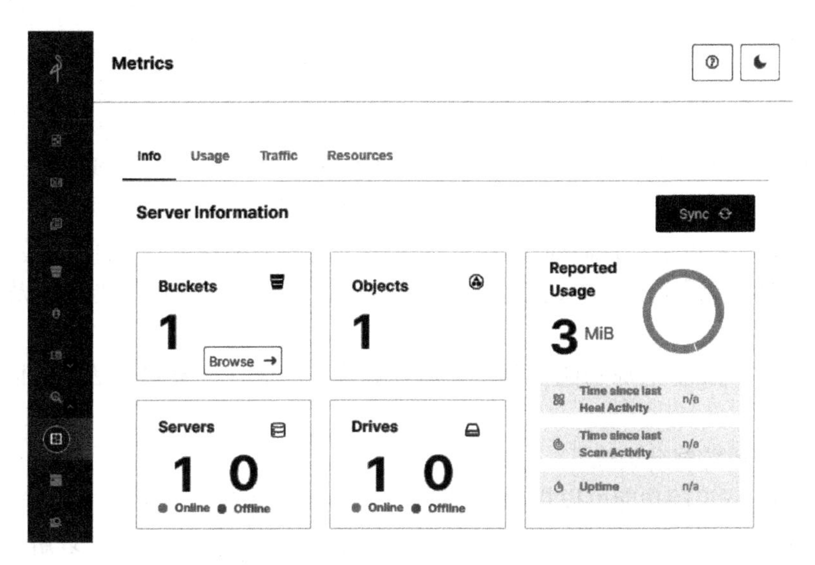

图 4.25　监控指标页面

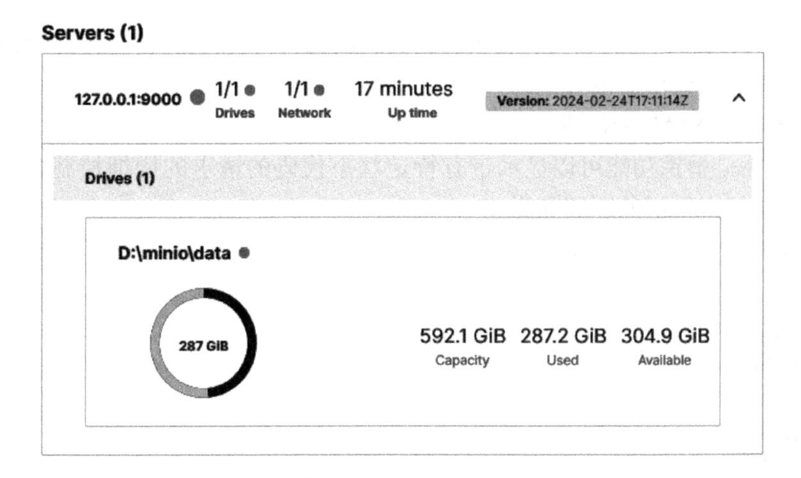

图 4.26　Servers 板块

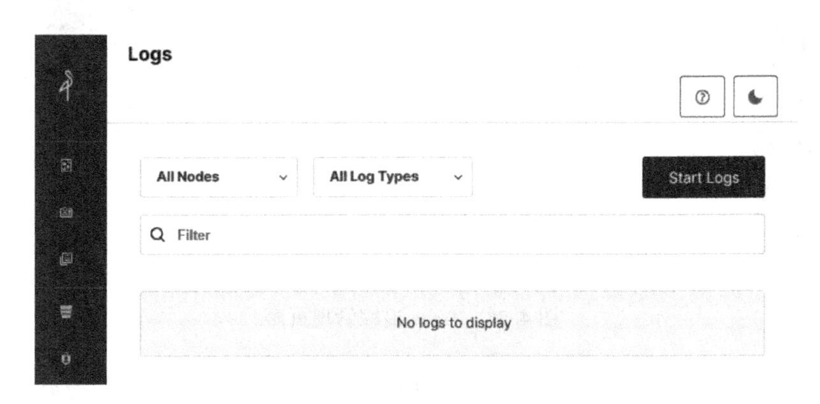

图 4.27　日志管理页面

用户可通过日志管理页面中的内容，及时发现与定位故障。在日志管理页面中选择生成日志信息的节点与日志类型后，单击右上角的 Start Logs 按钮即可开启日志。

4.2.2 Trace 跟踪

Trace 追踪是一种监控和诊断工具，它能够提供关于系统操作的详细信息，包括但不限于操作的时间、名称、状态等。这些信息对于理解系统的行为、性能以及可能出现的问题至关重要。在分布式系统中，Trace 追踪被广泛应用于追溯请求在 IT 系统间流转路径与状态，从而帮助开发者和运维人员更好地理解系统的运行情况、优化系统性能，以及定位和解决问题。

在 MinIO 中，Trace 追踪功能主要用于监控和诊断 MinIO 服务器的活动。以下是一些具体的应用。

1. 显示详细的控制台跟踪

MinIO 的 Trace 追踪功能可以提供详细的控制台跟踪信息，包括每个操作的开始时间、结束时间、执行时间、操作名称、请求参数、响应状态等。这些信息对于理解 MinIO 服务器的行为、性能以及可能出现的问题十分重要。

2. 跟踪失败的请求

MinIO 的 Trace 追踪功能可以专门跟踪失败的请求，包括失败的原因、时间、操作等。这对于故障排查和错误修复很有帮助。

3. 跟踪特定状态代码的请求

MinIO 的 Trace 追踪功能可以显示带有特定状态代码的请求的详细控制台跟踪信息。有助于管理员理解特定错误的原因和影响。

在 MinIO 控制台，单击 Monitoring 选项下的 Trace 子选项，进入 Trace 追踪管理页面，如图 4.28 所示。

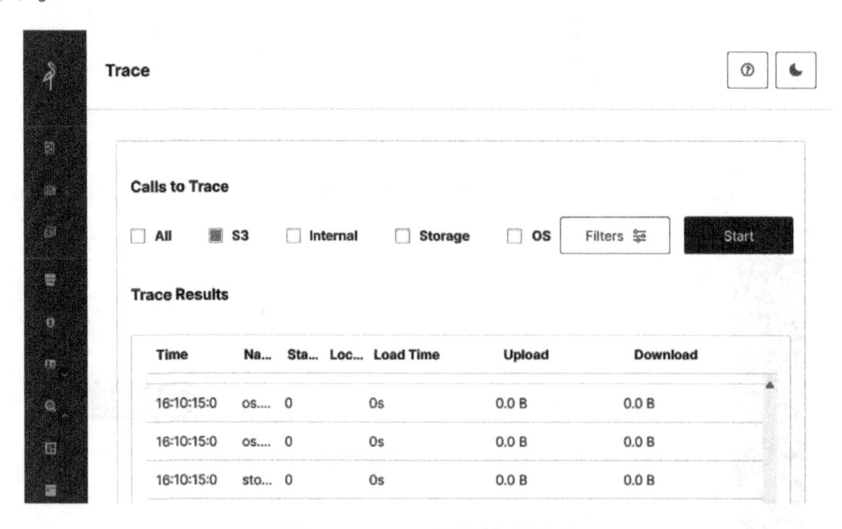

图 4.28　Trace 追踪管理页面

用户可在 Trace 追踪管理页面的 Calls to Trace 板块中选择 Trace 追踪的类型。单击页面右上角的 Filters 按钮，可以由用户自定义 Trace 追踪的内容，如图 4.29 所示。

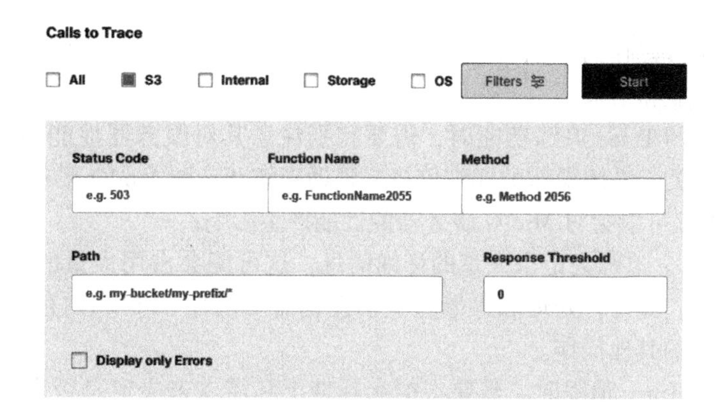

图 4. 29　Trace 追踪筛选配置

用户可在 Status Code 输入框配置追踪内容的状态码；在 Function Name 输入框配置追踪内容的函数名称；在 Method 输入框中配置追踪内容的方法；在 Path 输入框中配置追踪内容的路径；在 Response Threshold 输入框中配置追踪内容的响应阈值。配置完成后，单击页面右上角的 Star 按钮即可开启 Trace 追踪功能。然后，用户可在 Trace 追踪管理页面的 Trace Results 板块下查看追踪结果，如图 4. 30 所示。

Trace Results

Time	Name	Status	Location	Load Time	Upload	Download
16:10:15:0	os.Lstat	0		0s	0.0 B	0.0 B
16:10:15:0	os.Lstat	0		0s	0.0 B	0.0 B
16:10:15:0	storage.StatVol	0		0s	0.0 B	0.0 B

图 4. 30　Trace 追踪结果

在 MinIO 的 Trace 追踪结果中，以下是各项的详细含义。

1. Time

Time 代表操作发生的时间戳，以微秒为单位，可以帮助用户确定操作的顺序和持续时间。

2. Name

Name 是执行操作的名称，可以帮助用户识别操作的类型。

3. Status

Status 表示操作的状态，可以帮助用户确定操作的结果。

4. Location

Location 是操作发生的位置，通常是一个文件路径或者一个 URL，可以帮助用户确定操作的目标。

5. Load Time

Load Time 代表操作的加载时间，以微秒为单位，可以帮助用户确定操作的性能。

6. Upload

Upload 是上传操作的详细信息，包括上传的文件大小和上传的时间，可以帮助用户确定上传操作的性能和结果。

7. Download

Download 是下载操作的详细信息，包括下载的文件大小和下载的时间，可以帮助用户确定下载操作的性能和结果。

在使用 MinIO 的 Trace 追踪功能时，需要特别注意其对服务器性能的影响。Trace 追踪功能虽然可以提供关于系统操作的详细信息，帮助理解和诊断 MinIO 服务器的行为，但是持续地进行 Trace 追踪可能会对 MinIO 服务器的性能产生影响。

具体来说，Trace 追踪会记录大量的详细信息，这可能会占用大量的磁盘空间，特别是在高负载的系统中。此外，处理和存储这些信息也需要消耗 CPU 和内存资源，这可能会影响到 MinIO 服务器的其他操作。

因此，在使用 Trace 追踪时，需要根据实际情况和需求来决定是否启用 Trace 追踪，以及选择合适的跟踪级别。例如，如果只关心失败的请求，可以选择只跟踪失败的请求，以减少对性能的影响。同时，也需要定期检查和管理 Trace 追踪的结果，避免因为日志数据过多而占用过多的磁盘空间。在必要时，可以清理旧的或不需要的日志数据，以释放磁盘空间。

4.2.3 Watch 监听

Watch 监听是 MinIO 中的一种实时监控功能，它允许用户实时监控特定存储桶中对象的变化。这种功能的实现主要依赖于 MinIO 的事件通知系统，当存储桶中的对象发生变化（例如创建新对象、删除对象、修改对象等）时，Watch 监听可以生成一个通知，实时通知用户存储桶中的对象已经发生了变化。

这种功能适用于需要实时处理数据或者需要实时响应数据变化的应用。例如，如果有一个数据处理应用需要处理上传到 MinIO 的新数据，那么可以使用 Watch 监听来实时获取新上传的数据的信息，然后立即处理这些数据。这样，应用可以实时响应数据的变化，提高数据处理的效率和实时性。此外，Watch 监听也可以用于实时监控存储桶的状态，例如监控存储桶的使用情况、监控存储桶中对象的数量等。

在 MinIO 控制台，单击 Monitoring 选项下的 Watch 子选项，进入 Watch 监听管理页面，如图 4.31 所示。

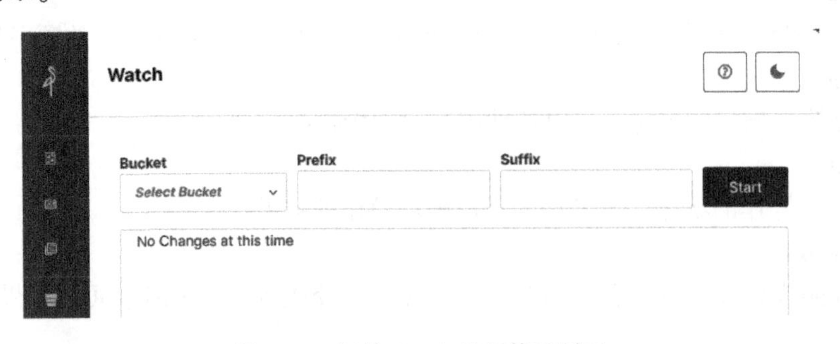

图 4.31　初始 Watch 监听管理页面

用户可在 Bucket 输入框中选择需要监听的存储桶；在 Prefix 输入框中设置监控对象的名称前缀；在 Suffix 输入框中设置监控对象的名称后缀。监控项配置完成后，单击 Start 按钮即可开启 Watch 监听。

在浏览器中新建一个窗口访问 MinIO 控制台，并单击左侧菜单栏中的 Object Browser 选项

（左侧菜单栏分为展开和收拢两种状态，默认为收拢状态），进入对象管理页面，如图 4.32 所示。

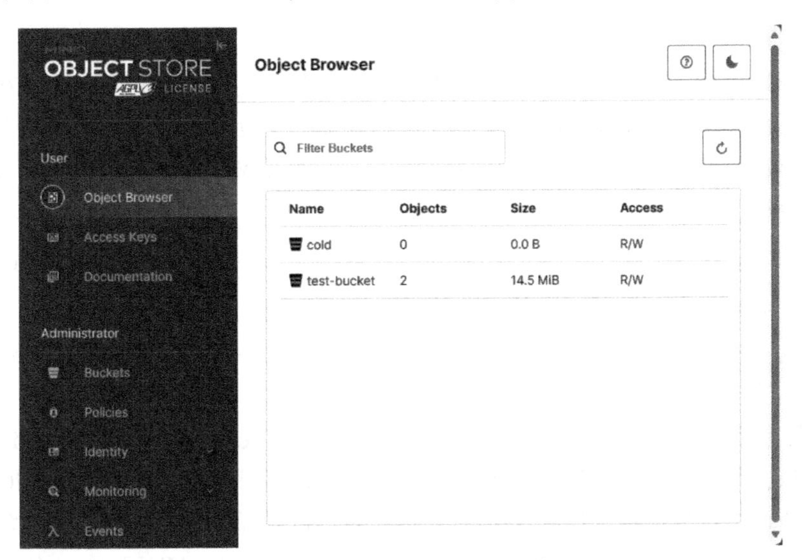

图 4.32　对象管理页面

单击被监控的存储桶名称，进入存储桶的对象管理页面，如图 4.33 所示。

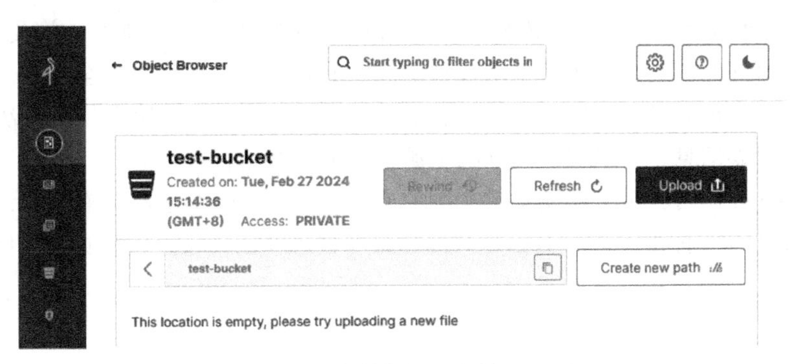

图 4.33　存储桶的对象管理页面

在存储桶的对象管理页面，单击右上角的 Upload 按钮上传任意文件。文件上传完成后，可在之前打开的 Watch 监听管理页面查看结果，如图 4.34 所示。

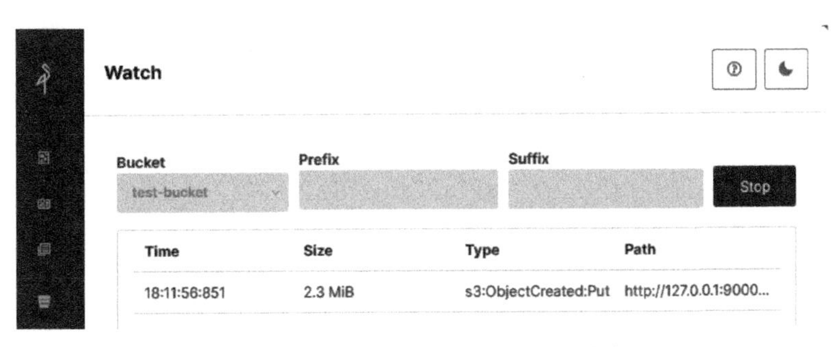

图 4.34　在 Watch 监听管理页面查看结果

由图 4.34 可知文件上传的时间、大小、类型与路径信息。同理，Watch 监听功能也可在命令行使用。进入命令行，执行 Watch 监听命令，示例代码如下。

```
.\mc watch D:\minio\data\test-bucket
```

上述命令通过 MinIO 的客户端 mc 调用了 Watch 监听，并指定了存储桶所在的路径。需要注意的是，此处使用的是 Windows 系统，所以在命令中使用了 MinIO 客户端的所在路径。

执行了 Watch 监听命令后，保留命令行窗口，并通过 MinIO 控制台去操作文件。操作文件之后，命令行会显示以下内容。

```
[2024-02-28T10:10:48.677Z]          s3:ObjectRemoved:Put D:\minio\data\test-bucket\1600000.png
```

上述内容亦是 Watch 监听对存储桶与对象的监听记录。

4.2.4 日志审计

MinIO 日志审计是一种关键的信息安全技术，它通过收集、存储和分析 MinIO 系统中的各类日志信息，包括但不限于操作日志、错误日志、访问日志等，实现对 MinIO 集群的全面审计。这种全面审计能够帮助用户深入理解系统的运行状况，发现并解决潜在的问题。

通过详细的存储性能监控、指标和每个操作的日志记录，MinIO 日志审计能够提供对 MinIO 集群的完整可见性，这包括了存储使用情况、请求响应时间、错误率等关键性能指标，及时发现并解决性能瓶颈。

MinIO 日志审计能够及时发现入侵检测系统检测到的各类安全隐患，并及时给予告警，从而避免安全事件的发生，这包括了未授权访问、异常操作等潜在的安全威胁。

当系统运行出现问题时，MinIO 日志审计可以帮助运维人员快速定位和解决问题。通过分析日志中的错误信息，可以找出问题的根源，从而更快地恢复服务。

登录 MinIO 控制台，单击左侧菜单栏中的 Configuration 选项进入设置页面，在该页面中单击 Logger Webhook 标签，进入 Logger Webhook（日志 Webhook）标签页，如图 4.35 所示。

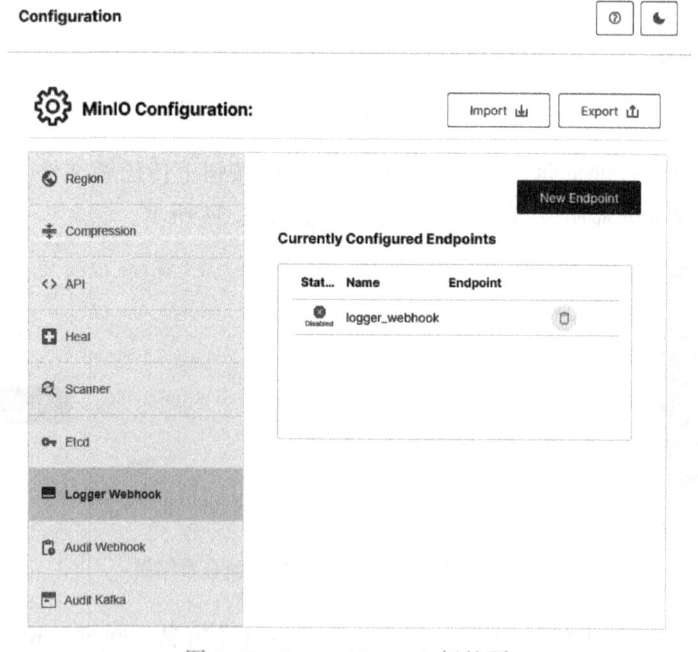

图 4.35　Logger Webhook 标签页

在 Logger Webhook 标签页，单击右上角的 New Endpoint 按钮，进入 Webhook 配置页面，如图 4.36 所示。

Edit Logger Webhook - logger_webhook:test

Enabled OFF ON

Endpoint* http://upload.minio.net.cn/test.php

Auth Token your_expected_token

Cancel Update

图 4.36 Webhook 配置页面

用户可以在 Webhook 配置页面中配置 Webhook 的相关信息，例如，Enabled 用于配置是否开启 Webhook 日志功能，Endpoint 用于配置 Webhook 服务的 URL，Auth Token 配置用于 Webhook 的访问凭证。

完成 Webhook 配置后，单击 Update 按钮即可完成创建，如图 4.37 所示。

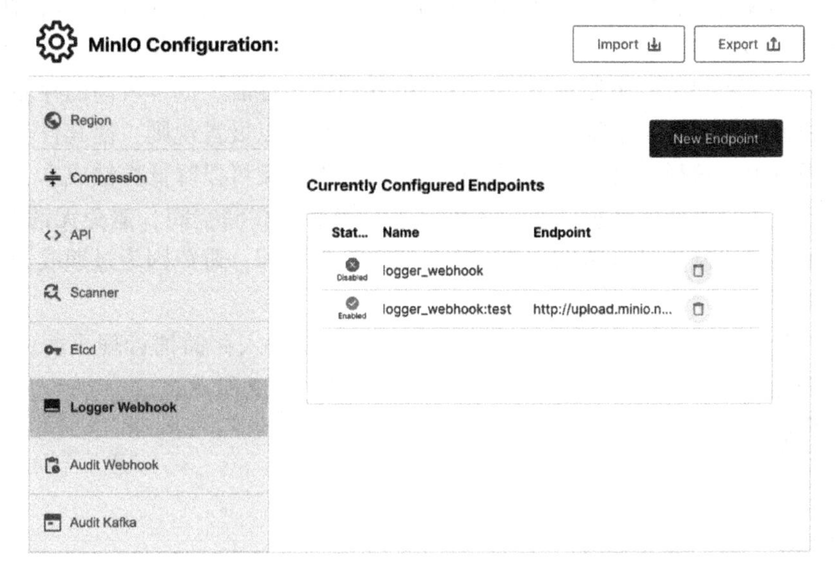

图 4.37 完成配置

需要注意的是，Webhook 创建完成后需要重启 MinIO 服务才能生效。

当 MinIO 产生日志后，会将日志推送到 Webhook 指定的用于接收 MinIO 日志的平台，如图 4.38 所示。

id	deploymentid	time	error_message
252	7cc51b97-88ac-4946-8a2f-088731029ee9	2024-03-16T07:28:40.345861293Z	unable to replicate for object abc/小游戏平台原型图v1.0/领奖签...
251	7cc51b97-88ac-4946-8a2f-088731029ee9	2024-03-16T07:28:40.342110723Z	unable to replicate for object abc/小游戏平台原型图v1.0/隐私政...
250	7cc51b97-88ac-4946-8a2f-088731029ee9	2024-03-16T07:28:40.337799632Z	unable to replicate for object abc/小游戏平台原型图v1.0/邀请好友...

图 4.38 MinIO 日志

4.3 对象生命周期与分层管理

MinIO 不仅提供了基础的数据存储功能，还引入了对象生命周期管理和对象分层管理这两个强大的特性。对象生命周期管理允许用户定义规则，自动删除或转移一段时间后的数据，从而有效地管理存储空间。而对象分层管理则可以根据数据的访问频率，自动将数据移动到不同的存储层级，既保证了数据的可用性，又能降低存储成本。

4.3.1 对象生命周期管理

对象生命周期是一个涵盖数据从被创建到最终被删除的全过程的概念。在这个过程中，数据可能会经历多个阶段，包括创建、访问、修改、存档和删除。每个阶段都可能需要不同的存储策略，因此也会产生不同的存储成本。

在 MinIO 中，对象生命周期管理是一个非常重要的功能。它允许用户定义规则，根据对象的年龄、大小或其他属性，自动将对象移动到不同的存储层级，或者在一段时间后自动删除对象。这种自动化的管理方式，使得用户可以根据自己的需求和预算，灵活地管理存储空间和成本。例如，用户可以将经常访问的热数据存储在高性能、成本较高的存储设备上，以保证数据的快速访问。而对于很少访问的冷数据，用户可以设置规则，使其自动转移到成本较低的存储设备上。这样，既可以保证数据的访问性能，又可以降低存储成本。此外，通过自动删除过期或不再需要的数据，用户还可以进一步节省存储空间，避免无谓的存储成本。这种自动化的删除机制，可以帮助用户有效地管理存储空间，避免因为过期或无用的数据占用过多的存储空间。

在 MinIO 控制台，单击左侧菜单栏中的 Bucket 选项进入存储桶管理页面。在存储桶管理页面中单击任意存储桶，进入存储桶详情页面，如图 4.39 所示。

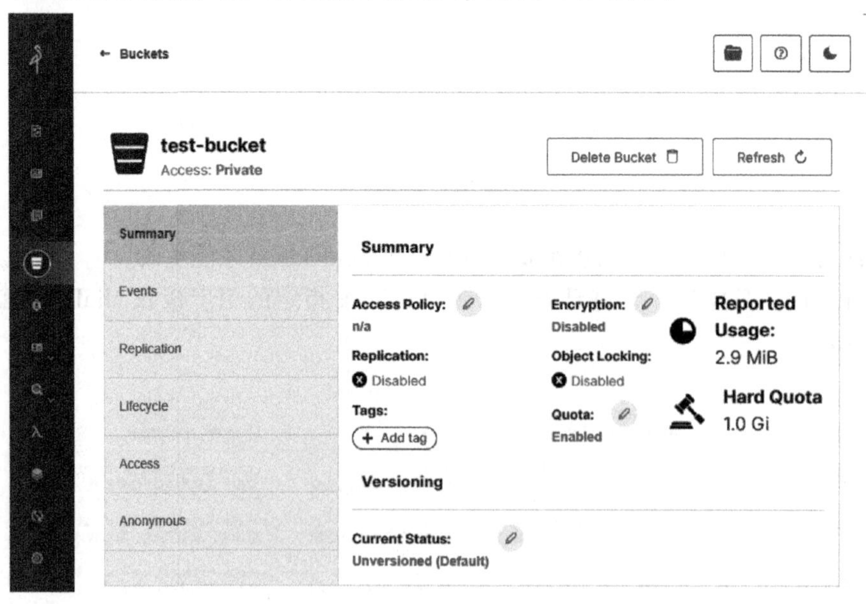

图 4.39 存储桶详情页面

在存储桶详情页面，单击左侧标签栏中的 Lifecycle 标签即可进入该存储桶的生命周期管理页面，如图 4.40 所示。

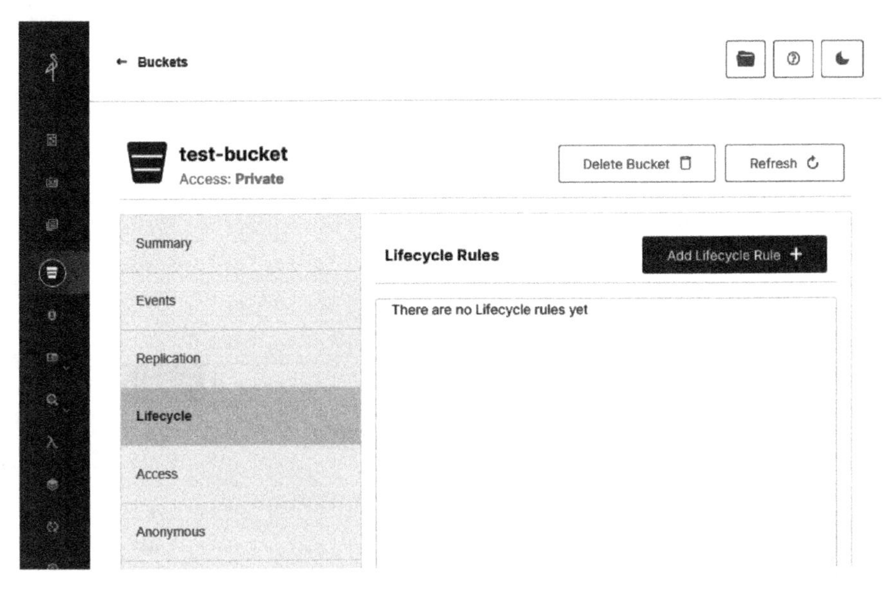

图 4.40　初始生命周期管理页面

单击生命周期管理页面右上角的 Add Lifecycle Rule 按钮，进入生命周期规则创建窗口，如图 4.41 所示。

Add Lifecycle Rule
Type of Lifecycle　Expiry　Transition
After　days
Filters
Cancel　Save

图 4.41　初始生命周期规则创建窗口

由图 4.41 可知，MinIO 提供了两种生命周期规则类型，分别是 Expiry（过期）与 Transition（转移）。Expiry 允许设置一个对象的过期时间。一旦对象达到这个时间，MinIO 会自动删除它。这个功能可以帮助管理员自动清理过期或不再需要的数据，从而节省存储空间。Transition 允许设置一个对象的转移策略。用户可以定义规则，根据对象的相关属性自动将其移动到不同的存储层级。这个功能可以帮助管理员优化存储成本，因为可以将很少访问的冷数据转移到成本较低的存储设备上。

当前选择的是 Expiry 类型，因此用户可在 After 输入框中设置对象的过期时间。在 Filters 下拉列表中可配置过滤器，以匹配适用这条规则的对象，如图 4.42 所示。

由图 4.42 可知，用户可在 Prefix 输入框中设置目标对象的前缀，在 Tags 中配置目标对象的标签信息。

规则配置完成后，单击右下角的 Save 按钮即可完成创建，如图 4.43 所示。

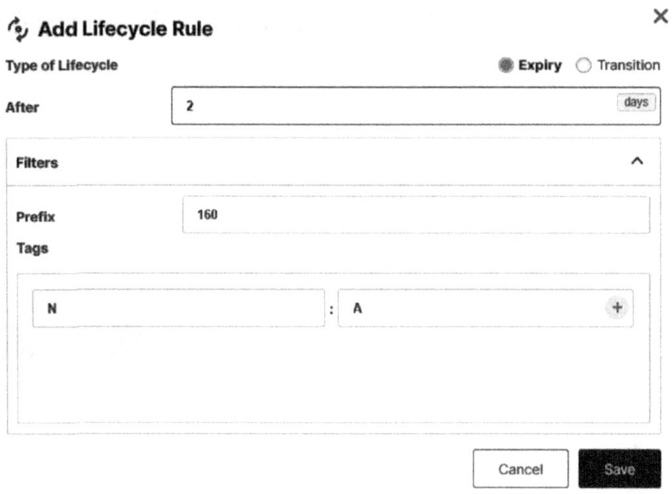

Add Lifecycle Rule
Type of Lifecycle
Expiry
Transition
After
2
days
Filters
Prefix
160
Tags
N
A
Cancel
Save

图 4.42　设置生命周期规则

Buckets
test-bucket
Access: Private
Delete Bucket
Refresh
Summary
Events
Replication
Lifecycle
Access
Anonymous
Lifecycle Rules
Add Lifecycle Rule
Type
Versi...
Tier
Prefix
After
Status
Expiry
Current
160
2 days
Enabl...

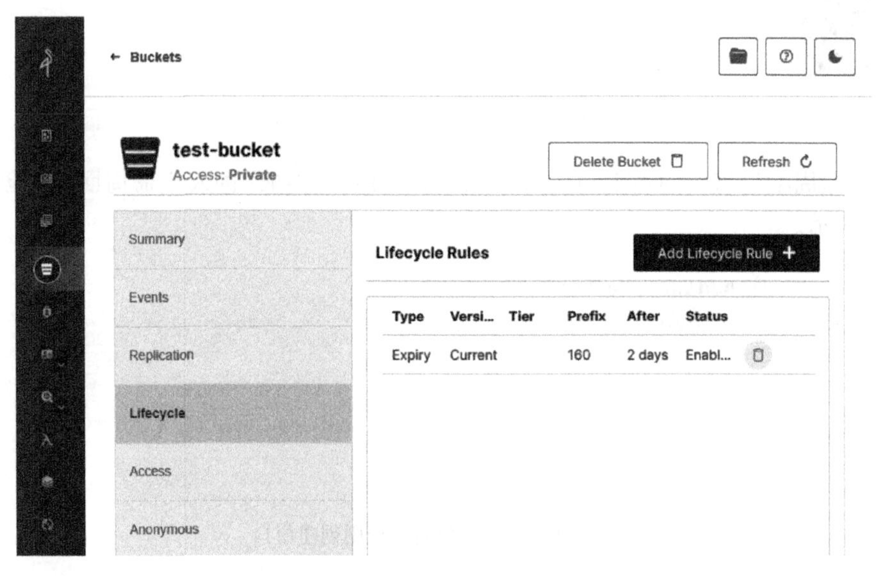

图 4.43　完成生命周期创建

设置生命周期策略需要根据实际需求和环境来进行。管理员需要考虑数据访问模式、数据重要性和存储成本，以找到最适合策略。

4.3.2 对象分层管理

对象分层是一种数据管理策略，它根据数据的访问频率和重要性，将数据存储在不同的存储层级上。这些存储层级通常包括高性能（成本较高）的热层、中等性能的温层，以及低性能（成本较低）的冷层。这种策略的目标是在满足性能需求的同时，尽可能地降低存储成本。

1. 对象分层的功能

在 MinIO 中，对象分层的主要作用是优化存储成本和性能。通过将经常访问的热数据存储在高性能的存储设备上，而将很少访问的冷数据存储在成本较低的存储设备上，用户可以在保证数据访问性能的同时，降低存储成本。这种策略的实施，使得数据存储的成本与其价值相匹配，从而实现了存储资源的最大化利用。

2. SSD 与 HDD 分层

在 MinIO 中实现 SSD（固态硬盘）和 HDD（机械硬盘）的分层，可以有效地平衡存储成本和性能。SSD 是一种存储设备，它使用闪存作为存储介质。相比于传统的 HDD，SSD 提供了更高的读写速度，这使得它非常适合存储经常访问的热数据。然而，SSD 的存储成本相对较高，这是使用 SSD 需要考虑的一个重要因素。相比于 SSD，HDD 的读写速度较慢，但其存储成本较低。因此，HDD 通常用于存储很少访问的冷数据。这样，既可以保证数据的访问性能，又可以降低存储成本。

例如，创建一个生命周期策略，该策略规定所有 30 天内未被访问的数据将被自动转移到 HDD 上。这样，新创建的或经常访问的数据将被存储在 SSD 上，提供高速的访问性能。而那些长时间未被访问的数据将被自动转移到 HDD 上，从而节省存储成本。

3. 对象分层管理方式

在 MinIO 控制台，单击左侧菜单栏中的 Tiering 选项进入分层管理页面，如图 4.44 所示。

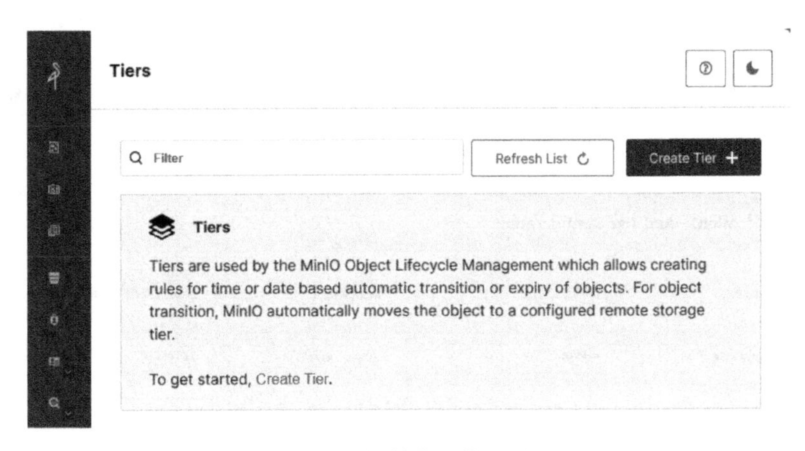

图 4.44　初始分层管理页面

在分层管理页面单击右上角的 Create Tier 按钮，进入分层类型选择页面，如图 4.45 所示。

用户需要在分层类型选择页面中选择远程节点的类型。MinIO 默认支持 4 种分层类型，分别是 MinIO、Google Cloud Storage、AWS S3 与 Azure。此处选择 MinIO 类型，单击 Select Tier Type 下的 MinIO 按钮进入分层创建页面，如图 4.46 所示。

用户需要在分层创建页面的 Name 输入框中配置该层的名称；在 Endpoint 输入框中配置远程节点的地址；在 Access Key 与 Secret Key 输入框中分别配置远程节点的 Access Key 与 Secret Key；在 Bucket 输入框中配置该层所使用的存储桶；在 Prefix 输入框中设置执行分层管理的对象名称前缀；Region 用于配置远程节点的所在地区，该项为选填项。

分层配置完成后，单击页面右下角的 Save Tier Configuration 按钮，即可完成创建，如图 4.47 所示。

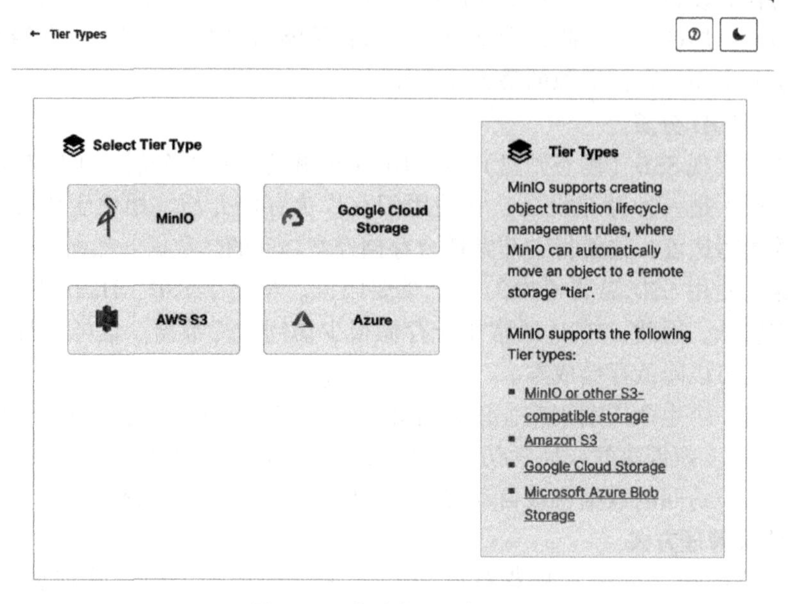

图 4.45　分层类型选择页面

← Add Tier

MinIO - Add Tier Configuration

Name*	REMOT	Endpoint*	http://192.168.1.86:9000
Access Key*	admin	Secret Key*	12345678
Bucket*	cold	Prefix*	160
Region			

Save Tier Configuration

图 4.46　分层创建页面

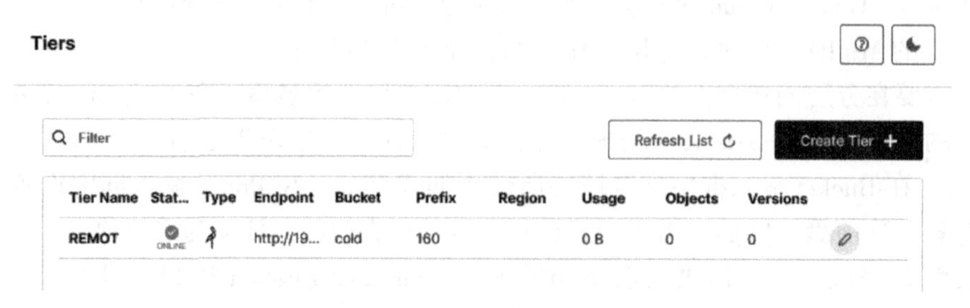
Tiers

Filter　Refresh List　Create Tier +

Tier Name	Stat...	Type	Endpoint	Bucket	Prefix	Region	Usage	Objects	Versions
REMOT	ONLINE		http://19...	cold	160		0 B	0	0

图 4.47　完成分层管理创建

至此，对象存储层创建完成，用户可将对象进行分层管理。

进入对象生命周期创建窗口，并选择 Transition 类型，如图 4.48 所示。

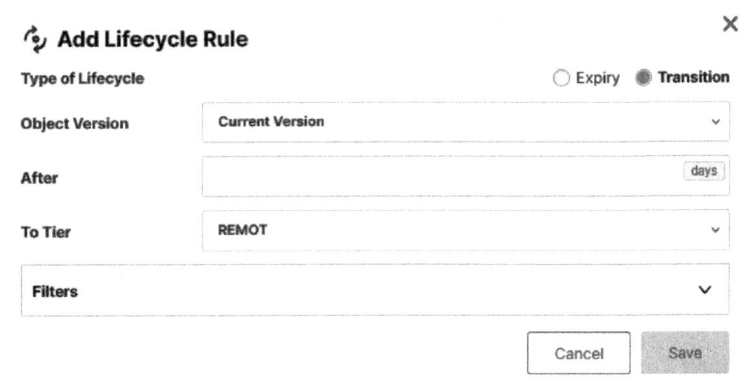

图 4.48　生命周期规则类型

除了配置 After 选项的日期外，用户需要在 To Tier 下拉列表中选择目标存储层。生命周期配置完成后，单击窗口右下角的 Save 按钮即可完成创建，如图 4.49 所示。

Lifecycle Rules　　Add Lifecycle Rule +

Type	Version	Tier	Prefix	After	Status
Expiry	Current		160	2 days	Enabled
Transition	Current	REMOT		30 days	Enabled

图 4.49　生命周期列表

此时，用户可在生命周期管理页面的生命周期列表下查看已创建的 Transition 生命周期。

4.3.3 站点复制

站点复制也被称为多站点复制或跨区域复制，是一种数据管理策略，它将数据从一个物理位置（例如，数据中心或云服务区域）复制到另一个位置。这种策略的主要目标是提高数据的可用性和耐久性，以保护数据免受硬件故障、网络中断、自然灾害或其他意外事件的影响。

在 MinIO 中，站点复制功能允许数据在多个 MinIO 节点之间自动同步。这是通过对象生命周期管理功能实现的。创建生命周期策略可以将数据自动从一个 MinIO 节点复制到另一个 MinIO 节点。例如，可以创建一个生命周期策略，该策略规定所有 30 天内未被访问的数据将被自动复制到另一个节点。

通过站点复制，如果原始位置发生故障（例如，硬件故障、网络中断或自然灾害），仍然可以从复制的位置访问数据。这种冗余性可以大大提高数据的可用性，确保关键业务功能的连续性。此外，站点复制可以防止数据丢失。即使在原始位置的数据被意外删除或损坏，仍然可以从复制的位置恢复数据。这种备份机制可以大大提高数据的耐久性，保护免受数据丢失的风险。

在实施 MinIO 的站点复制时，需要考虑以下注意事项。

- 所有站点必须使用相同的身份提供者（IDP）。站点复制支持 MinIO IDP、OIDC 或 LDAP。
- 所有站点必须具有匹配且一致的 MinIO Server 版本。
- 站点复制需要开启桶级别版本控制（Bucket Versioning），并且会自动开启已创建的 Bucket 的版本控制。

在 MinIO 控制台，单击左侧菜单栏中的 Site Replication 按钮，进入站点复制管理页面，如图 4.50 所示。

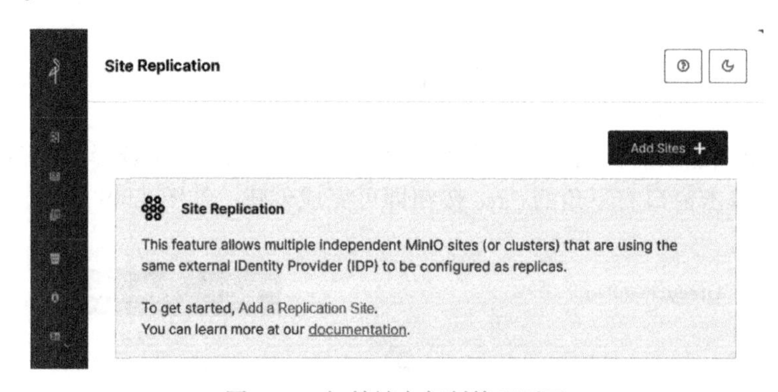

图 4.50　初始站点复制管理页面

单击复制管理页面右上角的 Add Sites 按钮，进入站点复制创建页面，如图 4.51 所示。

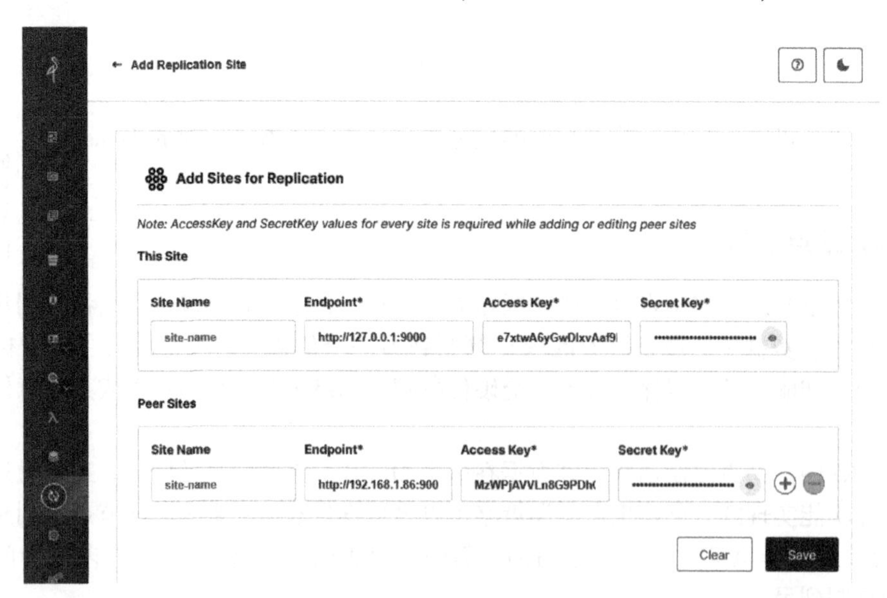

图 4.51　站点复制创建页面

站点复制创建页面中的内容分为两个板块，分别是 This Site 板块与 Peer Sites 板块。其中 This Site 表示当前节点，Peer Sites 表示远程节点。用户需要分别在两个板块下填写两个节点的相关信息，包括 Endpoint（节点地址）、Access Key、Secret Key 等。此处需要注意的是，远程节点中不得存在任何存储桶与对象。

站点复制配置完成后，单击页面右下角的 Save 按钮即可完成站点复制的创建，如图 4.52 所示。

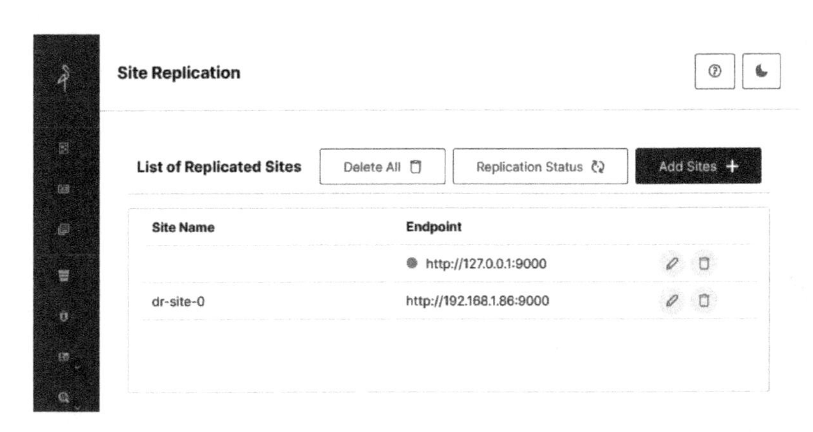

图 4.52　完成站点复制创建

此时，当前节点中的存储桶与对象都已同步至远程节点上。

某些行业或地区的法规可能要求数据在特定的地理位置存储备份。站点复制可以帮助满足这些合规要求，确保数据管理符合法律和行业标准。对于全球性的应用，站点复制可以用于实现全球负载均衡。通过将数据复制到全球各地的节点，可以确保用户总是从最近的节点访问数据，从而提高数据访问速度和用户体验。

4.4 本章小结

本章深入探讨了 MinIO 控制台的管理，涵盖了控制台的基础操作、监控功能以及对象生命周期与分层管理等多个方面。

在控制台基础操作部分，详细阐述了 Access Keys 的管理与应用、存储桶的创建与配置、定制 IAM 策略以及用户和用户组管理等操作。这些操作是使用 MinIO 进行数据存储和管理的基础，对于有效使用 MinIO 具有重要意义。

在监控功能部分，讲解了 MinIO 的常用性能指标、Trace 跟踪以及 Watch 监听等功能。这些监控功能可以帮助读者了解 MinIO 的运行状态和性能，对于保证数据的安全性和可用性具有重要作用。

在对象生命周期与分层管理部分，详细介绍了对象生命周期管理、对象分层管理以及站点复制等功能。这些功能可以帮助读者优化数据存储，提高数据的可用性和耐久性，同时降低存储成本。

本章的难点在于理解和应用 MinIO 的各种功能和操作，特别是对象生命周期与分层管理。期望读者通过阅读本章，能够掌握 MinIO 的基本操作、理解 MinIO 的监控功能，以及如何使用对象生命周期与分层管理来优化数据存储。同时，也期望读者能够理解站点复制的重要性，并能够在实际应用中使用站点复制来提高数据的可用性和耐久性。

第5章 身份认证与数据加密

Chapter 5

本章学习目标

- 掌握 MinIO 身份认证的配置方式。
- 了解数据加密的工作原理。
- 掌握 MinIO 数据加密的使用。
- 熟悉 TLS 协议的工作原理。

身份认证和数据加密在日常生活中无处不在，为数字生活提供了安全保障。使用手机银行应用进行转账时，输入用户名和密码后，银行应用会验证这些信息是否与记录相符，这就是身份认证。只有身份得到确认后，才能进行转账操作。这类似于进入办公室或学校时需要出示 ID 卡，以证明有权进入。在单击“转账”按钮后，银行应用会将转账信息（如转账金额和收款人）进行加密，然后再发送到银行。这就是数据加密。加密后的信息在传输过程中即使被截获，也无法被读取，从而保护了信息安全。这类似于将一封信放入信封中，即使信封在途中被别人拿走，他们也无法知道信的内容。因此，无论是身份认证还是数据加密，都是日常生活中不可或缺的一部分，在保护信息安全的前提下，使数字生活更加便捷和安全。

5.1 了解身份认证

作为一种对象存储服务，MinIO 需要处理大量的数据，这些数据可能包含各种敏感信息。因此，确保只有经过授权的用户才能访问这些数据是非常重要的。身份认证是实现这一目标的关键手段。通过身份认证，MinIO 可以验证用户的身份，只有经过身份认证的用户才能访问他们有权访问的数据。这不仅可以防止未经授权的访问，还可以防止数据泄露和其他安全威胁。

5.1.1 身份认证简介

身份认证也被称为“身份验证”或“身份鉴别”，是在计算机及计算机网络系统中确认操作者身份的过程。这个过程的重要性在于，它可以确保一个人在网络世界中的身份是真实和可靠的。身份认证的作用大致包括以下 4 个方面。

1. 确认用户身份

身份认证的过程可以确认用户的真实身份与其声称的身份是否相符。例如，当登录一个网站时，需要输入用户名和密码，防止冒名顶替和身份盗窃。

2. 防止非法访问

通过身份认证可以防止非法用户假冒其他合法用户获得一系列相关权限。例如，如果没有身份认证，任何人都可以获取他们不应该获得的信息或资源。

3. 保护合法利益

身份认证可以保护用户的合法利益，防止攻击者假冒合法用户获得资源的访问权限。例如，如果一个攻击者假冒一个用户，并试图访问该用户的银行账户，那么这个用户的财产就会受到威胁。

4. 有效执行访问策略

身份认证使计算机和网络系统的访问策略能够可靠、有效地执行。例如，一个公司可能有一个访问策略，规定只有特定的员工才能访问特定的信息。

身份认证主要通过以下三种基本途径之一或其组合来实现。

1）用户所知道的（What You Know）：这类信息通常理解为口令。例如，登录一个网站时，用户需要输入密码。这个密码就是用户所知道的信息。

2）用户所拥有的（What You Have）：这类信息包括密码本、密码卡、动态密码生产器、U 盾等。例如，一些银行会给他们的客户一个小设备，这个设备可以生成一个动态的密码。当客户登录他们的银行账户时，需要输入这个动态密码。这个动态密码就是客户所拥有的信息。

3）用户自身带来的（What You Are）：这类信息包括指纹、掌纹、声纹、脸形、DNA、视网膜等。例如，一些智能设备可以通过识别用户的指纹来解锁。这个指纹就是用户自身带来的信息。

身份认证的技术方法主要是密码学方法，包括使用对称加密算法、公开密钥密码算法、数字签名算法等。在一些特殊应用领域，如涉及资金交易时，认证还可能通过更多方法，如使用口令的同时也使用 U 盾，这类认证称为多因子认证。在物联网应用环境下，一些感知终端节点的资源有限，包括计算资源、存储资源和通信资源，实现“挑战—应答”机制可能需要付出很大代价，这种情况下需要轻量级认证。这些都是为了确保在各种不同的环境和应用中，身份认证都能有效地进行。

5.1.2 身份认证的发展

计算机网络是一个虚拟的数字世界，只能识别数字身份，而现实世界是一个真实的物理世界，身份认证技术的诞生主要就是为了解决操作者的物理身份与数字身份相对应的问题。

1. 用户名与密码认证

在计算机网络的早期阶段，身份认证主要依赖于软件实现，最常见的方式就是使用用户名和密码进行认证。在这种情况下，用户需要记住一个唯一的用户名和与之关联的密码。当用户尝试访问受保护的资源或服务时，他们需要提供这些凭据。系统会检查提供的用户名和密码是否与存储在系统中的记录相匹配。如果匹配，系统就会确认用户的身份，并授予他们访问权限。

然而，这种基于密码的身份认证方法存在一些明显的安全问题。首先，密码是静态数据，一旦设置，除非用户主动更改，否则它们将保持不变。这意味着如果密码在某一时刻被泄露，那么攻击者就可以在任何时候使用这些凭据进行身份冒充，直到密码被更改。其次，密码在传输过程中容易被监听截获。例如，如果用户在未加密的网络连接上发送他们的密码，那么任何监听该连接的人都可以轻易地获取密码。此外，由于许多用户倾向于使用易记的密码，这使得密码更容易被猜测或通过暴力攻击破解。

2. IC 卡

为了提高身份认证的安全性，技术研发人员开始探索硬件设备的使用，例如集成电路卡（IC 卡）。IC 卡是一种嵌入了微型电子元件的塑料卡，可以存储和处理数据。在身份认证过程中，IC 卡被用作一种物理令牌，存储着用户的身份信息或密钥。

使用 IC 卡进行身份认证时，必须将 IC 卡放置到专用的读卡器中。读卡器通过与 IC 卡上的电子元件进行通信，读取存储在卡内的数据。然后，这些数据被用于验证用户的身份。例如，数据可能包含一个密钥，该密钥必须与服务器上存储的密钥匹配，才能确认用户的身份。

然而，尽管 IC 卡提供了比密码更高的安全性，但它们也有自己的安全问题。最明显的问题是，如果 IC 卡遗失，那么持卡人的身份信息可能会落入错误的手中。虽然许多 IC 卡都有防篡改和防复制的特性，但如果攻击者能够破解卡内的加密机制，他们就可能访问存储在卡内的数据。此外，如果攻击者能够复制 IC 卡，他们就可以冒充持卡人的身份。

因此，尽管使用 IC 卡进行身份认证可以提高安全性，但仍需要采取额外的安全措施，如定期更换密钥，以及在卡遗失后立即停用卡内的密钥，以防止身份被盗用。

3. 动态口令

动态口令是一种只能使用一次的密码，每次认证时都会生成一个新的口令。这种一次一密的方法有效地保证了用户身份的安全性，因为即使动态口令被截获，攻击者也无法再次使用它进行身份冒充。

动态口令技术通常依赖于一个可信的第三方来生成和分发口令。例如，用户可能会收到一个短信或电子邮件，其中包含用于下一次登录的动态口令；用户也可能会使用一个硬件令牌或软件应用程序，这些工具可以在设备上本地生成动态口令。

动态口令技术能抵御大部分针对静态口令认证的网络攻击。例如，重放攻击是一种攻击者截获并重新发送认证信息以冒充用户的攻击。由于动态口令只能使用一次，所以即使攻击者截获了动态口令，他们也无法使用它进行重放攻击。

此外，动态口令也可以防止字典攻击和暴力攻击。在这些攻击中，攻击者尝试猜测或穷举所有可能的密码。但是，由于动态口令在每次认证时都会改变，所以攻击者无法通过猜测或穷举来找到正确的口令。

尽管动态口令提供了更高的安全性，但它也带来了一些新的挑战，例如如何安全地分发动态口令，以及如何处理用户忘记或丢失动态口令的情况。这些问题需要通过进一步的技术和策略来解决。

4. 生物特征

近年来，身份认证技术的发展已经进入了一个新的阶段，开始采用生物特征进行认证，它以人体唯一的、可靠的、稳定的生物特征为依据，进行身份认证。

生物特征认证的实现依赖于计算机的强大功能和网络技术。首先，需要通过专门的设备（如指纹扫描器、虹膜扫描器等）来采集用户的生物特征。然后，这些生物特征数据会被转化为数字信息，存储在计算机系统中。当进行身份认证时，系统会再次采集用户的生物特征，然后将其与存储在系统中的生物特征数据进行比对。如果两者匹配，那么用户的身份就得到了验证。

生物特征认证具有很高的安全性，因为生物特征是每个人都独有的，不容易被复制或伪造。同时，由于生物特征是人体固有的一部分，所以用户不用记忆任何密码或携带任何设备，只需要提供自己的生物特征，就可以完成身份认证，大大提高了使用便利性。

然而，生物特征认证也存在一些挑战。例如，生物特征数据的采集和处理需要专门的设备和技术，成本较高。此外，生物特征数据极为敏感，如果被泄露，可能会对用户的隐私和安全造成严重威胁。因此，如何在保证安全性的同时，保护用户的隐私，是生物特征认证需要面临的重要问题。

5.2 LDAP 身份认证

随着数据量的增长，如何有效地管理对这些数据的访问权限，确保数据的安全性，成为一个重要的问题。LDAP（轻量级目录访问协议）身份认证为 MinIO 提供了一种强大而灵活的用户身份认证和授权管理机制，可以确保只有经过适当授权的用户才能访问存储在 MinIO 中的数据。

5.2.1 LDAP 身份认证简介

LDAP 是一种开放的、供应商中立的应用协议，它为访问和维护分布式目录信息服务提供了一种标准的方法。这种目录服务可以看作是一个信息数据库，其中包含了各种类型的数据，如用户账户信息、网络资源位置等。LDAP 的一个重要特性是可以处理身份认证，用户可以一次性登录并访问服务器上的多个文件。

1. 发展历程

LDAP 的发展历程始于对目录访问协议（DAP）的替换，以及对 X.500 目录的低开销访问的需求。X.500 是由国际电信联盟（ITU）在 1980 年代制定的一套全面的目录服务规范。然而，X.500 的目录服务通常需要通过开放系统互连（OSI）协议栈的 DAP 进行访问，这使得其实现起来相对复杂且开销较大。

为了解决这个问题，LDAP 被设计出来，作为一种轻量级的替代协议，通过更简单且现在已经广泛使用的 TCP/IP 协议栈来访问 X.500 目录服务。这种目录访问模型借鉴了 DIXIE 和 Directory Assistance Service 协议的设计。

自 1993 年首次推出以来，LDAP 取得了巨大的成功。它提供了一种开放的、供应商中立的、行业标准的应用协议，用于访问和维护分布式目录信息服务。到了 1997 年，LDAP 的最新规范版本 3（LDAP.v3）已经成为目录服务的互联网标准。LDAP.v3 的发布标志着 LDAP 的成熟和广泛应用，使其成为许多现代网络应用中不可或缺的组成部分。

LDAP 的成功在很大程度上源于其简洁和高效的设计，以及其对目录服务的强大支持。这使得 LDAP 能够在各种环境中提供一种可靠的方式来存储、访问和管理各种类型的数据，包括用户账户信息、网络资源位置等。因此，LDAP 已经成为许多组织中用于实现用户身份认证和授权管理的关键技术。

2. LDAP 的主要功能

LDAP 有以下两大核心工作目标。

（1）将数据存储在 LDAP 目录中

LDAP 目录是一个树形结构的数据库，用于存储各种类型的信息，如用户账户信息、网络资源位置等。这些信息被组织成一系列的条目（Entries），每个项都包含一组属性和对应的值。例如，一个用户项可能包含用户名、密码、电子邮件地址等属性，这些属性的值就是具体的用户信息。LDAP 提供了一种高效的方式来添加、修改和删除目录中的项和属性。这种灵活的架构使 LDAP 能够以企业需要的格式来存储各种属性，从而满足各种不同的应用需求。

（2）对要访问目录的用户进行身份认证

当用户试图访问存储在 LDAP 目录中的信息时，LDAP 会进行身份认证。这通常是通过比较用户提供的凭证（如用户名和密码）与存储在 LDAP 目录中的相应凭证来完成的。如果这两组凭证匹配，那么用户就会通过身份认证，并被授予对所请求信息的访问权限。否则，访问请求就会被拒绝。这种身份认证机制使得 LDAP 能够有效地保护存储在目录中的信息，防止未经授权的访问。

3. 工作原理

LDAP 身份认证使用的是一种客户端加服务器型身份认证模式。在这个模型中，客户端是用户访问的支持 LDAP 协议的系统或应用，服务器是 LDAP 目录数据库。

当用户尝试登录时，系统会发送一个请求来鉴定分配给用户的专有名称（Distinguished Name，DN）。DN 是一种在 LDAP 目录中唯一标识条目的方式，它包含了足够的信息来精确地定位到目录中的一个条目。例如，一个 DN 可能是 cn=John Doe，ou=Marketing，dc=example，dc=com，其中 cn 代表通用名称，ou 代表组织单位，dc 代表域组件。

DN 是通过启动目录系统代理（DSA）的客户端 API 或服务器发送的。DSA 是 LDAP 服务器的另一种称呼，它负责处理来自客户端的 LDAP 请求，包括身份认证请求。客户端 API 是一组函数或方法，它们提供了一种程序化的方式来与 LDAP 服务器进行交互，包括发送身份认证请求。

在身份认证过程中，客户端会向 LDAP 服务器发送绑定请求，以及用户的 DN 和密码。这些信息是在用户输入其凭据时由客户端获取的。如果用户提交的凭据与存储在 LDAP 数据库中的核心用户身份相关联的凭据匹配，则对用户进行身份认证，并通过客户端获得对所请求的资源或信息的访问权限。如果发送的凭据不匹配，则绑定失败并拒绝用户访问。

这种客户端加服务器型的身份认证模式使 LDAP 能够提供一种强大的、安全的、可扩展的方式来管理用户的身份和访问权限。

4. 应用场景

LDAP 的最常见用法是提供一个集中的位置来访问和管理目录服务。目录服务是一种特殊类型的数据库，它以树形结构组织数据，类似于文件系统。这种树形结构使得信息检索变得非常高效，特别是在处理大量数据的情况下。

LDAP 让企业能够存储、管理和保护与该企业、其用户和资产有关的信息。这些信息包括但不限于用户名和密码，还可以包括用户的联系信息、组织单位、角色、权限等。这些信息被存储在LDAP目录中的条目（Entries）中，每个条目都包含一组属性和对应的值。例如，一个用户条目可能包含用户名、密码、电子邮件地址等属性，这些属性的值就是具体的用户信息。

LDAP的这种集中式的信息管理方式带来了很多好处。首先，它提供了一种统一的方式来管理企业的用户和资产信息，这大大简化了信息管理的工作。其次，由于LDAP目录是以树形结构组织的，所以信息检索非常高效，适用于处理大量数据的企业。此外，LDAP还提供了强大的安全机制，包括访问控制和身份认证，这可以有效地保护存储在目录中的信息，防止未经授权的访问。

5.2.2 LDAP产品类型

1. SUNONE Directory Server

SUNONE Directory Server也被称为Oracle Directory Server Enterprise Edition，是一种目录服务软件，它提供了一种集中化的分布式数据库，用于存储和管理网络中的各种对象和资源。这些对象和资源包括但不限于用户账户、电子邮件地址、网络设备等，相关信息可以用于各种目的，如身份验证、权限管理、资源定位等。

SUNONE Directory Server的主要优势在于其强大的集中化管理能力。通过使用SUNONE Directory Server，网络管理员可以在一个地方管理所有的网络资源，而不需要在每个单独的设备或应用上进行配置。这大大简化了网络管理的复杂性，并提高了效率。例如，管理员可以在一个地方添加或删除用户、修改用户的权限，或者更新资源的位置信息。

此外，SUNONE Directory Server还支持在内部网络中使用，也可以将其用于外联网中以便与商业合作伙伴共享数据资源，或运行在公用网络上与客户进行交流与沟通。这使得SUNONE Directory Server成为一种非常灵活的解决方案，可以满足各种不同的网络环境和业务需求。

2. IBM Directory Server

IBM Directory Server也被称为Oracle Directory Server Enterprise Edition，是一种目录服务软件，它实现了Internet Engineering Task Force（IETF）LDAP V3规格。这是一种开放的、跨平台的协议，用于访问和维护分布式目录信息服务，如网络用户和网络资源。

IBM Directory Server包括IBM在功能和效能领域中新增的加强功能。这些功能可能包括更高级的查询选项、更强大的安全性措施、更高效的数据复制和同步机制等。

IBM Directory Server允许存取以阶层式结构储存数据的数据库类型，类似于IBM i整合档案系统的组织方式。数据可以按照逻辑和物理的层次结构进行组织，从而提高数据检索的效率。

为了使分散式目录成为用户端应用程序的单一目录，提供了一或多个代理服务器，这些服务器互相备份。这样，无论数据实际存储在何处，用户都可以通过一个统一的接口进行访问。

IBM Directory Server通常用来作为用户和群组的储存库，可以存储用户的身份信息、权限设置、联系方式等。此外，Directory Server可以让系统将特定类型的数据发布至LDAP目录。也就是说，系统将建立并更新代表各种数据类型的LDAP项目。

3. Novell Directory Services

最初 Novell Directory Services（NDS）是 NetWare 操作系统的一个组成部分，是一种开创性的网络目录服务，用于管理网络资源。这些资源包括用户账户、服务器和外设等。这些信息可以用于各种目的，如身份认证、权限管理、资源定位等。

NDS 最初被称为 NetWare Directory Services，是 Novell 的 NetWare 4 的基石。它引入了分布式网络目录服务的概念，这是一种新的方式来管理和访问网络资源。与传统的集中式目录服务相比，分布式目录服务可以更有效地处理大规模网络环境中的资源管理问题。NDS 的设计允许以分层的方式组织网络资源，使资源的查找和访问变得更加高效。

NDS 是与每个 NetWare 4.x 系统一起在设置期间安装的。它提供了一个用于控制访问 NetWare 服务器资源的用户和组信息的存储库。网络管理员可以在一个地方管理所有的用户账户和权限，而不需要在每个单独的服务器或应用上进行配置。这大大简化了网络管理的复杂性，并提高了效率。

NetWare Enterprise Web Server 提供了一种原生的 NDS 集成模式，允许访问 Web 资源。这意味着 Web 应用可以直接利用 NDS 中的用户和组信息，以实现身份认证和权限管理。使 Web 应用的开发和部署变得更加简单和高效。

4. Microsoft Active Directory

Microsoft Active Directory（AD）是一种目录服务或身份提供程序（IdP），1999 年首次推出的 AD，和 Windows 2000 Server 版本一同发布。AD 主要是为了帮助管理员将用户连接基于 Windows 的 IT 资源，同时管理和保护基于 Windows 的业务系统和应用。这些资源包括文件、打印机、人员，以及各种服务。AD 提供了一种集中化的方式来管理这些资源，使得管理员可以在一个地方进行管理，而不需要在每个单独的设备或应用上进行配置。

AD 是一个数据库和一组服务，可将用户与其完成工作所需的网络资源关联起来。该数据库（或目录）包含有关环境的重要信息，包括存在的用户和计算机以及允许谁执行什么操作。

AD 域服务提供用于存储目录数据并使此数据可供网络用户和管理员使用的方法。例如，AD 域服务存储有关用户账户的信息，如名称、密码、电话号码等，并使同一网络上的其他授权用户能够访问这些信息。

安全性通过登录身份认证以及对目录中对象的访问控制与 AD 集成。通过单一网络登录，管理员可以管理其整个网络中的目录数据和组织，获得授权的网络用户可以访问该网络上的任何资源。

5.2.3 MinIO 实现 LDAP 身份认证

登录 MinIO 控制台，单击左侧菜单栏中 Identity 选项下的 LDAP 子选项，进入 LDAP 管理页面，如图 5.1 所示。

在 LDAP 管理页面单击 Edit Configuration 按钮，进入 LDAP 配置页面，如图 5.2 所示。

用户需要在 LDAP 配置页面中填写关于 LDAP 节点的相关信息，对于各项配置的解释如下。

- Server Insecure：这是一个布尔值，用于指定是否接受无效或自签名的 SSL 证书。如果设置为 true，MinIO 将接受任何提供的证书并将其视为有效。

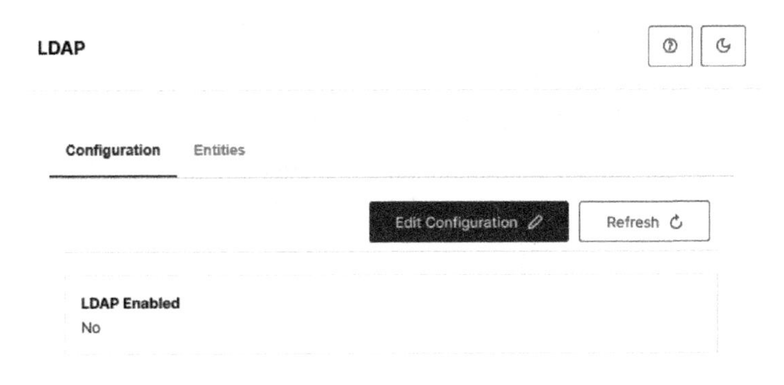

图 5.1　初始 LDAP 管理页面

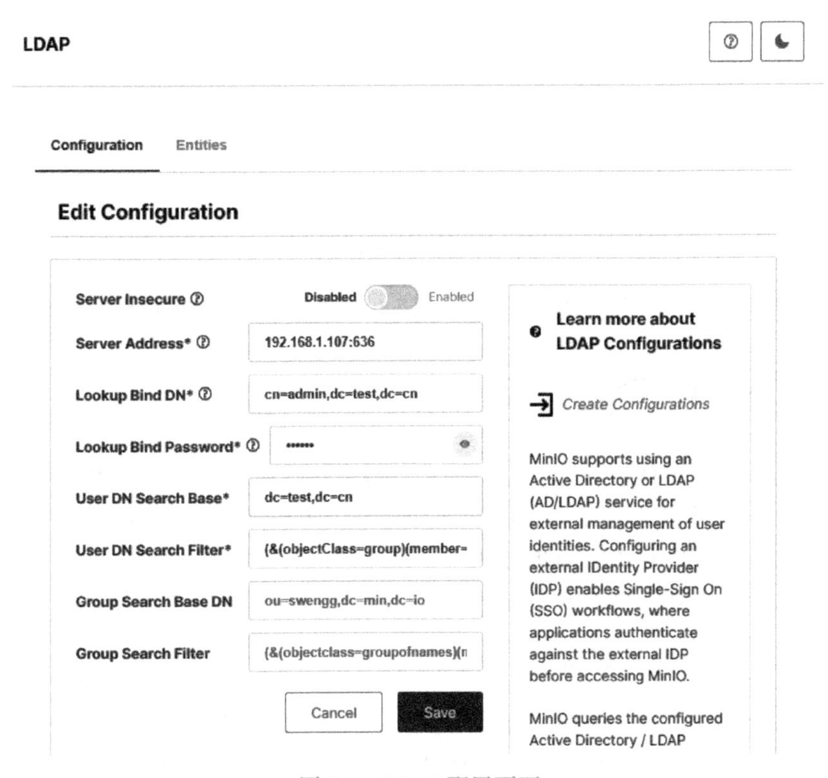

图 5.2　LDAP 配置页面

- Server Address：LDAP 服务器的地址，包括端口号（默认为 389 或 636）。
- Lookup Bind DN：用于在 LDAP 服务器上执行搜索的绑定 DN（Distinguished Name）。这通常是一个服务账户，具有读取 LDAP 目录的权限。
- Lookup Bind Password：用于绑定到 LDAP 服务器的密码，与 Lookup Bind DN 对应。
- User DN Search Base：开始搜索用户的 DN 的基础。例如，如果用户都在 ou=users，dc=example，dc=com 下，那么这就是该用户的搜索基础。
- User DN Search Filter：这是一个表达式，用于在 User DN Search Base 中查找用户。例如，如果想要查找用户 ID 为 john 的用户，可以将表达式写为 uid=john。LDAP 服务器会返回用户 ID 为 john 的用户信息。

- Group Search Base DN：开始搜索用户组的 DN 的基础。
- Group Search Filter：用于在 Group Search Base DN 中查找用户组。

LDAP 配置完成后，单击右下角的 Save 按钮即可完成创建。此时，页面会弹出提示栏，提示用户需要重启 MinIO。单击提示栏中的 Restart 按钮，重启 MinIO 服务，如图 5.3 所示。

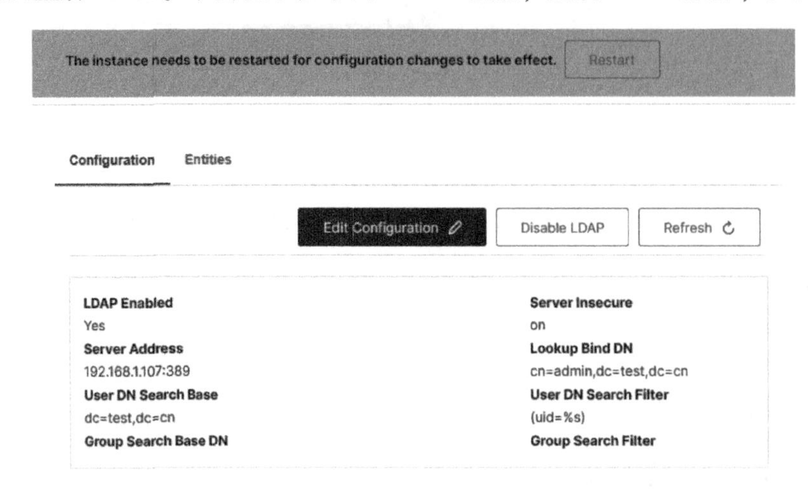

图 5.3　单击 Restart 按钮

MinIO 重启之后，用户可在登录页面中使用 LDAP 生成的 TST 密钥进行登录。

5.3 OpenID 身份认证

在网络世界中，身份认证是一项基本需求。每个网站和应用都需要用户创建一个账户并设置密码。然而，这种方式存在一些问题。首先，用户需要记住大量的用户名和密码。其次，每个账户都有被黑客攻击和盗取的风险。因此，人们开始寻找一种可以让用户使用一个全球通用的身份来登录所有网站和应用的方法。于是，OpenID 应运而生。

5.3.1 OpenID 身份认证简介

OpenID 是一个开放标准，它允许用户使用一个单一的、全球通用的身份来登录各种各样的网站，而不用为每个网站创建一个新的账户。这意味着，用户只需要记住一个用户名和密码，就可以访问所有支持 OpenID 的网站。

OpenID 的工作原理是，用户在一个 OpenID 提供商（例如 Google、Microsoft）注册一个账户，然后可以使用这个账户的 OpenID（通常是一个 URL）在任何支持 OpenID 的网站上登录。这个 OpenID 提供商负责验证用户的身份，然后向请求验证的网站提供这个信息。这样，用户就不需要在每个网站上输入他们的用户名和密码，而只需要在 OpenID 提供商那里输入一次。

OpenID 的主要优点是可以减轻用户的记忆负担，因为他们只需要记住一个 OpenID，就可以登录所有的网站。此外，由于用户的密码只存储在 OpenID 提供商那里，而不是在每个网站上，所以 OpenID 也可以提高安全性。这是因为，即使一个网站的安全性被破坏，攻击者也无法获取到用户的密码。

然而，OpenID 也有一些缺点。例如，如果 OpenID 提供商的服务中断，那么用户可能无法登录使用他们的 OpenID 的网站。这是因为，所有的身份认证都需要通过 OpenID 提供商来完成，如果 OpenID 提供商的服务不可用，那么身份认证就无法进行。此外，尽管 OpenID 被设计为一个开放的标准，但并非所有的网站都支持 OpenID。这意味着，用户可能仍然需要在一些网站上创建一个新的账户。

5.3.2 MinIO 实现 OpenID 身份认证

OpenID 的提供商包括但不限于 AWS、阿里云、腾讯云等。用户可以在 OpenID 提供商，如阿里云网站获取 OpenID 服务，并注册需要使用 OpenID 的应用。在 MinIO 控制台，单击 Identity选项下的 OpenID 子选项，进入 OpenID 管理页面，如图 5.4 所示。

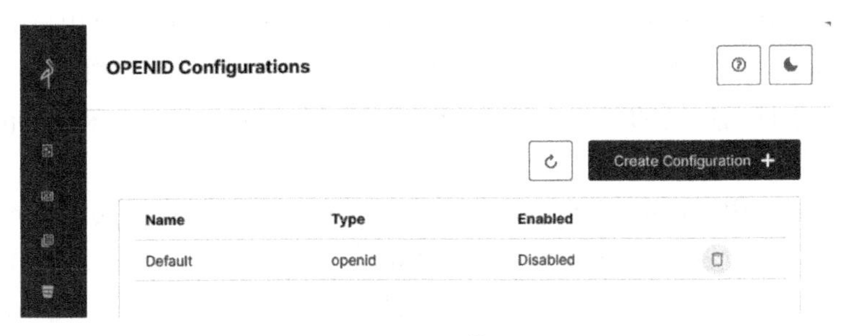

图 5.4　OpenID 管理页面

在 OpenID 管理页面中单击 Create Configuration 按钮，进入 OpenID 创建页面，如图 5.5 所示。

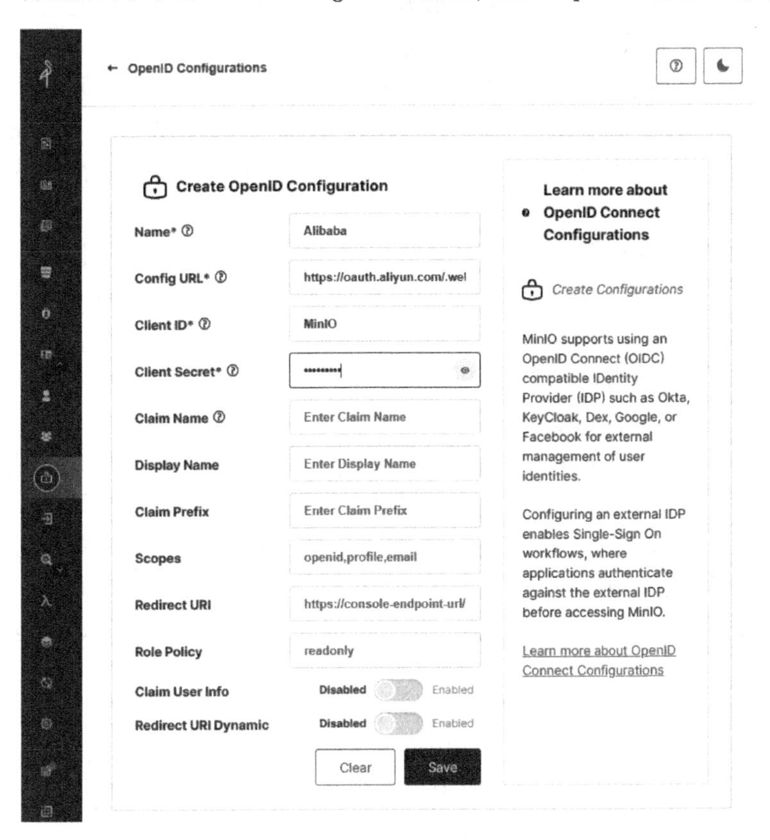

图 5.5　OpenID 创建页面

在 MinIO 的 OpenID 配置中选项的含义与作用如下。

- Name：这是 OpenID 提供商的名称，用于在 MinIO 控制台中显示。该名称可以帮助用户识别他们正在使用的 OpenID 提供商。
- Config URL：这是 OpenID 提供商的配置 URL，通常是一个指向提供商的.well-known/openid-configuration 路径的 URL。这个 URL 包含了 OpenID 提供商的所有配置信息，包括授权端点、令牌端点、用户信息端点等。MinIO 会使用这个 URL 来获取和设置 OpenID 的相关配置。
- Client ID：这是在 OpenID 提供商那里注册应用时获得的唯一公开标识符。每个使用 OpenID 的应用都需要有一个 Client ID，以便 OpenID 提供商可以识别这个应用。MinIO 会使用这个 Client ID 来向 OpenID 提供商证明它有权请求用户的身份信息。
- Client Secret：这是在 OpenID 提供商那里注册应用时获得的秘钥。这个秘钥是应用的凭证，用于证明应用的身份。MinIO 会使用这个 Client Secret 来向 OpenID 提供商证明它是合法的应用。
- Claim Name：用于指定 JWT（JSON Web Token）中的特定声明，该声明应包含策略名称。如果未设置，则 MinIO 将使用默认的 policy 声明。如果 JWT 中包含一个名为 policy 的声明，那么这个声明的值将被用作用户的策略名称。这个策略名称将决定用户可以访问哪些资源，以及他们可以执行哪些操作。
- Display Name：用于指定在 MinIO 控制台中显示的 OpenID 提供商的名称。如果未设置，则 MinIO 将使用默认的 OpenID 作为显示名称。这个显示名称将在 MinIO 控制台的登录页面上显示，以指示用户应该使用哪个 OpenID 提供商进行身份认证。
- Claim Prefix：用于指定添加到 JWT 声明名称前的前缀，用于避免声明名称的冲突。
- Scopes：用于指定在身份认证请求中请求的范围，默认的范围是 openid，可以添加其他的范围，如 profile email 等。这些范围将决定 OpenID 提供商在身份认证过程中会返回哪些信息。
- Redirect URI：用于指定在身份认证流程中，OpenID 提供商将用户重定向回的 URL。这个 URL 应该指向 MinIO 服务器或负载均衡器，用于接收 OpenID 提供商返回的身份认证响应。
- Role Policy：用于指定一个逗号分隔的策略名称列表，这些策略将用于所有身份认证请求的 RoleArn。指定的策略必须已经存在于 MinIO 服务器上。
- Claim User Info：用于指定是否需要从 OpenID 提供商获取用户信息。如果开启，MinIO 将在用户登录时，向 OpenID 提供商发送一个额外的 API 请求，以获取用户的详细信息。这些信息通常包括用户的姓名、电子邮件地址、头像 URL 等，用于个性化用户的体验，例如，显示用户的姓名和头像在用户界面上。此外，这些信息也可以用于做进一步的访问控制决策，例如，只允许具有特定电子邮件地址的用户访问某些资源。
- Redirect URI Dynamic：用于指定是否允许动态重定向 URL。如果开启，MinIO 将允许 OpenID 提供商在身份认证流程中，将用户重定向到不同的 URL。这可以用于支持更复杂的身份认证场景，例如多因素身份认证。在多因素身份认证中，用户可能需要完成多个步骤才能验证他们的身份。

OpenID 配置完成后，单击页面右下角的 Save 按钮即可完成创建，如图 5.6 所示。

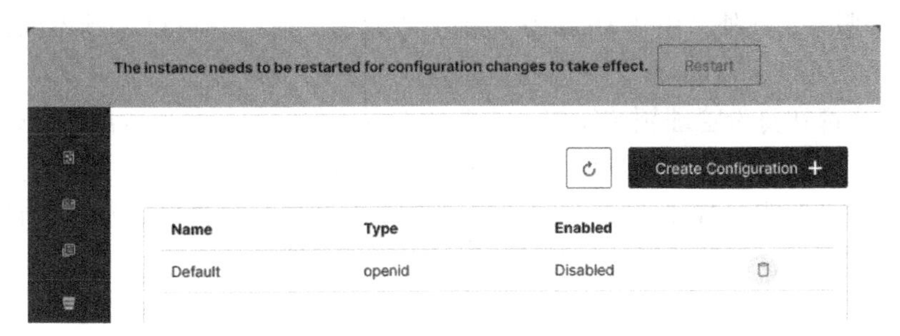

图 5.6　完成创建

由图 5.6 可知，OpenID 创建完成后，页面会弹出重启程序的提示栏。单击重启提示栏中的 Restart 按钮，重启 MinIO 程序。如果页面响应时间太长，那么需要用户手动刷新浏览器页面。MinIO 重启之后，用户可以在登录页面使用 OpenID 进行登录，如图 5.7 所示。

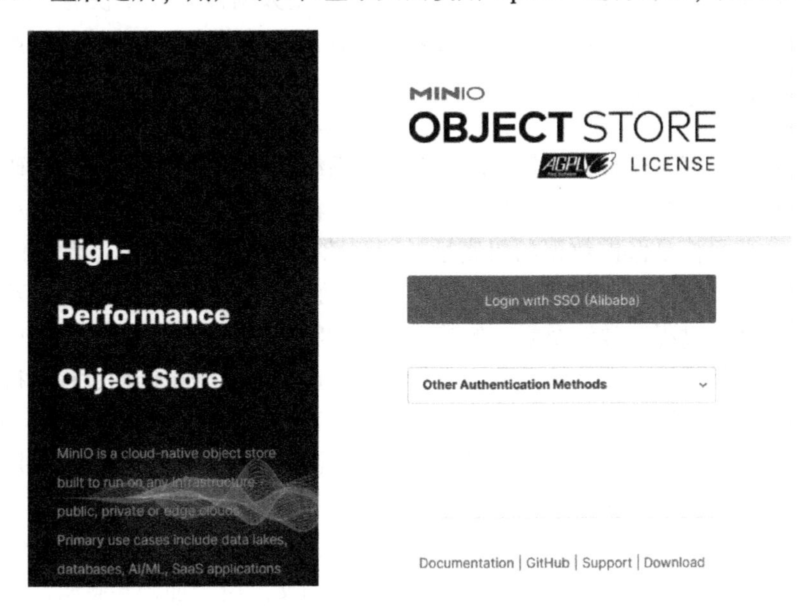

图 5.7　MinIO 登录页面

5.3.3 LDAP 与 OpenID 的区别

LDAP 和 OpenID 都是身份认证技术，但它们的应用场景和实现方式有所不同。

- LDAP 是一种集中式的身份认证解决方案，通常用于企业内部的用户管理和身份认证。LDAP 提供了一个集中的方式来存储和管理用户的信息，这些信息可以包括用户名、密码、电子邮件地址、电话号码等。LDAP 还可以存储关于组和组成员的信息，例如组的名称、组的成员、组的权限等。这种集中式的管理方式可以简化用户管理和身份认证的过程，使得管理员可以在一个地方管理所有的用户和组信息。
- OpenID 则是一种去中心化的身份认证解决方案，主要用于 Web 服务。OpenID 允许用户使用单一身份登录多个服务，而不用重新输入用户名和密码，这被称为单点登录。这种方式可以提高用户的便利性和安全性，用户只需要记住一个凭证就可以访问多个服务。此外，由于 OpenID 是去中心化的，所以它可以跨越不同的域和应用，使得用户可以在 Web 上使用同一个身份。

这两种技术都在身份管理领域发挥了重要的作用，但它们的使用取决于具体的需求和环境。例如，对于需要集中管理用户信息的企业环境，LDAP 可能是一个更好的选择。而对于需要提供单点登录功能的 Web 服务，OpenID 可能是一个更好的选择。总体来说，选择哪种技术取决于具体需求，以及希望如何管理和验证用户的身份。

5.4 Vault 数据加密

数据无处不在，无论是个人信息、公司的商业秘密，还是国家的机密，都以数据的形式存在。然而，随着对数据的依赖程度越来越高，数据的安全性也成为不能忽视的问题。因此，保护数据的重要性不言而喻。数据加密是一种防止数据被未经授权的人获取的重要手段，它通过将数据转化为另一种形式，使得只有拥有特定密钥的人才能访问原始数据。

5.4.1 数据加密简介

密码学是数据加密的核心，它是一门研究密码系统或通信安全的学科。密码学的主要目标是设计和分析用于保护信息的技术和系统。在计算机系统中，数据加密是一种关键的信息安全技术，其主要目标是保护数据的机密性。通过将易于理解的数据（明文）转换为复杂的、不易被未经授权的人理解的形式（密文），数据加密技术可以有效地防止数据泄露、篡改或滥用。这种转换过程通常涉及复杂的数学运算和特定的加密算法。数据加密的工作原理是对在云端和计算机系统之间传输的数据进行保护，以防止数据在传输过程中被截获。

数据加密主要有两种方法：对称加密和非对称加密。

1）对称加密使用一个对称密钥来加密明文和解密密文。这种方法的特点是加密和解密使用的是同一个密钥，因此被称为对称加密。在对称加密的过程中，信息的发送者和接收者都使用同一个密钥。发送者使用这个密钥将原始信息（明文）加密成密文，然后将密文发送给接收者。接收者再使用同一个密钥将密文解密成明文。由于加密和解密使用的是同一个密钥，因此，只要密钥保密，就可以保证信息的安全，如图 5.8 所示。

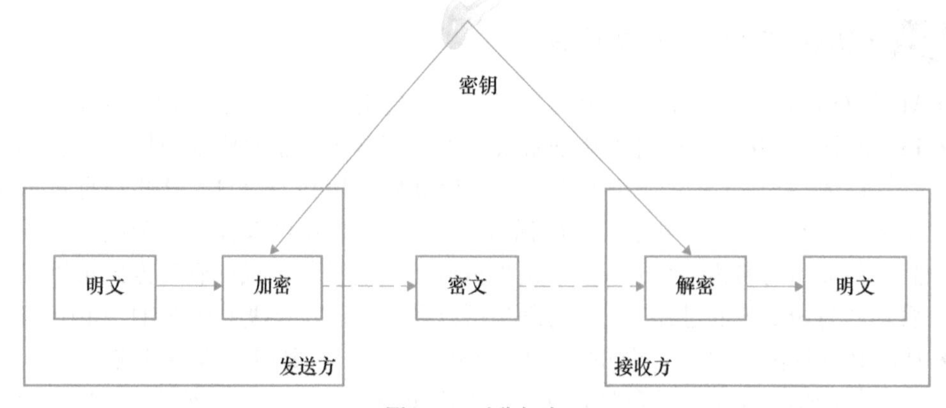

图 5.8 对称加密

对称加密的优点是加密和解密的速度快，适合于对大量数据进行加密。然而，它的缺点是密钥管理复杂。因为每一对通信双方都需要一个唯一的密钥，如果系统中有 n 个用户，那么就需要 $n(n-1)/2$ 个密钥。此外，密钥的传输也是一个问题，如何安全地将密钥传输给通信双方是对称加密需要解决的问题。

2）非对称加密也被称为公钥加密，是一种在信息安全领域广泛应用的加密方法。它的主要特点是使用两个单独但是数学上相关的加密密钥来进行数据的加密和解密。这两个密钥通常被称为公钥和私钥。

公钥和私钥是一对，它们之间有着密切的数学关系。公钥是公开的，任何人都可以获取并使用它来加密信息。而私钥则是保密的，只有密钥的所有者才能使用它来解密通过对应公钥加密的信息。

在非对称加密的过程中，信息的发送者会使用接收者的公钥来加密信息，然后将加密后的信息发送给接收者。由于只有接收者拥有与公钥匹配的私钥，因此也只有接收者才能够解密这个信息。这样，即使信息在传输过程中被截获，攻击者也无法解密信息，因为他们没有接收者的私钥，如图 5.9 所示。

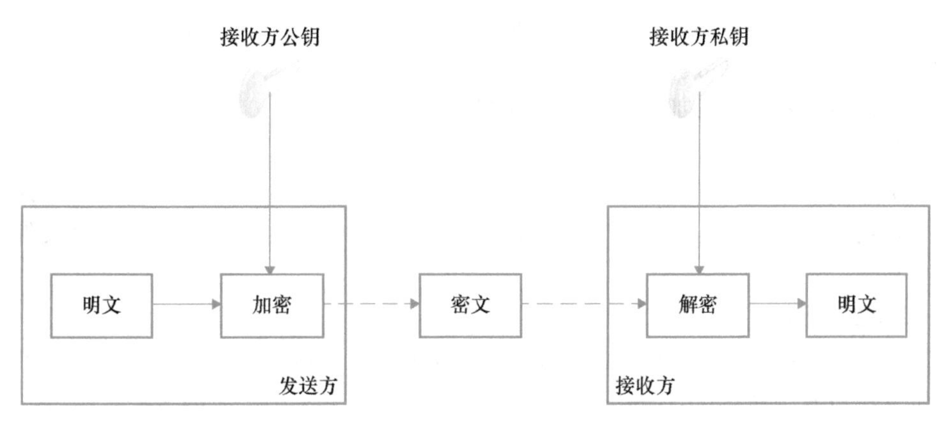

图 5.9　非对称加密

非对称加密的这种特性使得它在保护信息安全、实现数据的机密性和完整性以及验证信息来源（数字签名）等方面都有着广泛的应用。总体来说，非对称加密是现代信息安全的重要组成部分，它通过公钥和私钥的机制，有效地保护了数据的安全和隐私。

随着越来越多的企业转向混合和多云环境，公有云安全以及在不同复杂环境中的数据保护问题成为人们关注的焦点。在这种情况下，数据加密和加密密钥管理在企业内部起到了重要的作用，它们有助于保护本地和云上的数据，防止数据泄露。

5.4.2 数据加密相关产品

1. 云厂商提供的加密产品

在我国，许多云服务提供商都提供了各种加密产品，以满足不同的数据安全需求。这些产品可以帮助企业保护其在云上的数据，防止数据泄露、篡改或滥用。以下是一些主要的云厂商和其加密产品。

（1）腾讯云

腾讯云提供了名为“云加密机”的服务。这是一种基于国密局认证的物理加密机，利用虚拟化技术，提供弹性、高可用、高性能的数据加解密、密钥管理等云上数据安全服务。它支持多种加密算法，包括对称加密算法（如 SM1、SM4、DES、AES）和非对称加密算法（如 SM2、RSA、ECC），能够满足企业大部分需求。

（2）阿里云

阿里云提供了名为“密钥管理服务”的产品。这是一种安全的、易用的密钥管理服务，可以用来创建、控制、使用和删除密钥。它支持多种加密算法，并提供了严格的访问控制和审计功能。企业可以使用密钥管理服务来管理其在阿里云上的所有密钥，同时确保只有被授权的用户才能访问这些密钥。

（3）华为云

华为云提供了名为“密钥管理服务”的产品。这是一种集中管理密钥的服务，可以用来创建、管理和使用密钥。它支持多种加密算法，并提供了严格的访问控制和审计功能。

2. 商业化加密产品

许多公司提供了各种商业化的加密产品，以满足不同的数据安全需求。这些产品可以帮助企业保护其在云上的数据，防止数据泄露、篡改或滥用，例如卫士通、三未信安、江南天安、渔翁信息、兴唐通信等。

此外，还有一些特定的加密产品，具体如下。

（1）智块加密

智块加密是一种可以加密分享文件的产品，它在指定期限内允许用户阅读加密的文件。智块加密不仅支持 Windows 计算机，还支持手机、平板，甚至连小程序都能实现文件统一加解密和授权。

（2）CFCA 证书

CFCA 证书是中国金融认证中心推出的 SSL 证书产品，这是一种纯国产 SSL 证书，支持国际标准算法以及国密算法（SM2/SM3），可以满足信息安全国产化的需求。

3. OpenKMIP

OpenKMIP（开放密钥管理互操作性协议）是一种开源的密钥管理系统，它提供了一种统一的框架，可以帮助用户轻松管理各种安全要素，包括密钥、加密算法和证书等。OpenKMIP 是由 OASIS（组织结构标准化信息社团）制定的通信标准，这个标准定义了如何在密钥管理系统中存储和维护对象。

OpenKMIP 定义了一系列的操作和操作数据的编码和通信方法，这些操作包括创建、检索和销毁密钥等。此外，OpenKMIP 还支持多种密钥类型，包括对称密钥、非对称密钥、证书和数据密钥等。同时，OpenKMIP 还提供了完善的密钥生命周期管理、密钥权限管理和密钥审计等功能。这些功能可以帮助用户更好地管理其密钥，从而提高数据的安全性。

4. HashiCorp Vault

HashiCorp Vault（简称 Vault）是一种专门用于管理和保护敏感数据的工具。它提供了一个统一的界面，使得用户可以在一个地方管理所有的秘钥，如 API 密钥、密码、证书等。Vault 不仅提供了严格的访问控制，确保只有被授权的用户才能访问这些数据，而且还记录详细的审计日志，使得管理员可以追踪谁在何时访问了哪些数据。

Vault 的 Key Management Secrets Engine 是一种特殊的功能，它提供了一种在各种密钥管理服务（Key Management Service，KMS）提供商中分发和生命周期管理加密密钥的一致性工作流。企业可以在 Vault 中生成和管理密钥，然后将这些密钥分发到各种 KMS 提供商中。这样，企业就可以在 Vault 中保持对其密钥的集中控制，同时仍然利用 KMS 提供商本身的加密能力。

在这个系统中，Vault 首先生成并拥有密钥材料的原始副本。当操作员决定在支持的 KMS 提供商中分发并管理密钥的生命周期时，密钥材料的副本会被分发。这为在 KMS 提供商中的密钥完整生命周期提供了额外的持久性和灾难恢复手段。也就是说，即使在 KMS 提供商中的密钥丢失或损坏，也可以从 Vault 中的原始副本中恢复。

5.4.3 MinIO 与 Vault 实现数据加密

MinIO 与 Vault 配合使用可以实现高效且安全的数据存储和管理。MinIO 是可以用于存储各种类型的数据，而 Vault 提供了加密和密钥管理服务。MinIO 与 Vault 配合使用可以提供一种强大的数据存储和管理解决方案，帮助企业更好地保护其数据，同时利用 Vault 的加密能力，从而实现对敏感数据的全面保护。这种解决方案适用于各种环境，包括本地环境、云环境和混合环境。具体选择哪种产品，取决于企业的具体需求和环境。

若要将 MinIO 与 Vault 结合起来，就必须有 KES 的支持。KES 提供了一种在各种环境中安全管理和控制加密密钥的方法，无论是在本地环境，还是在云环境，或者是在混合环境中，它都可以提供一致的密钥管理体验。

KES 使用 TLS（传输层安全协议）来保护与客户端和后端的通信，确保数据的安全传输。为了进一步增强安全性，KES 还提供了强大的访问控制机制，只允许被授权的用户访问密钥。此外，KES 的灵活性表现在它可以与各种密钥存储后端集成，包括但不限于 HashiCorp Vault、AWS KMS（Key Management Service）以及 Google Cloud KMS 等。为了方便开发者在应用程序中集成密钥管理功能，KES 提供了简单易用的 API。

登录 Linux 节点，此处以 Ubuntu 为例，安装 MinIO 服务端，示例代码如下。

```
[root@minio1 ~]#wget https://dl.minio.org.cn/server/minio/release/linux-amd64/archive/minio_20221126224332.0.0_amd64.deb -O minio.deb
[root@minio1 ~]# dpkg -i minio.deb
```

安装 MinIO 客户端，示例代码如下。

```
[root@minio1 ~]# wget https://dl.minio.org.cn/client/mc/release/linux-amd64/mc
[root@minio1 ~]# chmod +x mc
[root@minio1 ~]# mv mc /usr/local/bin/mc
```

MinIO 安装完成后，暂时不需要启动服务。

创建用于添加证书的目录，示例代码如下。

```
[root@minio1 ~]# mkdir -p /opt/kes/certs
[root@minio1 ~]# mkdir -p /opt/kes/config
[root@minio1 ~]# mkdir -p /opt/minio/certs
[root@minio1 ~]# mkdir -p /opt/minio/config
[root@minio1 ~]# mkdir -p ~/minio
```

从 MinIO KES 存储库获取 KES 二进制文件，示例代码如下。

```
[root@minio1 ~]#wget https://github.com/minio/kes/releases/download/v0.22.1/kes-linux-amd64
```

将 KES 二进制文件移动至可执行文件的位置，并赋予其执行权限，示例代码如下。

```
[root@minio1 ~]#chmod +x kes-linux-amd64
[root@minio1 ~]#mv kes-linux-amd64 /usr/local/bin/kes
```

KES 二进制文件配置完成后，可通过执行 kes 命令验证其可用性，示例代码如下。

```
[root@minio1 ~]#kes --version
```

需要注意的是，Vault 必须解封并处于运行状态时，KES 才能与其通信。开启 tmux 会话，用于执行 Vault 相关命令，示例代码如下。

```
[root@minio1 ~]# apt install tmux
[root@minio1 ~]#tmux new -s vault
```

安装用于解封 Vault 的 GPG 工具，示例代码如下。

```
[root@minio1 ~]#apt update && apt install gpg
```

获取 Hashicorp apt 存储库密钥，示例代码如下。

```
[root@minio1 ~]#wget -O- https://apt.releases.hashicorp.com/gpg |gpg --dearmor |sudo tee /usr/
share/keyrings/hashicorp-archive-keyring.gpg >/dev/null
```

验证秘钥，示例代码如下。

```
[root@minio1 ~]#gpg --no-default-keyring --keyring /usr/share/keyrings/hashicorp-archive-key-
ring.gpg --fingerprint
```

添加 Hashicorp apt 存储库，示例代码如下。

```
[root@minio1 ~]#echo "deb [signed-by=/usr/share/keyrings/hashicorp-archive-keyring.gpg] ht-
tps://apt.releases.hashicorp.com $(lsb_release -cs) main" |sudo tee /etc/apt/sources.list.d/
hashicorp.list
```

安装 Vault，示例代码如下。

```
[root@minio1 ~]#apt update && apt install vault
```

启动 Vault 服务，示例代码如下。

```
[root@minio1 ~]#vault server -dev
```

Vault 启动之后，终端会返回 Vault 的相关信息，用户需要记录其地址与秘钥，示例代码如下。

```
$ export VAULT_ADDR='http://127.0.0.1:8200'

[TRUNCATED]

Root Token:hvs.rCFo4tdgIdiq5NTRo6VzbBGz
```

按下〈Ctrl+B〉组合键，然后按下 D 键退出 tmux 会话。

配置 Vault 关于地址与秘钥的环境变量，示例代码如下。

```
[root@minio1 ~]#export VAULT_ADDR='http://127.0.0.1:8200'

[root@minio1 ~]#export VAULT_TOKEN="hvs.rCFo4tdgIdiq5NTRjrVzbBGz"
```

在 kv 路径上启用一个 KV 存储引擎，用户可以在这个路径上存储、检索和删除键值对数据，示例代码如下。

```
[root@minio1 ~]#vault secrets enable -path=kv kv
```

在 Vault 中启用一个新的认证方法，示例代码如下。

```
[root@minio1 ~]#vault auth enable approle
```

上述命令启用了一个 AppRole 类型的认证方法。AppRole 是一种机器对机器的认证方式，它允许机器或应用程序使用预先定义的角色获取 Vault 令牌。

创建用于定义 Vault 访问策略的文件，文件内容如下。

```
[root@minio1 ~]#cat kes-policy.hcl
path "kv/data/*" {
capabilities = [ "create", "read"]
}

path "kv/metadata/*" {
capabilities = [ "list", "delete"]
}
```

上述文件内容表示，允许更新、创建与读取 kv/data/* 路径下的所有秘钥，允许列出与删除 kv/metadata/* 路径下的所有秘钥。

应用上述文件中的策略，示例代码如下。

```
[root@minio1 ~]#vault policy write kes-policy kes-policy.hcl
```

创建名为 kes-role 的应用角色，并为其分配刚刚创建的策略，示例代码如下。

```
[root@minio1 ~]#vault write    auth/approle/role/kes-role token_num_uses=0 secret_id_num_
uses=0 period=5m
Success! Data written to: auth/approle/role/kes-role

[root@minio1 ~]#vault write    auth/approle/role/kes-role policies=kes-policy
Success! Data written to: auth/approle/role/kes-role
```

上述命令中，token_num_uses 指定了角色可生成 token 的次数，参数为 0，表示无数次；secret_id_num_uses 指定了角色可使用的 Secret ID 的次数，参数 0，同样表示无数次；period 指定了 token 的有效期，参数为 5m，表示 5 分钟。

为 KES 创建 TLS 证书，用于保护 KES 与 Vault 部署之间的通信，示例代码如下。

```
[root@minio1 ~]#kes identity new kes_server \
--key  /opt/kes/certs/kes-server.key   \
--cert /opt/kes/certs/kes-server.cert   \
--ip  "127.0.0.1"  \
--dns  localhost
```

为 MinIO 设置一个 TLS 证书，用于对 KES 执行 mTLS 身份认证，示例代码如下。

```
[root@minio1 ~]#kes identity new minio_server \
--key  /opt/minio/certs/minio-kes.key  \
--cert /opt/minio/certs/minio-kes.cert \
--ip  "127.0.0.1"  \
--dns  localhost
```

在/opt/kes/config/路径下，创建 kes-config.yaml 文件，用于配置 KES，文件内容如下。

```
address: 0.0.0.0:7373
#KES 服务器监听的地址和端口

admin:
#KES 服务器的管理员配置
  identity: disabled
  #管理员身份认证被禁用

tls:
#KES 服务器的 TLS 配置
  key:  /opt/kes/certs/kes-server.key
  #KES 服务器的私钥文件的路径
  cert: /opt/kes/certs/kes-server.cert
#KES 服务器的公钥证书文件的路径

policy:
#KES 服务器的策略配置
  minio:
  #一个名为 minio 的策略
    allow:
    #允许的操作列表
    - /v1/key/create/*
    - /v1/key/generate/*[root@minio1 ~]# e.g.'/minio-'
    - /v1/key/decrypt/*
    identities:
    #允许使用此策略的身份列表
    - ece80acd9325d91316f1e428e020f912b7793526a7bffafb085b5f9ff316d044
 keystore:
 #KES 服务器的密钥存储配置
  vault:
  #Vault 相关的配置
    endpoint: http://localhost:8200
    #Vault 服务器的地址
    engine: "kv/"[root@minio1 ~]# Replace with the path to the K/V Engine
    #Vault 中的 K/V 存储引擎的路径
    version: "v2"[root@minio1 ~]# Specify v1 or v2 depending on the version of the K/V Engine
    #K/V 存储引擎的版本
    approle:
    #AppRole 的配置
      id: "24cfd7c4-45ee-e6a5-a34a-0d48935d90e8"
      #AppRole 的 ID
```

```
    secret: "24cfd7c4-45ee-e6a5-a34a-0d48935d90e8"
    #AppRole 的 Secret ID
    retry: 15s
    #在连接失败时的重试间隔
  status:
  #Vault 的状态配置
    ping: 10s
    #检查 Vault 状态的间隔
```

上述文件中，用户需要重点关注 identities、approle 下的 id 与 secret 选项。通过 kes 命令获取 identities 参数，示例代码如下。

```
[root@minio1 ~]#kes identity of /opt/minio/certs/minio-kes.cert

  Identity:  ece80acd9325d91316f1e428e020f912b7793526a7bffafb085b5f9ff316d044
```

通过 Vault 命令获取 approle 参数，示例代码如下。

```
[root@minio1 ~]#vault read  auth/approle/role/kes-role/role-id
Key        Value
---        -----
role_id    24cfd7c4-45ee-e6a5-a34a-0d48935d90e8
[root@minio1 ~]#vault write -f auth/approle/role/kes-role/secret-id
Key                  Value
---                  -----
secret_id            483d6af2-51a5-cf4e-0552-fe3fb04e03f3
secret_id_accessor   33634aa3-14d4-b5e2-15fa-77ea8e37dd86
secret_id_num_uses   0
secret_id_ttl        0s
```

在/opt/minio/config/路径下创建 minio 文件，用于配置 MinIO 与 KES 的交互，文件内容如下。

```
MINIO_KMS_KES_ENDPOINT=https://localhost:7373
#KES 服务器的地址和端口
MINIO_KMS_KES_CERT_FILE=/opt/minio/certs/minio-kes.cert
#MinIO 用于 TLS 连接的公钥证书文件的路径
MINIO_KMS_KES_KEY_FILE=/opt/minio/certs/minio-kes.key
#MinIO 用于 TLS 连接的私钥文件的路径
MINIO_KMS_KES_CAPATH=/opt/kes/certs/kes-server.cert
#KES 服务器的公钥证书文件的路径,MinIO 会使用这个证书来验证 KES 服务器的身份
MINIO_KMS_KES_KEY_NAME=minio-backend-default-key
#MinIO 在 KES 中使用的默认密钥的名称
```

开启新的 tmux 会话，并在会话中通过 kes-config. yaml 文件配置启动 KES 服务，示例代码如下。

```
[root@minio1 ~]#tmux new -s kes
[root@minio1 ~]#setcap cap_ipc_lock=+ep $(readlink -f $(which kes))

[root@minio1 ~]#kes server --auth=off --config=/opt/kes/config/kes-config.yaml
```

KES 服务启动后，退出 tmux 会话。再开启一个新的 tmux 会话，并在会话中通过/opt/

minio/config/minio 文件配置启动 MinIO 服务，示例代码如下。

```
[root@minio1 ~]#tmux new -s minio
[root@minio1 ~]#export MINIO_CONFIG_ENV_FILE=/opt/minio/config/minio
[root@minio1 ~]#minio server ~/minio --console-address :9001
```

MinIO 服务启动后，退出 tmux 会话。至此，MinIO、KES 与 Vault 已经整合部署完成。

用户可通过命令测试部署成果，例如生成新的想加密存储桶秘钥，示例代码如下。

```
[root@minio1 ~]# export KES_SERVER=https://127.0.0.1:7373
[root@minio1 ~]# export KES_CLIENT_KEY=/opt/minio/certs/minio-kes.key
[root@minio1 ~]# export KES_CLIENT_CERT=/opt/minio/certs/minio-kes.cert
[root@minio1 ~]#kes key create -k encrypted-bucket-key
```

在 MinIO 中创建一个存储桶，并默认为添加到存储桶中的每个对象启用自动加密，示例代码如下。

```
[root@minio1 ~]#mc alias set local http://127.0.0.1:9000 minioadmin minioadmin
mc: Configuration written to '/root/.mc/config.json'.Please update your access credentials.
mc: Successfully created '/root/.mc/share'.
mc: Initialized share uploads '/root/.mc/share/uploads.json' file.
mc: Initialized share downloads '/root/.mc/share/downloads.json' file.
Added 'local' successfully.
[root@minio1 ~]#mc mb local/encryptedbucket
Bucket created successfully 'local/encryptedbucket'.
mc encrypt set SSE-KMS encrypted-bucket-key local/encryptedbucket
Auto encryption configuration has been set successfully for local/encryptedbucket
```

将对象添加到存储桶，示例代码如下。

```
[root@minio1 ~]#touch file.txt
[root@minio1 ~]#mc cp file.txt local/encryptedbucket/file.txt
```

验证刚刚添加的对象是否已加密，示例代码如下。

```
[root@minio1 ~]#mc stat local/encryptedbucket/file.txt
Name       : file.txt
Date       : 2024-03-06 12:02:59 CST
Size       : 0 B
ETag       : 4e3c515817d674fee316a1537739937d
Type       : file
Encryption : SSE-KMS (arn:aws:kms:encrypted-bucket-key)
Metadata   :
  Content-Type: text/plain
```

在引擎中列出所有秘钥，示例代码如下。

```
[root@minio1 ~]# vault kv list kv/data
Keys
----
encrypted-bucket-key
minio-backend-default-key
```

如果验证操作的输出结果正确，那么表示 MinIO 与 Vault 已经整合部署成功。

5.5 TLS 协议

在网络通信中，安全性是至关重要的。为了保护数据的安全，需要一种机制来确保数据在传输过程中的机密性、完整性和可验证性。这就是 TLS（传输层安全协议）的作用。接下来将深入探讨 TLS 协议的工作原理，以及它在网络安全中的重要性。

5.5.1 TLS 协议的基本概念

TLS 是一种网络安全协议，设计用于保护在互联网上进行的通信交换。TLS 是早期用于保护网络通信的 SSL（安全套接字层）协议的后续版本。TLS 的作用主要体现在其能够在不安全的网络环境中，提供一种机制来保护数据的机密性和完整性。TLS 协议广泛应用于 Web 服务器和 Web 浏览器之间的通信，包括但不限于 Web 页面浏览、电子邮件传输、文件传输以及即时通信等。通过使用 TLS 协议，数据在传输过程中将被加密，从而防止被窃取或篡改。

1. TLS 与 SSL 协议

TLS 和 SSL 都是为了保护在互联网上进行的通信交换而设计的网络安全协议。通过使用 SSL 或 TLS，可以防止数据在传输过程中被窃取或篡改，从而保护通信的隐私性和完整性。

- SSL 是由网景公司（Netscape）在 1990 年代中期最初开发的，目的是为了解决 HTTP 在传输数据时使用的明文不安全的问题。SSL 是基于 HTTP 之下 TCP 之上的一个协议层，它在 TCP 层和应用层之间提供了一个安全层。这个安全层使用加密技术来保护数据的机密性，并使用消息完整性检查来保护数据的完整性。尽管 SSL 有 1.0、2.0、3.0 三个版本，但由于早期版本存在一些安全问题，现在基本只使用 3.0 版本。
- TLS 由互联网工程任务组（IETF）制定。当 SSL 更新到 3.0 时，IETF 对 SSL 3.0 进行了标准化，并添加了少数新的特性，标准化后的协议被更名为 TLS 1.0。因此，可以说，TLS 就是 SSL 的新版本，也可以看作是 SSL 的升级版。

SSL 和 TLS 的主要区别在于它们所支持的加密算法不同，以及一些协议细节的改进。例如，TLS 增加了许多新的报警代码，如解密失败、记录溢出、未知 CA、拒绝访问等，这些报警代码可以帮助应用程序更好地理解和处理错误情况。此外，TLS 使用了更安全的消息认证方法 HMAC，以及增强的伪随机函数 PRF，这些改进提高了 TLS 的安全性。

2. TLS 工作原理

TLS 握手（两台计算机之间的通信协议交换过程）是一个复杂的过程，它在客户端和服务器之间建立一个安全连接，以保护他们之间的通信。TLS 握手过程的详细步骤如下。

1）ClientHello：握手过程开始于客户端向服务器发送一个 ClientHello 消息。这个消息包含了客户端支持的 TLS 版本，密码套件（一组加密、哈希和身份认证算法），以及一个随机生成的字符串，称为 ClientRandom。这个随机字符串在后续的步骤中将用于生成加密通信所需的会话密钥。

2）ServerHello：收到 ClientHello 消息后，服务器会选择一个客户端也支持的密码套件和 TLS 版本，然后向客户端发送一个 ServerHello 消息。这个消息中包含了一个服务器生成的随机字符串，称为 ServerRandom，它也将用于生成会话密钥。

3）证书验证：服务器会向客户端发送其数字证书。这个证书包含了服务器的公钥，以及一些其他信息，如证书的颁发者和有效期等。客户端会验证这个证书的有效性，包括检查证书的签名、验证证书链、检查证书的有效期，以及检查证书是否被撤销。

4）密钥交换：客户端会生成一个预主密钥（Pre-MasterSecret），然后使用服务器证书中的公钥将其加密，再将其发送给服务器。服务器收到加密的预主密钥后，会使用其私钥将其解密，从而得到预主密钥。

5）会话密钥生成：一旦预主密钥被协商出来，客户端和服务器就会使用 ClientRandom，ServerRandom 和 Pre-MasterSecret 通过相同的算法生成相同的会话密钥。这个会话密钥将用于加密和解密它们之间的通信。

6）握手结束：客户端和服务器会互相发送一个加密的 Finished 消息，表示握手过程结束。这个消息是整个握手过程中的第一个使用会话密钥加密的消息，它的目的是验证握手过程中的所有步骤都已经成功完成。

完成以上步骤后，客户端和服务器之间的通信就会使用协商出的会话密钥进行加密，从而确保通信的安全性。这个过程涉及许多复杂的密码学技术，包括非对称加密、对称加密、哈希函数，以及数字签名等。

3. TLS 证书的作用

传输层安全（TLS）证书是一种特殊类型的数字证书，它在网络通信中起到加密的作用，以保护信息的安全和完整性。TLS 证书基于非对称密码学的原理，这意味着每个证书持有人都有一对密钥：公钥和私钥。这两把密钥可以互为加解密，即使用公钥加密的信息，只能用对应的私钥解密，反之亦然。

- 公钥证书是一个包含公钥和一些其他信息的文件。这些其他信息包括证书持有人的名称、证书的有效期、证书的颁发者等。证书由证书颁发机构（CA）签名，以证明公钥确实属于证书中声明的持有人。公钥是公开的，可以被任何人使用来加密信息或验证签名。这意味着，任何人都可以使用公钥来加密信息，但只有持有对应私钥的人才能解密这些信息。
- 私钥是证书持有人自己特有的，必须妥善保管和注意保密，用于解密用公钥加密的信息，或生成数字签名以证明信息的来源和完整性。

5.5.2 TLS 在 MinIO 中的应用

要实现 TLS 的配置，就需要在 MinIO 的所有节点都配置证书，并且运行 MinIO 的用户可以读取证书。

使用 OpenSSL 工具生成私钥，示例代码如下。

```
openssl genrsa -out private.key 2048
```

生成自签名证书，示例代码如下。

```
openssl req -new -x509 -days 3650 -key private.key -out public.crt -subj "/C=CN/ST=chengdu/L=sichuan/O=hxstrive/CN=minio.com"
```

MinIO 的密钥都存储在 ${HOME}/.minio/certs 路径下，所以需要将公钥与私钥移动至 .minio/certs/路径下，MinIO 会自动收集各个节点中的密钥与证书，以启动 TLS，示例代码如下。

```
#将 private.key 拷贝到 .minio/certs 目录
[root@S1 ~]# mv private.key .minio/certs
#将 public.crt 拷贝到 .minio/certs 目录
[root@S1 ~]# mv public.crt .minio/certs
```

证书配置完成后，启动 MinIO 服务，示例代码如下。

```
MINIO_ROOT_USER=minio MINIO_ROOT_PASSWORD=12345678 minio server /mnt/data --console-address
":9001"
```

用户可通过浏览器访问 MinIO 查看证书配置结果，如图 5.10 所示。

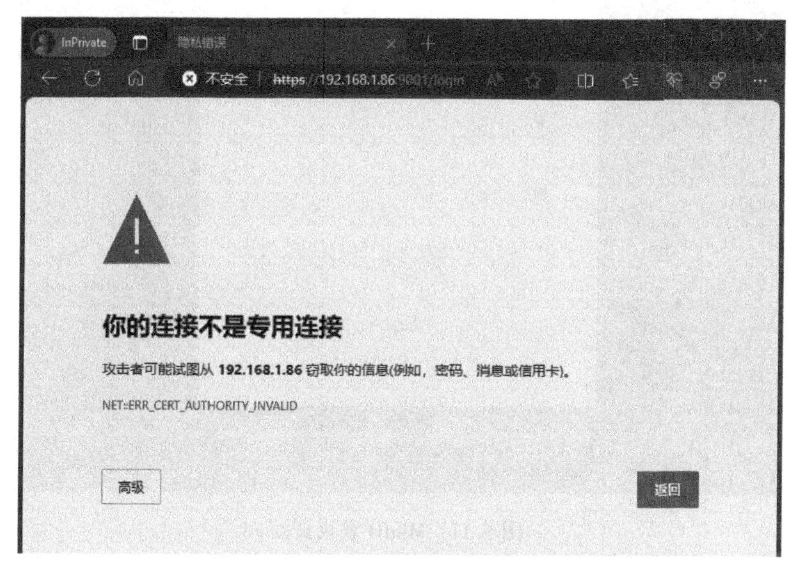

图 5.10　浏览器安全警告页面

由图 5.10 可知，此时访问 MinIO 服务会被浏览器进行警告拦截，这因为此处使用的是自签名证书，而非证书机构签发的证书。单击页面中的“高级”按钮，选择“继续访问”选项即可。需要注意的是，此处使用的是 Edge 浏览器，不同的浏览器相应的操作可能不同。进入 MinIO 登录页面后，可在网址栏中查看访问所使用的协议，如图 5.11 所示。

由图 5.11 可知，此时使用的访问协议是 HTTPS，证明 TLS 证书已经配置成功。

TLS 协议的使用会增加一些性能开销，这主要是因为 TLS 握手过程需要额外的网络往返时间，以及数据加密和解密的 CPU 负载。这种开销可能会对网络性能产生影响，特别是在网络带宽有限或者处理能力有限的情况下。然而，随着硬件的提升和更快的网络连接，这些延迟正在逐渐被弥补。

优化 TLS 配置可以有效地减少这种性能开销。例如，使用会话复用可以减少握手的次数，这样可以减少网络往返时间。另外，使用更高效的加密算法可以减少 CPU 负载，从而提高处理速度。此外，HTTP/2 协议也可以帮助减少 TLS 的性能开销，因为它允许多个请求在同一个连接上并行传输，这样可以减少网络延迟。

随着企业的发展和变得更加复杂，证书的数量可能会迅速增加。每个证书都有其自己的颁发者、策略、有效性、漏洞和到期日期。手动管理大量证书既耗时，又容易出错，而且风险很大。如果证书过期或者配置错误，可能会导致服务中断，甚至可能会暴露安全风险。

图 5.11　MinIO 登录页面

通过建立集中化、结构化的证书生命周期管理流程，可以有效地解决证书管理的复杂性。这样可以确保所有的开发和运维团队都能清晰地看到和控制自己的公钥基础设施。自动化证书管理可以减少人为错误、提高效率，同时也能确保证书的一致性和可靠性。例如，可以使用自动化工具来跟踪证书的到期日期，并在证书到期前自动更新，从而避免服务中断。

5.6 本章小结

本章深入探讨了身份认证的概念与发展、LDAP 身份认证、OpenID 身份认证、Vault 数据加密，以及 TLS 协议等多个方面。

在身份认证的概念与发展部分，详细阐述了身份认证如何发展成现今的多种形式。这些内容是理解现代身份认证技术的基础，对于有效使用和理解身份认证具有重要意义。

在 LDAP 身份认证部分，讲解了 LDAP 身份认证的基本概念，以及各种 LDAP 产品的种类。这些知识可以帮助读者了解 LDAP 身份认证的运行机制，对于保证数据的安全性和可用性具有重要作用。

在 OpenID 身份认证部分，详细介绍了 MinIO 如何实现 OpenID 认证，以及 LDAP 与 OpenID 的主要区别。这些内容可以帮助读者理解 OpenID 身份认证的工作原理，以及如何在实际应用中使用 OpenID 进行身份认证。

在 Vault 数据加密部分，深入探讨了数据加密相关产品，以及 MinIO 与 Vault 如何实现数据加密。这些知识可以帮助读者理解数据加密的重要性，以及如何在实际应用中使用 Vault 进行数据加密。

最后，在 TLS 协议部分，详细阐述了 TLS 协议的基本概念，以及 TLS 在 MinIO 中的应用。这些内容可以帮助读者理解 TLS 协议的工作原理，以及如何在实际应用中使用 TLS 协议进行数据传输。

本章的难点在于理解和应用各种身份认证技术，特别是 LDAP 和 OpenID 身份认证，以及 Vault 数据加密和 TLS 协议。期望读者通过阅读本章，能够掌握身份认证的基本概念，理解各种身份认证技术的工作原理，以及如何在实际应用中使用这些技术进行数据保护。同时，也期望读者能够理解数据加密和 TLS 协议的重要性，并能够在实际应用中使用这些技术来保护数据的安全性和完整性。

第6章 存储桶的通知与监控

Chapter 6

本章学习目标

- 掌握存储桶通知的发布方式。
- 掌握存储桶监控的配置方式。
- 掌握存储桶复制的创建方式。

在日常的数据管理工作中，理解数据的状态和变化是至关重要的。这不仅可以及时发现并解决问题，还可以优化数据的使用。MinIO 存储桶通知可以实时地通知存储桶中数据的变化，如文件的添加、删除或修改等。而监控则是通过收集和分析 MinIO 的性能指标，如 CPU 使用率、内存使用量、网络流量等，来了解 MinIO 的运行状态和性能。在接下来的内容中，将深入探讨 MinIO 存储桶通知与监控这两个重要的功能的具体实现和应用。

6.1 存储桶通知

在数据管理的过程中，实时了解数据的变化是至关重要的。这不仅可以帮助用户及时发现并解决问题，还可以优化数据的使用。在 MinIO 中，存储桶就起到了这样的作用。

6.1.1 存储桶通知的概念与作用

存储桶通知是一种特殊的数据管理功能，它能够实时地通知用户存储桶中数据的变化，从而提高数据的可用性和安全性。当存储桶中的数据发生变化时，例如文件的添加、删除或修改，存储桶通知会生成一个通知事件。然后，这个通知事件会被发送给用户，用户通过接收和处理这些通知事件，来立即知道存储桶中的数据发生了什么变化。这样，用户就可以根据这些变化，及时地进行相应的操作。例如，如果一个新的文件被添加到存储桶中，用户可以更新数据索引，以便于后续的数据查询和分析；如果一个文件被删除，用户可以触发数据恢复流程，以防止数据丢失；如果一个文件被修改，用户可以检查这个修改，以防止可能的数据安全问题。

存储桶通知的具体工作原理如下。

1. 监控存储桶中的对象变化

MinIO 会持续监控存储桶中的对象变化。这些变化可能包括对象的添加、删除或修改等。这种监控是实时的，意味着任何在存储桶中发生的对象变化都会被立即检测到。

2. 生成通知事件

一旦存储桶中的对象发生变化，MinIO 会生成一个通知事件。这个通知事件包含了变化的详细信息，例如变化的类型（添加、删除、修改），变化的对象（具体是哪个文件），以及变化的时间等。

3. 发送通知事件

生成通知事件后，MinIO 会将这个事件发送到预配置的目标。这个目标可能是一个 Web 服务器、一个消息队列、一个电子邮件地址，或者其他能够接收和处理这些通知事件的服务。这意味着，无论用户在哪里，只要有网络连接，就可以接收到这些通知事件。

4. 处理通知事件

最后，预配置的目标会接收并处理这个通知事件。处理的方式取决于目标服务的功能和配置。

通过这种方式，存储桶通知可以实时地通知用户存储桶中数据的变化，帮助用户及时了解和响应数据的变化，从而进行相应的操作，如数据备份、数据恢复、数据分析等。

6.1.2 支持接收存储桶通知的第三方应用

MinIO 存储桶通知可以实时地通知用户存储桶中数据的变化，但为了接收和处理这些通知事件，用户需要配置一个或多个第三方应用，如 Web 服务器、消息队列服务、电子邮件服务以及其他可以接收和处理 HTTP POST 请求的服务。这些第三方应用可以接收来自 MinIO 的通知事件，然后根据这些事件进行相应的操作，如记录日志、触发数据处理流程，或者将通知事件转发给其他服务等。

1. Web 服务器

Web 服务器可以被配置为接收存储桶通知，这是一种强大的功能，可以帮助用户及时了解存储桶中数据的变化。

当存储桶中的数据发生变化时，MinIO 会生成一个通知事件。一旦生成了通知事件，MinIO 会将这个事件发送到预配置的 Web 服务器。这个过程是实时的，意味着任何在存储桶中发生的对象变化都会被立即检测到，并生成相应的通知事件。

Web 服务器接收到通知事件后，可以根据这些通知事件进行相应的操作。例如，Web 服务器可以将这些通知事件记录到日志中，以便于后续的审计和分析。这种方式可以帮助用户了解存储桶中数据的变化历史，从而更好地管理数据。

此外，Web 服务器还可以根据通知事件触发数据处理流程。例如，如果一个新的文件被添加到存储桶中，Web 服务器可以触发一个数据处理流程，如数据清洗、数据转换等。

最后，Web 服务器还可以将通知事件转发给其他服务。例如，如果一个文件被删除了，Web 服务器可以将这个通知事件转发给数据恢复服务，让它们尝试恢复被删除的文件。

2. 消息队列服务

消息队列是一种广泛应用的接收存储桶通知的方式。消息队列的主要功能是接收、存储和传输数据，它可以将接收到的通知事件放入队列中，等待后续的处理程序来处理。

消息队列接收到通知事件后，会将其放入队列中。这个队列通常是先进先出（FIFO）的，也就是说，最早进入队列的通知事件会被最先处理。

这种方式可以有效地处理大量的通知事件，因为消息队列可以在短时间内接收并存储大量的通知事件，然后逐一处理。这样，即使在数据变化非常频繁的情况下，消息队列也可以保证每个通知事件都能被接收并存储。

此外，消息队列还可以确保每个通知事件都能被及时和准确地处理。因为每个通知事件都会被放入队列中等待处理，所以即使处理程序暂时无法处理新的通知事件，这些事件也不会丢失，而是会在队列中等待，直到处理程序有能力处理它们。

3. 电子邮件服务

电子邮件服务是一种常见的接收存储桶通知的方式，其可以接收 MinIO 发送的通知事件，并将这些事件转发给相关人员，从而让他们及时了解存储桶中的数据变化。以下是这个过程的详细描述。

电子邮件服务接收到通知事件后，可以将这些通知事件转发给相关人员。例如，如果一个新的文件被添加到存储桶中，电子邮件服务可以将这个通知事件转发给数据管理员，让他们知道有新的数据被添加；如果一个文件被删除，电子邮件服务可以将这个通知事件转发给数据恢复团队，让他们尝试恢复被删除的文件；如果一个文件被修改，电子邮件服务可以将这个通知事件转发给数据分析团队，让他们分析这个修改的影响。

4. 其他服务

除了上述的 Web 服务器、消息队列服务和电子邮件服务等应用外，任何能够接收和处理 HTTP POST 请求的服务都可以被配置为接收 MinIO 存储桶通知。

阿里云的函数计算服务是一种事件驱动的服务，它可以与 MinIO 存储桶通知紧密集成，实现自动化的数据处理流程。

函数计算服务接收到通知事件后，会根据通知事件触发相应的函数。这个函数可以是任何预定义的操作，例如数据清洗、数据转换、数据分析等。这种方式可以实现自动化的数据处理流程，大大提高了数据处理的效率。

函数计算服务不仅可以处理存储桶通知，还可以直接处理存储桶中的数据。例如，如果一个新的文件被添加到存储桶中，函数计算服务可以读取这个文件的内容，进行数据清洗和数据转换，然后将处理后的数据写回到存储桶或者其他地方。这种方式可以确保数据的完整性和一致性，同时也可以提高数据的可用性。

函数计算服务还可以实时计算存储桶中的增量数据。例如，如果存储桶中的数据被频繁地修改，函数计算服务可以实时地计算这些数据的统计信息，如平均值、最大值、最小值等。这种方式可以帮助用户及时了解数据的状态，从而更好地管理数据。

6.1.3 将事件发布至 Redis

Redis 全称为 Remote Dictionary Server，是一款开源的键值对存储系统，由 Salvatore Sanfilippo 开发并于 2009 年首次发布。其高性能特性主要归功于内存存储和单线程设计，使得 Redis 在处理大量读写请求时表现出色，非常适合作为高速缓存。

Redis 支持多种数据类型，包括二进制安全的字符串、列表、哈希、集合以及有序集合等，这些丰富的数据类型和操作使得 Redis 能够满足各种复杂的应用场景。在 Redis 中，所有操作都具有原子性，即如果一个操作包含多个步骤，那么这些步骤要么全部完成，要么全部不完成。此外，Redis 还支持事务，能够保证一组命令的执行原子性。除了基本的数据存储功能，Redis 还具备一系列丰富的特性，如发布/订阅、通知、键过期等，这使得 Redis 不仅可以作为数据库使用，还可以作为消息队列、任务队列等进行使用。

尽管 Redis 是一个基于内存的数据库，但它也提供了持久化功能，包括 RDB 和 AOF 两种方式，可以将内存中的数据定期或者实时地保存到磁盘上，以防止数据丢失。Redis 支持发布/订阅模式，这是一种消息通信模式，其中发送者（发布者）发送消息，接收者（订阅者）接收消息。在这个过程中，发布者和订阅者不需要知道对方的存在，由 Redis 服务器负责维护发布者和订阅者的关系。Redis Cluster 作为 Redis 的分布式解决方案，允许多个 Redis 节点组成一个集群，从而提供高可用性和数据分片功能，以满足大规模数据处理的需求。

选择 Redis 作为 MinIO 桶通知的接收方时，能够为对象存储带来一定优势。MinIO 可以在桶中的对象发生变化时，立即通过 Redis 通知业务服务器，这种机制避免了周期性地调用 APIs，提高了实时性。并且，只需要在 MinIO 控制台中配置 Redis 相关信息，然后在桶配置页面订阅 Bucket Events 通知，就可以开始接收通知。这个过程非常简单，不用编写复杂的代码。

在 MinIO 控制台，单击左侧菜单栏中的 Event 选项，进入初始事件管理页面，如图 6.1 所示。

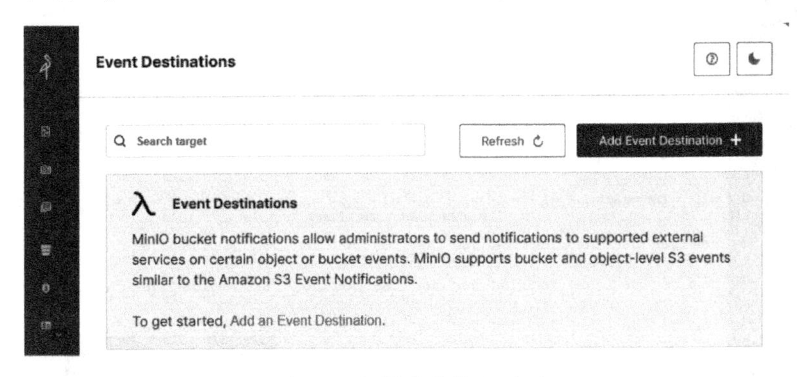

图 6.1　初始事件管理页面

在事件管理页面，单击右上角的 Add Event Destination 按钮，进入事件类型选择页面，如图 6.2 所示。

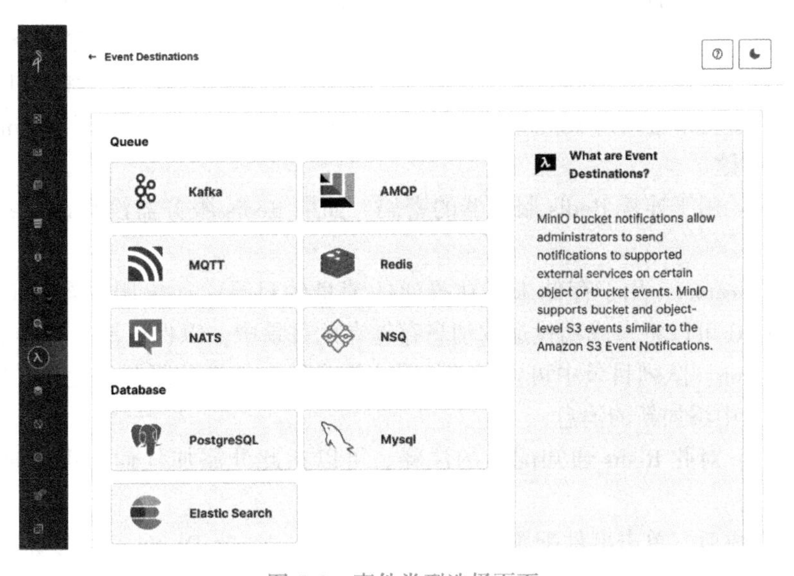

图 6.2　事件类型选择页面

用户可在事件类型选择页面中，根据需求选择事件类型，此处选择 Redis 类型，单击 Redis 图标按钮进入 Redis 事件配置页面，如图 6.3 所示。

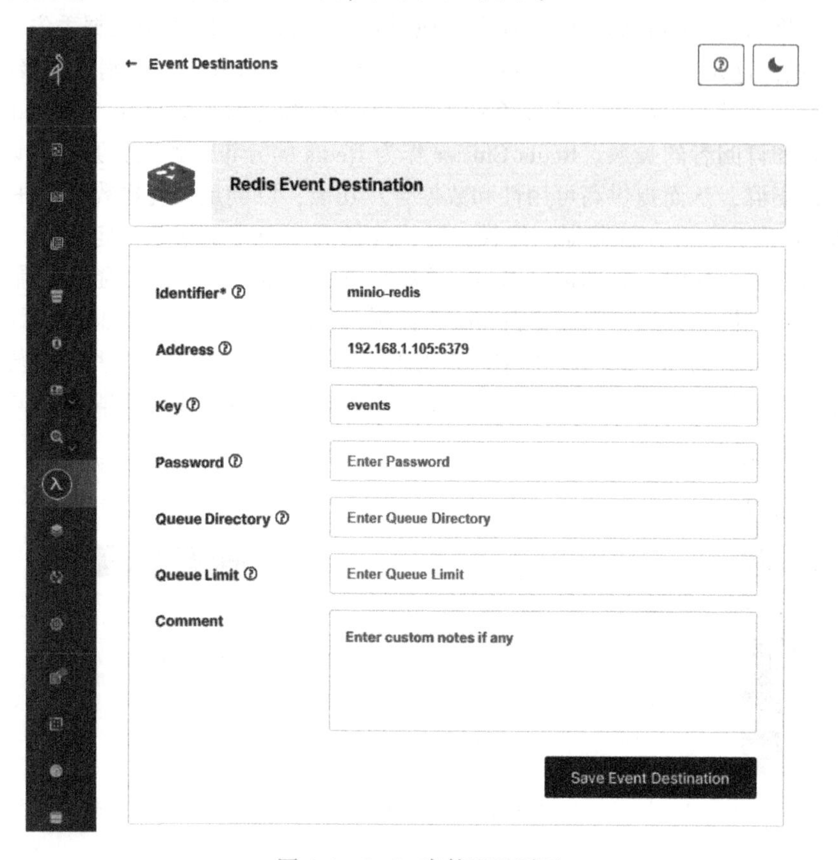

图 6.3　Redis 事件配置页面

用户需要在事件配置页面中填写 Redis 相关的信息。各项内容含义如下。

- Identifier*：为此 Redis 配置定义的唯一标识符，此标识符可以是任何字符串。
- Address：Redis 服务器的地址。此地址应该包括服务器的 IP 地址和端口号。
- Key：用于发布通知的 Redis 键。当 MinIO 桶中的对象发生变化时，MinIO 会将通知发布到此键。
- Password：用于连接 Redis 服务器的密码。如果 Redis 服务器没有设置密码，此参数可以忽略。
- Queue Directory：用于存储未成功投递的消息的目录。如果服务器暂时无法接收通知，MinIO 可以将未成功投递的消息存储在此目录中，以保证消息不会丢失。
- Queue Limit：队列目录中可以存储的最大消息数。如果此限制被达到，MinIO 将停止向此目录中添加新的消息。
- Comment：对此 Redis 通知配置的注释。可以在此处添加任何有助于理解此配置的信息。

事件配置完成后，单击事件配置页面右下角的 Save Event Destination 按钮完成创建，如图 6.4 所示。

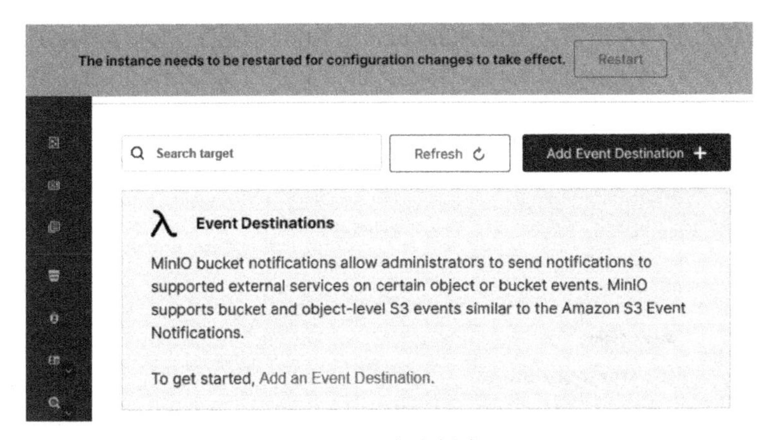

图 6.4　完成创建

事件创建完成后，页面会弹出提示栏，提示用户必须重新启动 MinIO，事件才能生效。单击提示栏中的 Restart 按钮重启 MinIO 服务。重启之后，新建的事件将在事件列表中展示，如图 6.5 所示。

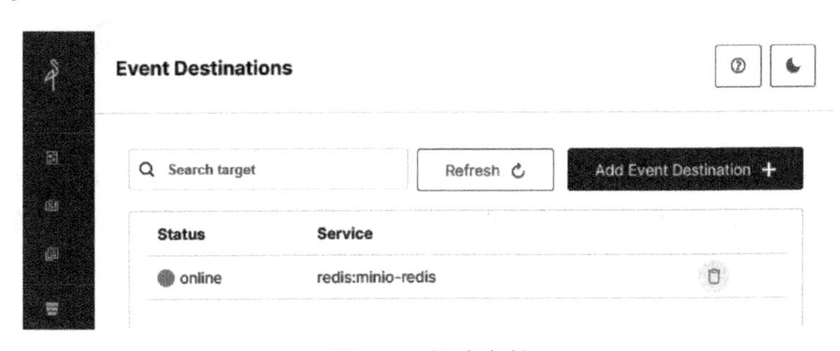

图 6.5　新建事件

进入初始存储桶事件页面，如图 6.6 所示。

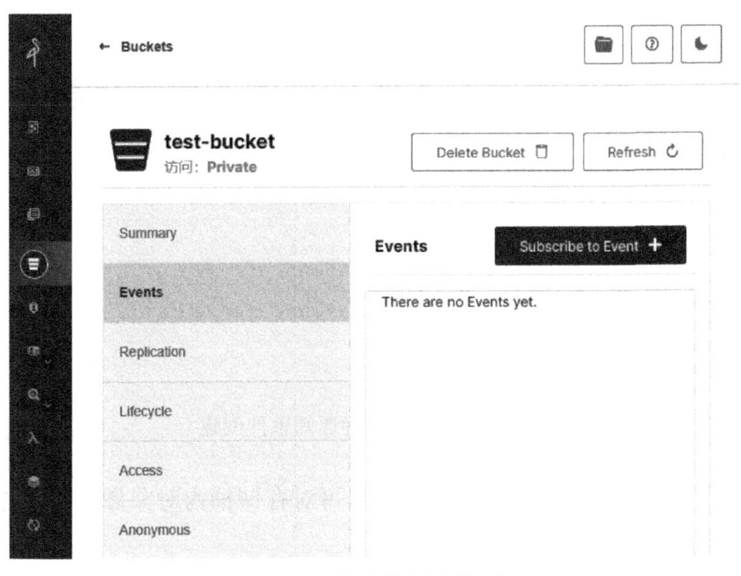

图 6.6　初始存储桶事件页面

在存储桶事件页面中单击右上角的 Subscribe to Event 按钮，进入事件添加窗口，如图 6.7 所示。

Subscribe To Bucket Events

ARN arn:minio:sqs::minio-redis:redis

Prefix

Suffix

Select Event

PUT - Object Uploaded

GET - Object accessed

DELETE - Object Deleted

REPLICA - Object Replicated

ILM - Object Transitioned

Cancel Save

图 6.7　事件添加窗口

在事件添加窗口的 ARN 下拉列表中选择已存在的事件，并在 Select Event 下选择需要推送的事件类型，而 Prefix 与 Suffix 用于匹配事件的前缀与后缀。事件推送配置完成后，单击窗口右下角的 Save 按钮即可完成创建，如图 6.8 所示。

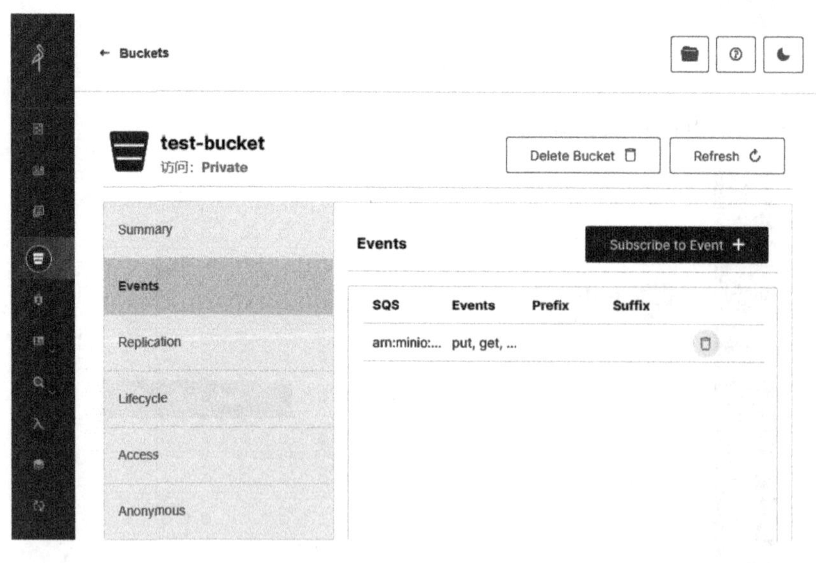

图 6.8　完成存储桶通知事件创建

至此，存储桶通知事件已经配置完成，用户可对存储桶内对象做一些操作，来验证这些操作是否以事件形式推送至 Redis。

进入对象管理页面，并通过单击对象左侧的复选框选中任意对象，如图 6.9 所示。

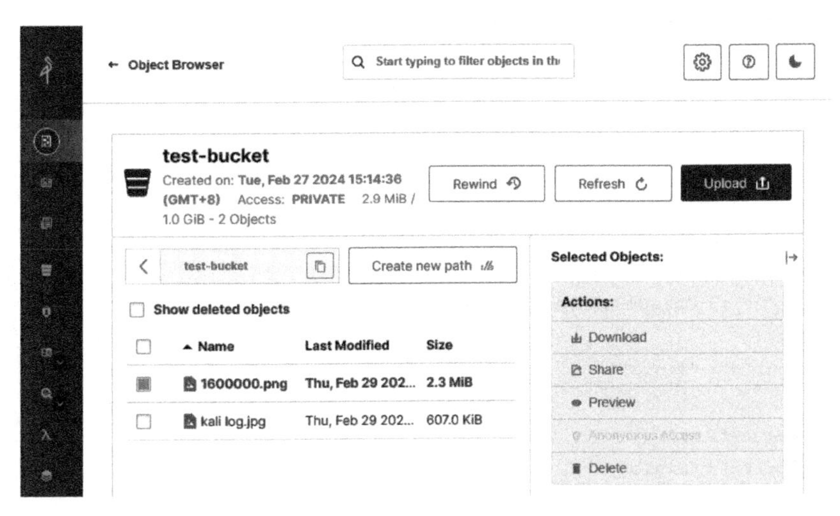

图 6.9　选择对象

选中对象后，单击对象管理页面右侧选项栏中的 Delete 选项，会弹出一个确认对话框，如图 6.10 所示。

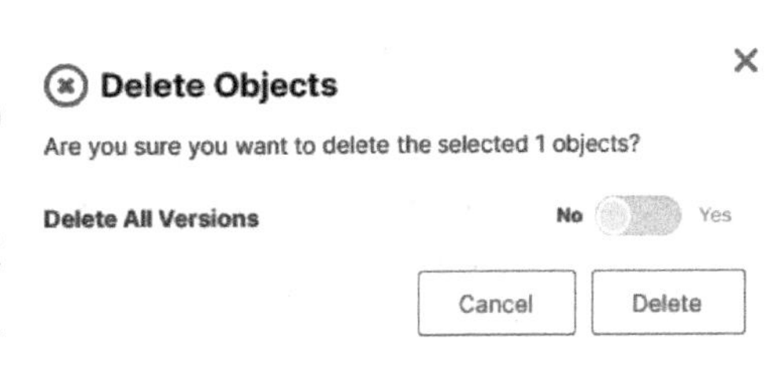

图 6.10　确认对话框

在确认对话框中单击 Delete 按钮删除对象。此时，如果事件推送成功，那么用户可以在 Redis 上查看到推送的事件信息。此处使用 Redis 客户端 Redis Insight 进行查看，如图 6.11 所示。

图 6.11　Redis Insight 界面

事件的详细信息以 JSON 文件的形式展示，具体内容如下。


```
{
  "Records": [
    {
      "eventVersion": "2.0",
      "eventSource": "minio:s3",
      "awsRegion": "",
      "eventTime": "2024-03-09T11:38:00.789Z",
      "eventName": "s3:ObjectRemoved:DeleteMarkerCreated",
      "userIdentity": {
        "principalId": "minio"
      },
      "requestParameters": {
        "principalId": "minio",
        "region":"",
        "sourceIPAddress": "127.0.0.1"
      },
      "responseElements": {
        "content-length": "273",
        "x-amz-id-2": "dd9025bab4ad464b049177c95eb6ebf374d3b3fd1af9251148b658df7ac2e3e8",
        "x-amz-request-id": "17BB15A4B653F1A4",
        "x-minio-deployment-id": "35532597-5799-4284-a504-bd9d93b4b944",
        "x-minio-origin-endpoint": "http://192.168.1.8:9000"
      },
      "s3": {
        "s3SchemaVersion": "1.0",
        "configurationId": "Config",
        "bucket": {
          "name": "test-bucket",
          "ownerIdentity": {
            "principalId": "minio"
          },
          "arn": "arn:aws:s3:::test-bucket"
        },
        "object": {
          "key": "1600000.png",
          "versionId": "81a444da-ef4b-4cbc-a1b1-fae8b01edb25",
          "sequencer": "17BB15A4BBF514E4"
        }
      },
      "source": {
        "host": "127.0.0.1",
        "port":"",
        "userAgent": "MinIO (windows; amd64) minio-go/v7.0.67 MinIO Console/(dev)"
      }
    }
  ]
}
```

这个文件的大致内容描述了一个名为1600000.png的对象在名为test-bucket的桶中创建了删除标记的事件。该事件发生在2024年3月9日11:38:00.789Z（789为比秒更小的时间单位，可忽略不计，Z是指协调世界时），由主体ID为minio的用户发起，源IP地址为127.0.0.1。响应元素包含了一些关于请求的额外信息，如请求ID、部署ID和源端点等。源主机是127.0.0.1，用户代理是MinIO。这条通知信息的版本为2.0，事件源为minio:s3。

6.1.4 将事件发布至MySQL

MySQL是一种广泛使用的关系型数据库管理系统，起源于瑞典的MySQLAB公司，如今已成为Oracle公司的一部分。作为一种关系型数据库管理系统，MySQL的数据存储方式与众不同。它并不是将所有数据放在一个大仓库内，而是将数据保存在不同的表中。这种方式既提高了数据处理的速度，又增强了系统的灵活性。此外，MySQL所使用的SQL语言是一种标准化的数据库访问语言，广泛应用于各种数据库系统中。MySQL软件实行双授权政策，提供社区版和商业版两种版本。社区版是免费的，源代码开放；商业版是付费的，提供额外的付费服务。由于MySQL的体积小、速度快、总体拥有成本低，再加上其开放源码的特点，使得MySQL成为中小型网站开发的首选数据库。MySQL支持多种操作系统，包括Linux、Windows、macOS等，适应性极强。作为一种客户端/服务器模式的数据库，MySQL提供了高效、可靠、稳定的数据存储和管理服务，深受用户喜爱。MySQL提供了多种编程语言的API，包括C、C++、Python、Java、Perl、PHP、Eiffel、Ruby等，满足了不同开发者的需求。此外，MySQL还支持多线程，能够充分利用CPU资源，提高系统的运行效率。

MySQL作为MinIO接收桶通知的媒介，具有显著的优势。首先，MySQL使得MinIO的桶通知能够被及时处理和存储。其次，MySQL可以灵活地处理和查询MinIO的桶通知，满足各种复杂的业务需求。此外，MySQL可以确保MinIO的桶通知数据不会丢失，从而提高系统的可靠性。最后，MySQL是开源的，这为使用MySQL作为MinIO接收桶通知的媒介提供了极大的灵活性。

在配置MySQL接收桶通知之前，用户需要保证MySQL节点的正常运行，在MySQL上创建用于远程连接数据库的用户，确保其具备数据库的访问权限，以及用于存储桶通知信息的库与表。

登录MinIO控制台，在事件类型选项页面选择MySQL类型的事件，进入事件配置页面，如图6.12所示。

用户需要在事件配置页面中各项输入框填写MySQL的相关信息，各配置项的含义如下。

- Identifier*：唯一标识符，用于标识特定的MySQL配置。用户可以根据自己的需要选择一个标识符。
- Enter DNS String：MySQL服务器的DNS字符串，用户需要配置MySQL节点的地址、端口、库、用户名与密码，用于指定MySQL服务器的位置并作为访问的凭证。
- Connection String：连接到MySQL服务器的字符串，通常包含用户名、密码、数据库名等信息。
- Table：这是MySQL数据库中的表名，MinIO将在这个表中存储桶通知。
- Format：这是MinIO桶通知的格式，可以是Namespace或Access。Namespace格式的通知包含了对象被创建、删除或替换的所有信息。Access格式的通知则包含了所有

API 操作的日志。此处选择 Namespace 格式。

图 6.12　MySQL 事件配置页面

- Queue Dir：这是 MinIO 服务器上的一个目录，用于存储未能成功发送到 MySQL 的桶通知。一旦 MySQL 服务器恢复正常，MinIO 将尝试重新发送这些通知。
- Queue Limit：这是队列目录中可以存储的最大通知数量。如果队列满了，新的通知将会被丢弃。

需要注意的是，用于存储桶通知信息的表需要包含特定的列，示例代码如下。

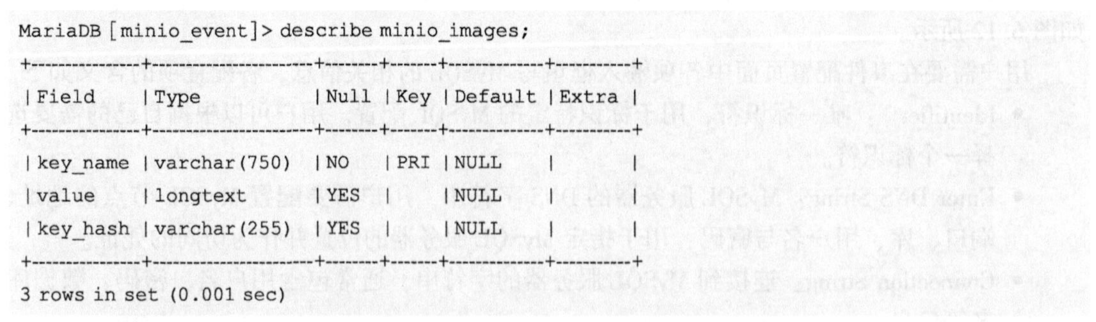

```
MariaDB [minio_event]> describe minio_images;
+----------+--------------+------+-----+---------+-------+
| Field    | Type         | Null | Key | Default | Extra |
+----------+--------------+------+-----+---------+-------+
| key_name | varchar(750) | NO   | PRI | NULL    |       |
| value    | longtext     | YES  |     | NULL    |       |
| key_hash | varchar(255) | YES  |     | NULL    |       |
+----------+--------------+------+-----+---------+-------+
3 rows in set (0.001 sec)
```

用户需要根据上述代码中给出的表格式进行表的创建。事件配置完成后，单击页面右下角的 Save Event Destination 按钮完成创建，如图 6.13 所示。

事件创建完成后，页面会弹出提示栏，提示用户必须重新启动 MinIO，事件才能生效。

单击提示栏中的 Restart 按钮重启 MinIO 服务。重启之后，新建的事件将在事件列表中展示，如图 6.14 所示。

The instance needs to be restarted for configuration changes to take effect.
Restart
Search target
Refresh
Add Event Destination +
Event Destinations
MinIO bucket notifications allow administrators to send notifications to supported external services on certain object or bucket events. MinIO supports bucket and object-level S3 events similar to the Amazon S3 Event Notifications.
To get started, Add an Event Destination.

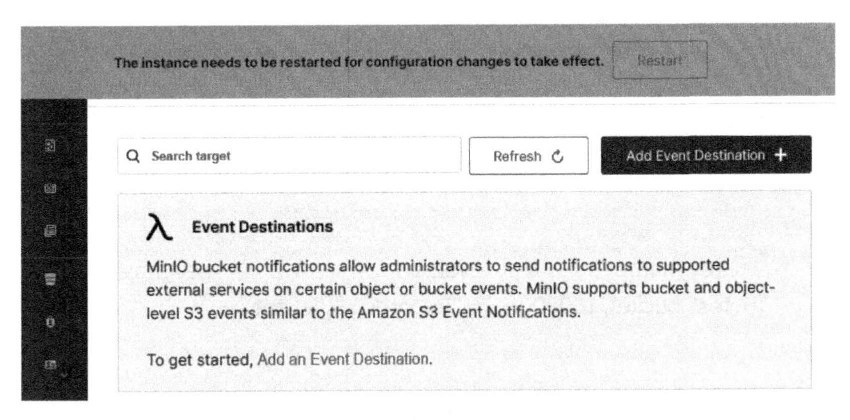

图 6.13　完成事件创建

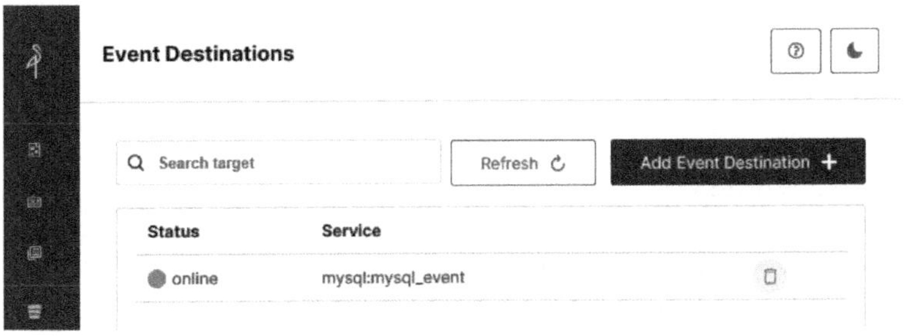

Event Destinations
Search target
Refresh
Add Event Destination +
Status
Service
online
mysql:mysql_event

图 6.14　新建事件

进入存储桶的事件添加窗口，为存储桶配置事件通知，如图 6.15 所示。

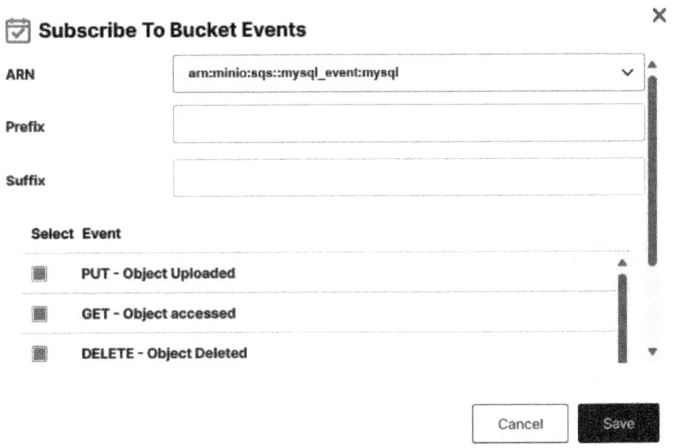

Subscribe To Bucket Events
ARN
arn:minio:sqs::mysql_event:mysql
Prefix
Suffix
Select Event
PUT - Object Uploaded
GET - Object accessed
DELETE - Object Deleted
Cancel
Save

图 6.15　存储桶事件添加窗口

事件通知配置完成后，单击 Save 按钮完成添加。

至此，MySQL 事件通知配置完成。用户可对存储桶内对象做一些操作，来验证这些操作是否以事件形式推送至 MySQL。事件推送至 MySQL 之后，用户可在 MySQL 节点查看事件通知信息。此处通过 MySQL Workbench 客户端查看通知信息，如图 6.16 所示。

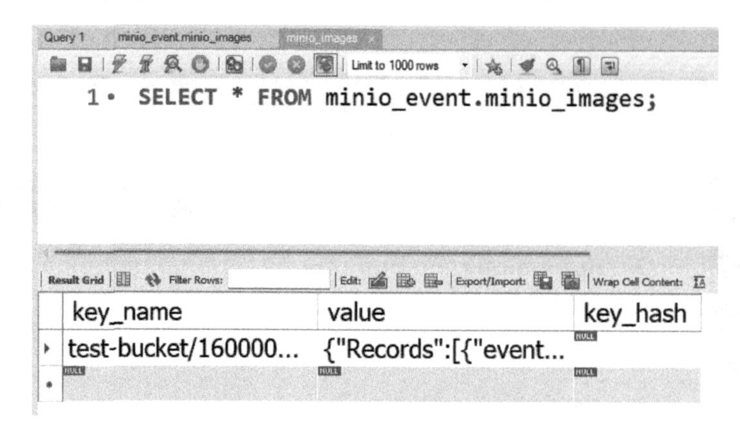

图 6.16　MySQL Workbench 客户端

数据表中 Value 一列的信息如下。


```
{
  "Records": [
    {
      "eventVersion": "2.0",
      "eventSource": "minio:s3",
      "awsRegion": "",
      "eventTime": "2024-03-10T09:40:51.849Z",
      "eventName": "s3:ObjectCreated:Put",
      "userIdentity": {
        "principalId": "minio"
      },
      "requestParameters": {
        "principalId": "minio",
        "region": "",
        "sourceIPAddress": "127.0.0.1"
      },
      "responseElements": {
        "x-amz-id-2": "dd9025bab4ad464b049177c95eb6ebf374d3b3fd1af9251148b658df7ac2e3e8",
        "x-amz-request-id": "17BB5DD4B87284F0",
        "x-minio-deployment-id": "35532597-5799-4284-a504-bd9d93b4b944",
        "x-minio-origin-endpoint": "http://192.168.1.8:9000"
      },
      "s3": {
        "s3SchemaVersion": "1.0",
        "configurationId": "Config",
        "bucket": {
          "name": "test-bucket",
          "ownerIdentity": {
            "principalId": "minio"
          },
          "arn": "arn:aws:s3:::test-bucket"
```

```
        },
        "object": {
          "key": "1600000.png",
          "size": 2422131,
          "eTag": "f1fa696366fcf93e4f709e74146977ef",
          "contentType": "image/png",
          "userMetadata": {
            "content-type": "image/png"
          },
          "versionId": "dd402770-386d-48a5-8154-3523601fcae5",
          "sequencer": "17BB5DD4BF333000"
        }
      },
      "source": {
        "host": "127.0.0.1",
        "port":"",
        "userAgent": "MinIO (windows; amd64) minio-go/v7.0.67 MinIO Console/(dev)"
      }
    }
  ]
}
```


上述 JSON 文件详细记录了一个对象在 MinIO 存储桶中被创建的事件。在这个事件中，一个名为 1600000.png 的对象被放入了名为 test-bucket 的存储桶中。这个事件发生在 2024-03-10T09:40:51.849Z，由主体 ID 为 minio 的用户触发。这个对象的大小为 2422131B，内容类型为 image/png。此外，这份记录还包含了一些其他的信息，如请求参数、响应元素和源信息等。

6.2 存储桶监控

存储桶可以让用户在云端存储和管理数据。然而，随着数据量的增长，如何有效地监控和管理这些存储桶也成为一个重要的问题。存储桶监控是一种可以帮助用户实时了解存储桶状态的技术，包括数据的使用情况、安全性、性能等，从而使用户更好地管理数据。

6.2.1 存储桶监控简介

存储桶监控作为云服务功能的重要组成部分，提供实时了解存储桶使用情况和性能的能力。这种功能旨在深入理解存储桶操作，以便优化性能、提高效率、减少错误，并确保数据安全。

请求监控是存储桶监控的关键组成部分，允许监控存储桶中发生的各种请求，如 PUT、GET 等。这些请求可能产生上传、下载流量，也可能遇到服务端返回的错误响应。通过监控这些请求，可以了解存储桶的使用情况，包括哪些文件被频繁访问，哪些请求导致了错误，以及何时发生了大量的数据传输。

许多云服务（如 Amazon S3）都会提供日志记录和监控功能，以了解数据使用情况和性能。通过设置日志记录和监控规则，可以跟踪哪些对象被访问和修改了，以及它们的访问速度和响应时间等指标。这些信息有助于优化存储桶的性能，例如，通过调整数据的存储位置或改变访问模式来减少延迟。

云监控服务可以执行自动实时监控、告警和通知操作，实时掌握桶中所产生的请求、流量和错误响应等信息。例如，如果存储桶的流量突然增加，或者出现了大量的错误请求，监控服务可以立即发送告警，以便及时采取行动。

6.2.2 存储桶监控的产品

MinIO 对于存储桶的监控通常依赖于第三方应用，常见的有 InfluxDB、Grafana、Prometheus 等。接下来，介绍 MinIO 常用的存储桶监控产品。

1. InfluxDB

InfluxDB 是一款由 InfluxData 开发的开源时序型数据库，其主要特点是专注于处理海量的时序数据，提供高性能的读写能力、高效的存储以及实时的分析功能。InfluxDB 的设计和实现都是基于 Go 语言的，这使得它在运行时不用依赖任何外部环境或库。

InfluxDB 的应用场景非常广泛，包括但不限于存储系统的监控数据，物联网（IoT）行业的实时数据等。为了方便用户使用，InfluxDB 提供了一种类似于 SQL 的查询语言，这使得用户可以方便地查询和操作数据。此外，InfluxDB 还提供了丰富的聚合运算和采样能力，这使得用户可以根据自己的需求对数据进行各种复杂的分析和处理。

为了保障数据的可靠性，同时又能有效地管理存储空间，InfluxDB 提供了一种灵活的数据保存策略（RetentionPolicy）。用户可以根据自己的需求设置数据的保留时间和副本数，当数据过期后，InfluxDB 会自动删除这些数据，从而释放存储空间。

通过 InfluxDB，用户可以收集 MinIO 的性能和使用指标，然后进行监控和分析。这样，用户就可以更深入地理解 MinIO 的运行情况，从而更好地管理和优化 MinIO 对象存储服务。

2. Grafana

Grafana 作为一款开源的数据可视化工具，提供了一种强大的方式来查询、可视化、设置警报并理解度量标准，这些度量标准可以存储在各种各样的地方。它的设计目标是为用户提供一个平台，使他们能够创建、探索和共享美观、灵活的数据面板。

Grafana 的一个独特之处在于，它并不要求将数据导入到后端的数据仓库或供应商数据库中。相反，它提供了一种独特的方式来提供单一的数据面板，无论现有的数据位于何处，都可以将其统一。无论数据是来自 Kubernetes 集群、RaspberryPi、各种云服务，甚至是 GoogleSheets，都可以获取任何现有的数据，并在单个数据面板中进行可视化。

通过 Grafana 可以监控 MinIO 的多个维度的特征，包括集群状态、磁盘使用率、数据传输等指标。此外，Grafana 的报警功能可用于设置预警，以便在出现问题时及时发出警报。

3. Prometheus

Prometheus 是一款开源的监控告警系统，其设计灵感来源于 Google 的 Brogmon 监控系统，这是一种大规模集群系统的监控系统。Prometheus 的基本原理是通过 HTTP 协议周期性抓取被监控组件的状态，任何能够提供 HTTP 接口的组件都可以被 Prometheus 接入并进行监控。这种设计使得 Prometheus 具有极高的灵活性和广泛的适用性，可以应对各种不同的监控需求。

Prometheus 支持多维数据模型，这使得用户可以从多个维度对监控数据进行分析，从而获得更深入的洞察。同时，Prometheus 内置了时间序列数据库 TSDB，这是一种专门用于存储和查询时间序列数据的数据库，能够高效地处理大量的时间序列数据。此外，Prometheus 还支持 PromQL 查询语言，可以完成非常复杂的查询和分析任务。

Prometheus 采用 HTTP 的 Pull 方式采集时间序列数据，Prometheus 会主动去请求被监控组件的数据，而不是等待被监控组件推送数据。这种方式使得数据采集更加主动和及时。同时，Prometheus 支持服务发现和静态配置两种方式发现目标，使其可以灵活地适应不同的环境和需求。

通过 Prometheus，可以收集 MinIO 的各种性能和使用指标，包括但不限于请求延迟、错误率、吞吐量等。然后，这些指标可以在 Prometheus 中进行监控和分析，从而获得对 MinIO 运行情况的深入理解。这样，就可以更好地管理和优化 MinIO 对象存储服务，提高其性能，保证其稳定运行。

6.2.3 Prometheus 实现存储桶监控

在配置 Prometheus 之前需要用户部署 Prometheus 节点，并确保 MinIO 节点可以与其网络通信。

在 Prometheus 官网下载安装包，然后进行解压，示例代码如下。

```
tar -zxvf prometheus-2.32.1.linux-amd64.tar.gz
```

将解压后的 Prometheus 目录移动到/usr/local/prometheus，示例代码如下。

```
mv prometheus-2.32.1.linux-amd64 /usr/local/prometheus
```

在/usr/local/prometheus/prometheus.yml 文件中添加监控 MinIO 的配置，示例代码如下。

```
scrape_configs:
- job_name:minio-job
  bearer_token: TOKEN
  metrics_path: /minio/v2/metrics/cluster
  scheme: http
  static_configs:
  - targets: [192.168.1.89:9000]
```

以下是对上述代码各项配置的解释。

- “job_name:minio-job”：任务的名称。
- “bearer_token: TOKEN”：用于身份认证的令牌。Prometheus 在抓取指标时会在 HTTP 请求头中包含这个令牌，格式为 Authorization: Bearer TOKEN。
- “metrics_path: /minio/v2/metrics/cluster”：这是 Prometheus 从目标抓取指标时请求的路径。在这里，Prometheus 将请求/minio/v2/metrics/cluster 路径来抓取 MinIO 的指标。
- “scheme: http”：Prometheus 与目标通信时使用的协议。在这里，Prometheus 将使用 HTTP 协议与 MinIO 通信。
- “static_configs: - targets: [192.168.1.89:9000]”：Prometheus 从哪些目标抓取指标的配置。此处，Prometheus 将从 IP 地址为 192.168.1.89，端口为 9000 的目标抓取 MinIO 的指标。

总之，上述配置定义了 Prometheus 如何从 192.168.1.89:9000 抓取 MinIO 的指标。

文件配置完成后，需要重新启动 Prometheus 服务才能生效。登录 MinIO 节点，给 MinIO 添加允许 Prometheus 抓取指标的配置，示例代码如下。

```
MINIO_PROMETHEUS_AUTH_TYPE="public"
MINIO_PROMETHEUS_URL="http://10.18.25.94:9090" #Prometheus 节点
```

MINIO_PROMETHEUS_AUTH_TYPE 是环境变量，用于设定 Prometheus 对 MinIO 的访问权限。设定为 public 后，Prometheus 能够不用认证即可访问 MinIO 的指标接口。此方式简洁便利，适用于内部网络环境，因为在此环境下，不用对 Prometheus 的访问进行严格的身份认证。除 public 外，还可以通过客户端命令 mc 使用命令 mcadminprometheusgenerate<ALIAS>生成验证 token，将 token 配置到 Prometheus，Prometheus 根据 token 信息访问集群。此方式提供了更高的安全性，适用于需要对 Prometheus 的访问进行严格身份认证的情况。

MINIO_PROMETHEUS_URL 用于设置 Prometheus 服务器的 URL。MinIO 会将指标发送至此处设定的 URL。

MinIO 配置完成后，重新启动服务，以读取配置。然后，访问 MinIO 控制台，单击左侧菜单栏中的 Monitoring 选项下的 Metrics 子选项，进入监控详细页面，再单击右上角的 Usage 标签，进入使用情况监控页面，如图 6.17 所示。

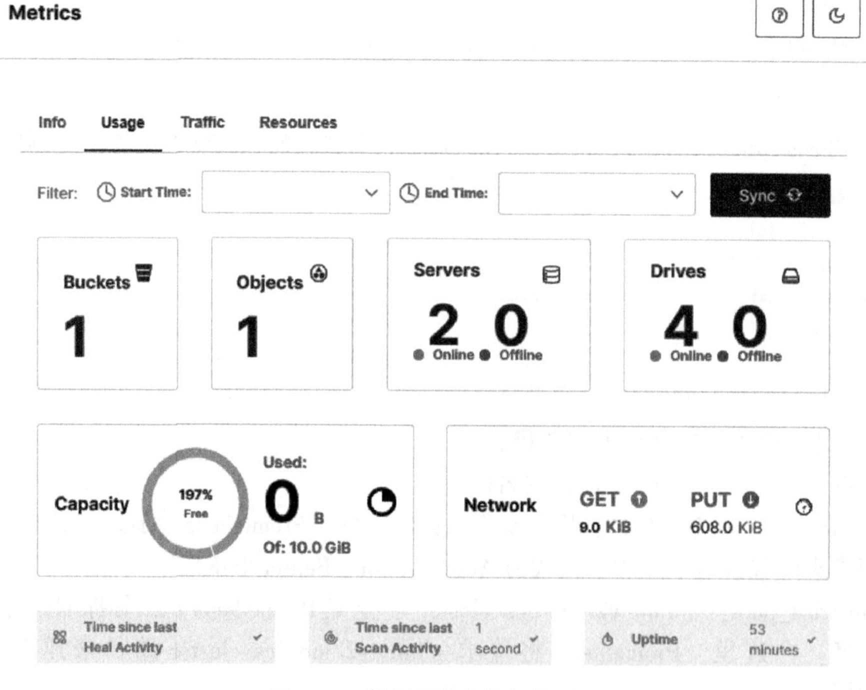

图 6.17　使用情况监控初始页面

MinIO 的 Usage、Traffic 与 Resources 标签页需要 Prometheus 支持，默认是不可用的，此时已经可以使用，证明 Prometheus 已经与 MinIO 配置成功。

用户可在使用情况监控页面下方，查看以图表形式展示的数据使用量趋势、对象大小分布、API 数据接收率与 API 数据发送率，如图 6.18 所示。

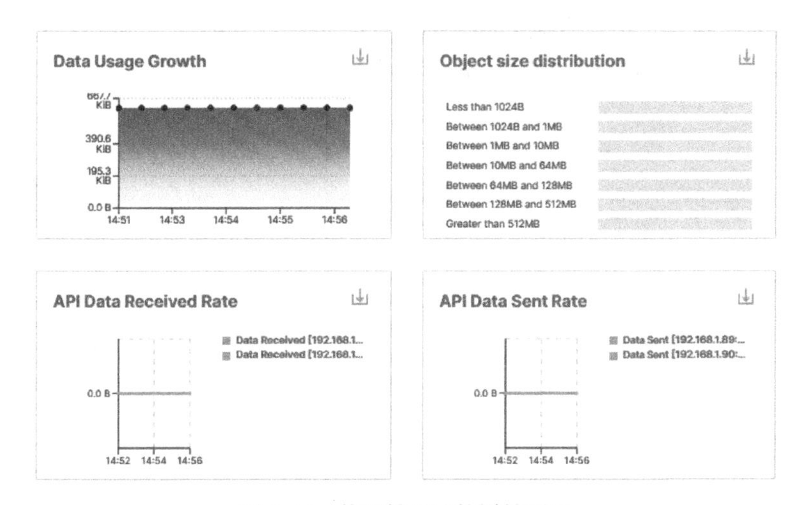

图 6. 18　使用情况监控详情页面

单击 Traffic 标签进入流量监控页面，这个页面通常展示了 MinIO 的网络流量情况，包括上传和下载的数据量等信息。这些信息可以帮助用户了解 MinIO 的网络流量使用情况，如图 6. 19 所示。

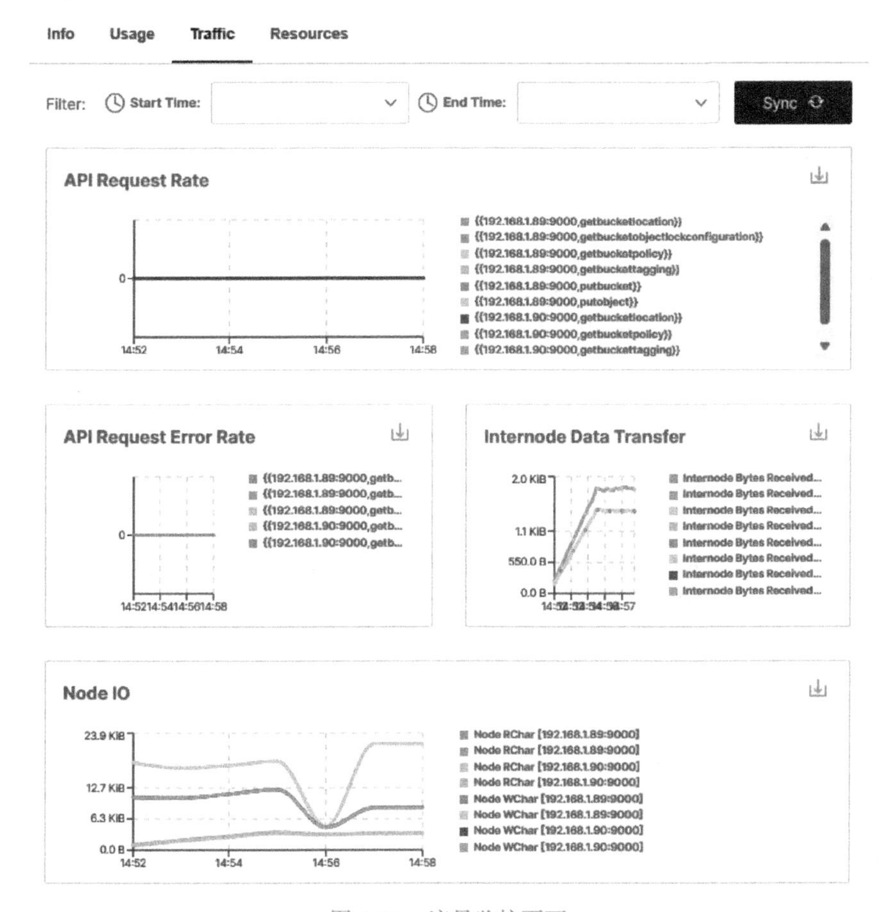

图 6. 19　流量监控页面

单击 Resources 标签，进入资源监控页面，这个页面通常展示了 MinIO 的资源使用情况，包括 CPU、内存、磁盘等资源的使用情况，如图 6.20 所示。

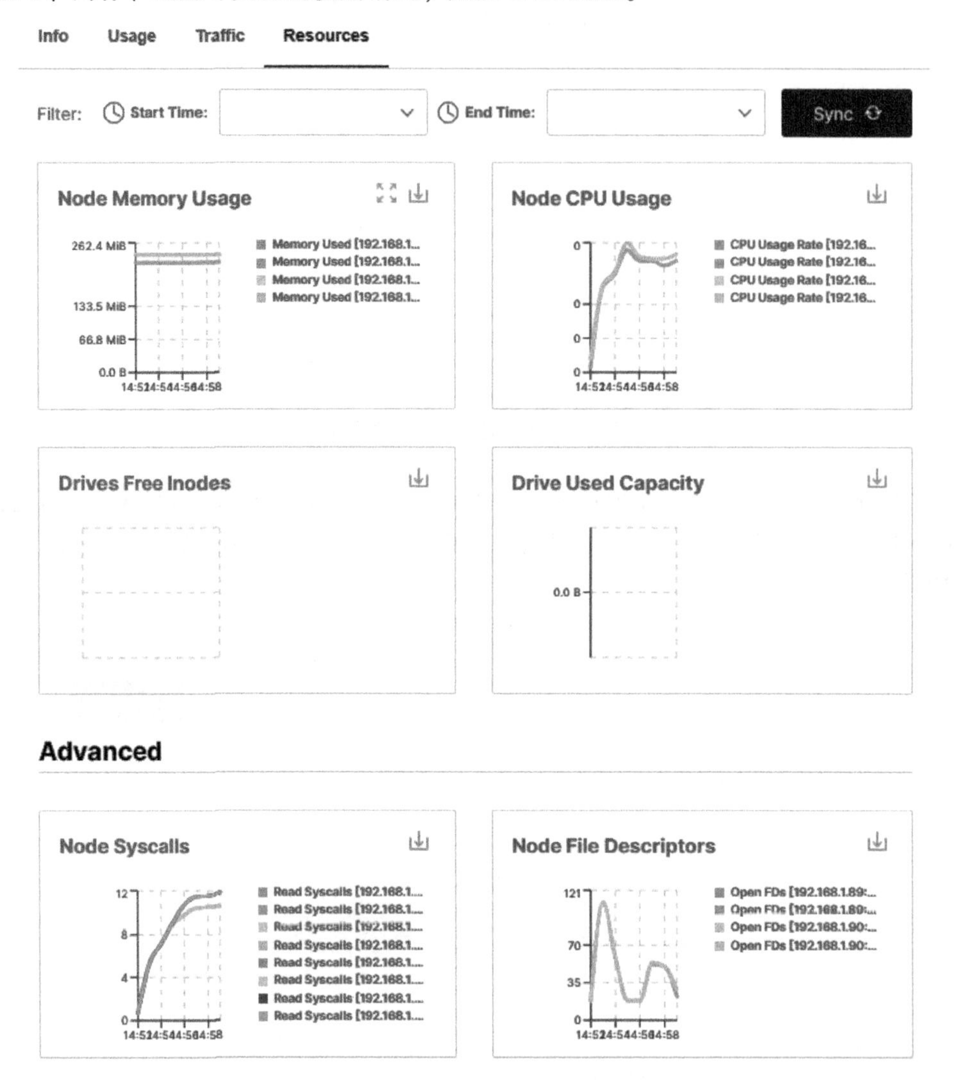

图 6.20　资源监控页面

此外，用户可在 Prometheus 节点上配置告警规则，当 MinIO 指标符合告警规则时，将向用户发送告警信息，示例代码如下。

```
groups:
- name:minio-alerts
  rules:
  - alert:NodesOffline
expr: avg_over_time(minio_cluster_nodes_offline_total{job="minio-job"}[5m]) > 0
    for: 10m
    labels:
      severity: warn
    annotations:
```

```
      summary: "Node down inMinIO deployment"
      description: "Node(s) in cluster {{ $labels.instance }} offline for more than 5 minutes"

  - alert:DisksOffline
expr: avg_over_time(minio_cluster_drive_offline_total{job="minio-job"}[5m]) > 0
    for: 10m
    labels:
      severity: warn
    annotations:
      summary: "Disks down inMinIO deployment"
      description: "Disks(s) in cluster {{ $labels.instance }} offline for more than 5 minutes"
```

上述配置是一个 Prometheus 的告警规则，用于监控 MinIO 集群的节点和磁盘状态。以下是对各个字段的解释。

- groups：告警规则组的列表。每个组包含一组相关的告警规则。
- name：minio-alerts：告警规则组的名称。
- rules：告警规则的列表。每个规则定义了一个告警条件和告警的元数据。
- alert：告警的名称。
- expr：告警的表达式。当这个表达式的结果为真时，将触发告警。
- for：持续时间。只有当告警条件在这个时间段内一直为真时，才会触发告警。
- labels：告警的标签。这些标签将被添加到触发的告警中。
- severity：告警的严重程度。
- annotations：告警的注解。这些注解提供了有关告警的额外信息，可以在告警通知中显示。
- summary：告警的摘要信息。

在这个配置中定义了两个告警规则。

1）NodesOffline：当 minio_cluster_nodes_offline_total 的 5min 平均值大于 0 时，触发告警。表示在过去的 5min 内，有 MinIO 节点离线触发告警。

2）DisksOffline：当 minio_cluster_drive_offline_total 的 5min 平均值大于 0 时，触发告警。表示在过去的 5min 内，有 MinIO 的磁盘离线触发告警。

告警规则配置完成后，将告警配置文件写入 Prometheus 的配置文件中，示例代码如下。

```
global:
  scrape_interval: 5s

rule_files:
-minio-alerting.yml
```

告警触发后，Prometheus 会将告警信息发送到配置的 AlertManager 服务。

6.3 健康检查 API

MinIO 分布式存储系统提供了一些未经身份认证的端点，这些端点主要用于探测节点的正常运行时间和集群的高可用性，以便进行简单的运行状况检查。访问这些端点时，会返回一个 HTTP 状态代码，这个状态代码可以指示底层资源是否运行正常，或者是否满足读/写仲裁的要求。

在 MinIO 的纠删码（ErasureCoding）系统中，对象被分割成多个数据分片和奇偶校验分片，这些分片被分布在不同的磁盘上。读取仲裁是指为了从系统中读取一个对象，需要访问的最少的健康磁盘数量。只要有等于或大于读取仲裁的磁盘是健康的，就可以从这些磁盘中读取并重建对象。写入仲裁是指为了向系统中写入一个对象，需要的最少的健康磁盘数量。只有当健康的磁盘数量达到或超过写入仲裁时，才能成功地将对象写入系统中。

需要注意的是，这些端点只用于提供运行状况检查的功能，MinIO 不会通过这些端点公开其他数据。这是为了保护数据的安全性和隐私性，避免未经授权的访问和使用，也是 MinIO 分布式存储系统在设计和实现上的一个重要考虑，旨在提供稳定、高效和安全的数据存储服务。

1. 测试服务是否在线

为了测试 MinIO 服务是否在线，可以使用以下终端命令。

```
curl -I https://minio.example.net:9000/minio/health/live
```

在这个命令中，https://minio.example.net:9000 需要替换为需要检查的 MinIO 服务器的 DNS 主机名。

执行这个命令后，会得到一个 HTTP 响应代码。如果响应代码是 200 OK，那么表示 MinIO 服务器在线且功能正常。任何其他的 HTTP 响应代码都表示访问服务器存在问题，例如可能存在暂时性的网络问题或者服务器可能处于停机状态。

2. 测试写入仲裁

为了测试 MinIO 集群是否具有写入仲裁，可以使用以下命令。

```
curl -I https://minio.example.net:9000/minio/health/cluster
```

在这个命令中，https://minio.example.net:9000 需要替换为需要检查的 MinIO 集群节点的 DNS 主机名。如果是使用负载均衡器进行管理的集群，那么应该指定负载均衡器的主机名。

执行这个命令后，会得到一个 HTTP 响应代码。如果响应代码是 200 OK，那么表示 MinIO 集群具有足够的在线 MinIO 服务器来满足写入仲裁。如果响应代码是 503 Service-Unavailable，那么表示集群当前没有满足写入仲裁的条件。

需要注意的是，仅通过运行状况检查探测器无法确定 MinIO 服务器是否脱机或能否正常处理写入操作，它只能判断是否有足够的 MinIO 服务器在线，以满足基于配置的纠删码奇偶校验的写入仲裁要求。

3. 测试读取仲裁

为了测试 MinIO 集群是否具有读取仲裁，可以使用以下命令。

```
curl -I https://minio.example.net:9000/minio/health/cluster/read
```

在这个命令中，https://minio.example.net:9000 需要替换为需要检查的 MinIO 集群节点的 DNS 主机名。如果是使用负载均衡器进行管理的集群，那么应该指定负载均衡器的主机名。

执行这个命令后，会得到一个 HTTP 响应代码。如果响应代码是 200 OK，那么表示

MinIO 集群具有足够的在线 MinIO 服务器来满足读取仲裁。如果响应代码是 503 Service-Unavailable，那么表示集群当前没有满足读取仲裁的条件。

4. 集群维护检查

为了测试 MinIO 集群在关闭指定的 MinIO 服务器进行维护后，是否仍然可以满足读取和写入的需求，可以使用以下命令。

```
curl -I https://minio.example.net:9000/minio/health/cluster?maintenance=true
```

在这个命令中，https://minio.example.net:9000 需要替换为需要检查的 MinIO 集群节点的 DNS 主机名。如果是使用负载均衡器进行管理的集群，那么应该指定负载均衡器的主机名。

执行这个命令后，会得到一个 HTTP 响应代码。如果响应代码是 200 OK，那么表示 MinIO 集群具有足够的在线 MinIO 服务器来满足读取和写入仲裁。如果响应代码是 412 PreconditionFailed，那么表示如果 MinIO 服务器脱机，集群将无法满足读取和写入的需求。

6.4 本章小结

本章内容主要围绕 MinIO 分布式存储系统的存储桶通知和监控功能进行了深入的探讨。首先，介绍了存储桶通知的概念和作用，阐述了如何通过存储桶通知来实时获取存储桶的变化信息。然后，列举了一些支持接收存储桶通知的第三方应用，并详细介绍了如何将事件发布至 Redis 和 MySQL，这为用户提供了多样化的选择，用户可以根据自己的需求选择最合适的方式来接收和处理存储桶通知。接下来，对存储桶监控进行了简介，列举了一些常用的存储桶监控产品，并详细介绍了如何使用 Prometheus 来实现存储桶监控，这为用户提供了一种高效、灵活的监控方案。最后，介绍了健康检查 API，这是一个用于检测 MinIO 服务器运行状况的重要工具，可以帮助用户及时发现并处理问题。

本章的重点在于理解存储桶通知和监控的重要性，以及如何使用 MinIO 的相关功能来实现这些功能。难点可能在于理解如何配置和使用第三方应用来接收存储桶通知，以及如何配置和使用 Prometheus 来实现存储桶监控。希望通过本章的学习，能够帮助读者更好地理解和使用 MinIO 分布式存储系统的存储桶通知和监控功能。

第7章 数据备份与故障处理

Chapter 7

本章学习目标

- 掌握 MinIO 数据备份方式。
- 掌握 MinIO 数据恢复方式。
- 掌握 MinIO 故障处理方式。

在现代的数据驱动环境中，数据备份和故障处理是至关重要的。特别是对于像 MinIO 这样的对象存储服务，这两个概念更是关键。MinIO 提供了一种高效的方式来存储和管理大量的非结构化数据，但是，如果没有适当的备份和故障处理策略，数据可能会面临丢失或损坏的风险。因此，理解如何在 MinIO 中实施有效的数据备份和故障处理策略，对于保护重要数据和确保业务连续性来说，是至关重要的。本章将深入探讨 MinIO 数据备份与故障处理的相关概念和实践。

7.1 数据备份

MinIO 以高效、可扩展的特性，广泛应用于各种业务场景中，处理着大量的非结构化数据。然而，任何一种技术都无法完全避免数据丢失的风险，无论是硬件故障，还是人为错误，都可能导致数据的丢失。因此，数据备份对于保护 MinIO 中的数据，确保数据的安全性和完整性，具有至关重要的作用。

7.1.1 数据备份的概念与作用

数据备份是一种关键的信息安全策略，它通过创建数据的副本并将其存储在原始数据之外的位置，以防止数据丢失、损坏或被篡改。这种策略可以应对各种可能导致数据丢失的情况，包括但不限于自然灾害、人为错误、安全事件或系统故障等。

数据备份可以降低在发生各种意外事件时丢失全部或部分数据的风险。通过定期创建数据的备份，并将备份存储在安全的位置，可以在数据丢失后迅速恢复数据，从而最大程度地减少数据丢失带来的损失。

数据备份有助于确保业务连续性和不间断服务。当发生意外情况导致数据丢失时，可以通过恢复数据备份来快速恢复业务运行，从而减少业务中断的时间，降低业务中断对公司运营的影响。

有效的数据备份策略可以帮助公司节省时间和资源。当数据丢失时，如果没有数据备份，可能需要花费大量的时间和资源来尝试恢复数据，甚至可能无法恢复。而有了数据备份，可以迅速恢复数据，大大减少了数据恢复的时间和成本。

7.1.2 MinIO 支持的备份工具

MinIO 作为一款开源的高性能对象存储应用，支持了多种备份工具，以保证数据的安全性与完整性。

1. Rclone

Rclone 作为一款强大的命令行程序，专注于云存储文件的管理和同步，功能丰富且备份策略可由用户自由配置，能够替代云供应商的网络存储接口。目前，超过 70 种云存储产品都支持 Rclone，涵盖了 S3 对象存储、各类企业和消费者文件存储服务，以及支持标准传输协议的服务。

Rclone 提供了一系列与 UNIX 命令相当的云操作，如 rsync、cp、mv、mount、ls、ncdu、tree、rm 和 cat 等。这些命令的语法与 UNIX 命令相似，便于快速掌握。此外，Rclone 还支持 shell 管道操作，以及--dry-run 保护，使得在不真正执行命令的情况下预览命令的结果成为可能。

数据的安全性和完整性是 Rclone 非常关注的问题。无论何时，文件的时间戳和校验和都会被保留。即使在带宽有限、连接间歇性、或受到配额限制的情况下，Rclone 也能够从上次成功传输的文件开始重新启动传输。此外，文件的完整性也可以通过 Rclone 进行检查。

2. MinioSyncManager

MinioSyncManager 作为一款专为 MinIO 设计的开源同步（备份/迁移）工具，主要功能在于将源 MinIO 服务器上的数据复制或迁移到目标服务器，实现数据的备份或迁移。

在全量模式下，MinioSyncManager 将源 MinIO 服务器上的所有数据复制到目标服务器。这意味着目标服务器上的数据将与源服务器上的数据完全一致。此模式适用于首次备份或需要完全复制数据的场景，例如，将一个 MinIO 集群的数据迁移到另一个集群，或创建数据的完整备份。

在定时增量模式下，MinioSyncManager 会定期将源 MinIO 服务器上新增的数据复制到目标服务器。只有在上次备份之后新增的数据会被复制，而已经备份过的数据不会被再次复制。此模式适用于日常备份，可以有效地减少备份所需的时间和存储空间。

使用 MinioSyncManager 的过程包括在配置文件中设置源 MinIO 服务器和目标 MinIO 服务器的信息，包括服务器的地址、端口、访问密钥等，然后运行 MinioSyncManager，它就会根据配置文件中的设置自动进行数据同步。

3. Veeam Backup & Replication

Veeam Backup & Replication 是一款全面的数据保护与灾难恢复解决方案，适用于各种环境，包括虚拟环境、物理环境和云环境。

Veeam Backup & Replication 能够创建虚拟机、物理机和云主机的映像级备份，以及 NAS 共享文件的备份。它可以捕获整个系统的状态，包括操作系统、应用程序和数据，从而在需要时能够完全恢复。

Veeam Backup & Replication 支持从备份文件还原到原始位置或新位置。它提供了多种恢复选项，以适应各种灾难恢复场景，包括即时恢复、映像级还原、文件级还原，以及应用程序项目还原等。

Veeam Backup & Replication 可以创建完全相同的虚拟机副本，并确保该副本与原始虚拟机保持同步。如果原始虚拟机出现问题，可以立即切换到副本，从而最大程度地减少业务中断时间。

Veeam Backup & Replication 的复制技术，可以保护关键虚拟机并实现秒级恢复点目标（RPO）。在发生故障时，可以将数据恢复到故障发生前的几秒钟内。

Veeam Backup & Replication 可以将备份文件复制到二级存储库，以增加数据的安全性。即使主存储库出现问题，也可以从二级存储库恢复数据。

Veeam Backup & Replication 支持使用在存储系统上创建的原生快照的功能备份和还原虚拟机。它可以利用存储系统的高级功能，如硬件快照，以提高备份和恢复的性能。

7.1.3 使用 Rclone 进行备份和数据恢复

安装 Rclone 工具，示例代码如下。

```
[root@minio1 ~]# curl -O https://downloads.rclone.org/rclone-current-linux-amd64.zip
[root@minio1 ~]# unzip rclone-current-linux-amd64.zip
[root@minio1 ~]# cd rclone-*-linux-amd64
[root@minio1 ~]# sudo cp rclone /usr/bin/
[root@minio1 ~]# sudo chown root:root /usr/bin/rclone
[root@minio1 ~]# sudo chmod 755 /usr/bin/rclone
```

Rclone 安装完成后，需要在配置文件中配置存储介质的信息，配置结果如下。

```
[root@minio1 ~]# cat /root/.config/rclone/rclone.conf
[minio-1]
type = s3
provider = Minio
env_auth = false
access_key_id = minio
secret_access_key = minio123
region = cn-east-1
endpoint = 192.168.1.8:9000
location_constraint =
server_side_encryption =
[minio-2]
type = s3
provider = Minio
env_auth = false
access_key_id = minio
secret_access_key = minio123
region = cn-east-1
endpoint = 192.168.1.107:9000
location_constraint =
server_side_encryption =
```

上述文件中配置了两个 MinIO 节点及其相关信息，各项配置的含义如下。

- type：存储类型，这里是 s3，表示这是一个兼容 S3 的存储服务。
- provider：存储提供商，这里是 Minio，表示这是一个 MinIO 服务。
- env_auth：是否使用环境变量进行身份认证。这里设置为 false，表示不使用环境变量，而是在配置文件中直接提供访问密钥。
- region：服务所在的地理区域。
- endpoint：服务的访问地址。
- location_constraint：存储桶的位置约束，这里没有设置，表示使用默认的位置约束。
- server_side_encryption：服务器端加密方式，这里没有设置，表示不使用服务器端加密。

将 minio-1 节点上 tset-bucket 存储桶中的对象备份到 minio-2 节点上 cold-bucket 存储桶中，示例代码如下。

```
rclone sync minio-1:tset-bucket minio-2:cold-bucket
```

此外，Rclone 还支持本地到云端、云端到云端、云端到本地的数据备份与恢复，具体语法如下。

```
#本地到云端
rclone [功能选项] <本地路径> <配置名称:路径> [参数] [参数]
#云端到本地
rclone [功能选项] <配置名称:路径> <本地路径> [参数] [参数]
#云端到云端
rclone [功能选项] <配置名称:路径> <配置名称:路径> [参数] [参数]
```

7.2 存储桶复制

在处理大规模数据时，保证数据的可用性和一致性是至关重要的。存储桶复制是一种机制，可以在 MinIO 集群中的不同存储桶之间自动复制对象。这不仅可以提高数据的可用性，还可以帮助实现数据备份和跨区域复制。接下来，将深入探讨 MinIO 存储桶复制的工作原理，以及如何配置和使用存储桶复制来优化 MinIO 对象存储服务。

7.2.1 存储桶复制的作用与要求

MinIO 存储桶复制是一种在 MinIO 集群中实现数据自动复制的机制。它允许在集群中的不同存储桶之间复制对象，从而实现数据的备份和恢复。

1. 存储桶复制的作用

存储桶复制的主要功能包括数据备份、跨区域复制、灾难复制。存储桶复制作为一种数据备份策略，通过在不同的存储桶之间复制对象，可以增强数据的可用性和耐久性。这意味着，即使某个存储桶中的数据丢失或损坏，也可以从其他存储桶中恢复数据。

存储桶复制还可以实现跨区域复制，即将数据从一个地理区域复制到另一个地理区域。这可以提高数据的可用性，因为用户可以从离他们最近的区域访问数据，从而提高数据访问速度。

在发生灾难时，例如硬件故障或数据中心故障，存储桶复制可以用于恢复数据。如果原始数据丢失或损坏，可以从复制的数据中恢复，从而最小化数据丢失的影响。

2. 存储桶复制要求

在进行存储桶复制时，源存储桶和目标存储桶都必须启用版本控制。版本控制允许 MinIO 保存对象的所有版本，这对于实现数据备份和恢复非常重要。

如果在源存储桶上启用了对象锁定，那么在目标存储桶上也必须启用对象锁定。对象锁定允许用户在对象上应用保留策略，例如法规保留和合规保留，这对于满足某些合规要求非常重要。

源存储桶和目标存储桶之间必须有网络连接，以便进行数据复制。这意味着，源存储桶和目标存储桶必须能够相互通信。

目标存储桶必须有足够的存储空间来存储复制的数据。如果目标存储桶的存储空间不足，存储桶复制可能会失败。

7.2.2 存储桶复制的类型

存储桶复制的分类主要是为了满足不同的业务需求和场景，包括业务需求、合规性要求、操作原因和数据迁移与备份等。此外，技术限制也可能影响存储桶复制的分类，如存储桶复制需要用户在源存储桶和目标存储桶中都要配置版本控制功能。总之，存储桶复制的分类是为了更好地满足各种业务需求，提供更灵活、更高效的数据管理方案。

1. 单向存储桶复制

单向存储桶复制是一种数据备份和迁移策略，它的主要功能是在不同的存储桶之间自动、异步地复制增量对象。这种复制模式的特点是，只有一个节点（源存储桶）可以写入数据，其他节点（目标存储桶）只能读取数据。这种设计可以确保数据的一致性和完整性，避免了数据在多个节点之间的冲突。

存储桶复制是在相同或跨不同区域的存储桶自动、异步地复制对象的过程。复制操作会将源存储桶中新创建的对象和对象更新复制到目标存储桶。在配置复制时，需要向源存储桶添加复制规则。这些复制规则定义了要复制的源存储桶对象和存储已复制对象的目标存储桶。这样，无论源存储桶中的对象如何变化，这些变化都将根据复制规则被复制到目标存储桶中。

单向存储桶复制的应用场景非常广泛，包括但不限于以下几种。

（1）异地容灾

通过在不同地理位置的存储桶中维护数据副本，实现数据的异地容灾。这样，即使某个地理位置的存储桶发生故障，也可以从其他地理位置的存储桶中恢复数据，保证业务的正常运行。

（2）合规性要求

满足某些行业中可能存在的合规性要求，规定需要在不同的存储桶间保存数据副本。这样，即使某个存储桶的数据丢失，也可以从其他存储桶中恢复数据，满足数据备份的合规性要求。

（3）减少访问延迟

在与客户地理位置最近的存储桶中维护对象副本，可以最大限度上缩短客户的访问延迟。这样，客户可以从最近的存储桶中快速获取数据，提高服务的响应速度。

（4）操作原因

在两个不同存储桶中均具有计算集群，且这些计算集群需要处理同一套数据，可以通过存储桶复制在这两个不同的存储桶中维护对象副本。这样，无论哪个计算集群需要处理数据，都可以从本地的存储桶中快速获取数据，提高计算效率。

（5）数据迁移与备份

根据业务发展需要，将业务数据从一个存储桶复制到另一个存储桶，实现数据迁移和数据备份。这样，可以在不影响业务运行的情况下，将数据从旧的存储桶迁移到新的存储桶，或者在新的存储桶中备份数据，提高数据的安全性。

需要注意的是，开启存储桶复制功能需要同时对源存储桶和目标存储桶均启用版本控制功能。在实施单向存储桶复制时，还需要考虑对象大小、存储桶地域间的距离，以及对象的上传方式等因素。这些因素都可能影响存储桶复制的效率和成本，因此在实施存储桶复制时需要进行充分考虑和规划。

2. 双向存储桶复制

双向存储桶复制允许在源存储桶和目标存储桶之间进行双向数据传输。这是通过在源存储桶和目标存储桶中分别创建复制规则来实现的，从而使两个存储桶能够相互复制数据，实现数据的同步。在启用存储桶复制功能后，对象存储系统将精确地复制源存储桶中的对象内容（包括对象元数据和版本 ID 等）到目标存储桶中。复制的对象副本将拥有与源对象完全一致的属性信息。此外，源存储桶中对于对象的所有操作，如添加对象、删除对象等操作，也将被复制到目标存储桶中。

双向存储桶复制的工作原理主要依赖于源存储桶和目标存储桶之间的复制规则。这些复制规则定义了哪些对象需要被复制，以及这些对象应该被复制到哪里。当源存储桶中的对象发生变化时，这些变化会被自动、异步地复制到目标存储桶中。同样，当目标存储桶中的对象发生变化时，这些变化也会被复制到源存储桶中。这样，无论是源存储桶还是目标存储桶中的数据发生变化，这些变化都将被准确地反映到另一个存储桶中，从而实现数据的双向同步。需要注意的是，为了保证数据的一致性和完整性，开启存储桶复制功能需要同时对源存储桶和目标存储桶均启用版本控制功能。

双向存储桶复制同样适用于异地容灾、数据迁移等应用场景。

7.2.3 启用存储桶复制

登录 MinIO 控制台，在存储桶管理页面单击 Replication 选项，进入桶复制管理页面，如图 7.1 所示。

在桶复制管理页面，单击右上角的 Add Replication Rule 按钮进入复制规则创建对话框，如图 7.2 所示。

用户需要在复制规则创建窗口中配置目标节点的信息，各项含义如下。

- Priority：优先级，用于在有多个复制规则时确定规则的执行顺序，1 表示最高优先级。
- Target URL：目标 URL，指定要复制数据到的 MinIO 部署的 URL。
- Use TLS：是否使用 TLS，这是一个开关选项，如果目标部署使用 TLS，则应将此选项设置为 ON。

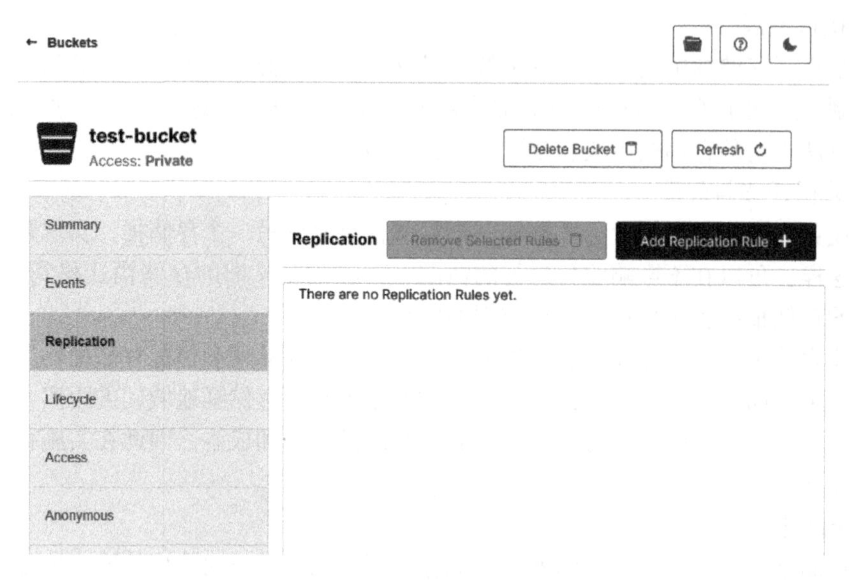

图 7.1　桶复制管理页面

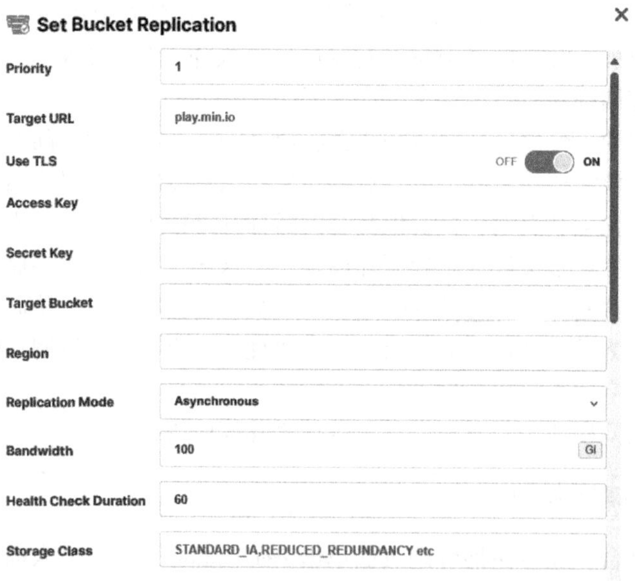

Set Bucket Replication
Priority 1
Target URL play.min.io
Use TLS OFF ON
Access Key
Secret Key
Target Bucket
Region
Replication Mode Asynchronous
Bandwidth 100 Gi
Health Check Duration 60
Storage Class STANDARD_IA,REDUCED_REDUNDANCY etc

图 7.2　复制规则创建对话框

- Access Key：访问密钥，用于在目标部署上进行身份认证的用户的访问密钥。
- Secret Key：秘密密钥，用于在目标部署上进行身份认证的用户的密钥。
- Target Bucket：目标存储桶，指定要复制数据到的存储桶的名称。
- Region：区域，指定目标存储桶所在的区域。
- Replication Mode：复制模式，指定复制操作是同步进行还是异步进行。
- Bandwidth：带宽设置。
- Health Check Duration：健康检查持续时间，指定进行健康检查的频率或间隔。

- Storage Class：存储类别，指定用于存储复制对象的存储类别。

需要注意的是，用户对于复制模式的选择将对复制过程造成一些重要影响。在 MinIO 中，同步复制和异步复制是两种不同的数据复制策略，它们主要的区别在于数据复制的时机和一致性要求。同步复制是一种数据复制方式，其中源存储桶在接收到写入请求后，会将数据同时写入到源存储桶和目标存储桶。只有当两个存储桶都确认写入成功后，才会向客户端返回写入成功的消息。这种方式可以确保源存储桶和目标存储桶中的数据始终保持一致。然而，由于需要等待目标存储桶的写入确认，同步复制可能会增加写入延迟。异步复制是另一种数据复制方式，其中源存储桶在接收到写入请求后，会立即将数据写入到源存储桶，并向客户端返回写入成功的消息。然后，源存储桶会在后台将数据复制到目标存储桶。这种方式可以减少写入延迟，提高写入性能。然而，由于源存储桶和目标存储桶的数据复制是在后台异步进行的，所以可能会存在源存储桶和目标存储桶中的数据不一致的情况。在选择同步复制还是异步复制时，需要根据业务需求和网络环境进行权衡。如果对数据一致性要求较高，可以选择同步复制；如果对写入性能要求较高，可以选择异步复制。

用户可在复制规则创建窗口中配置对象过滤与复制选项，如图 7.3 所示。

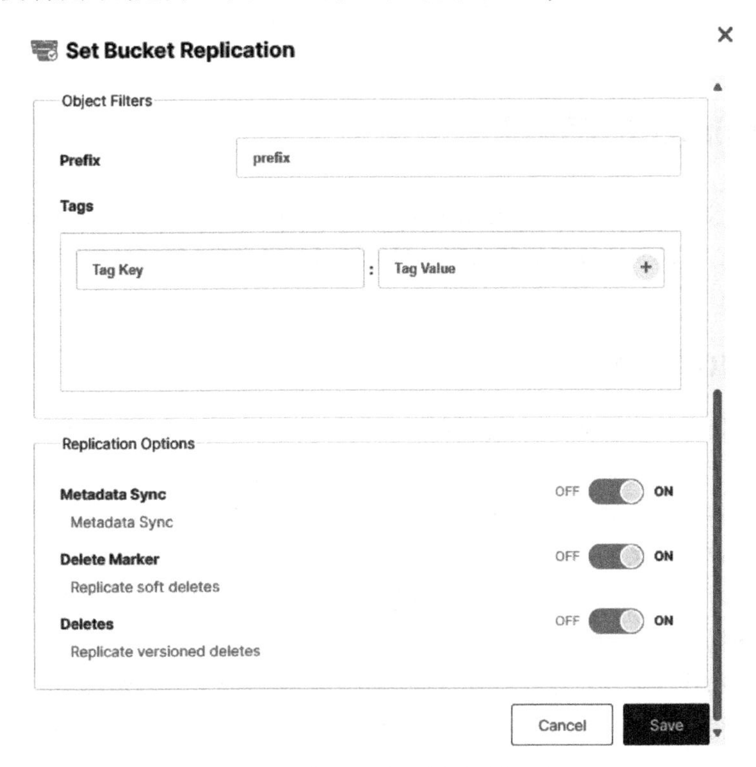

图 7.3 设置对象过滤与复制选项

桶复制规则配置完成后，单击窗口右下角的 Save 按钮即可完成规则创建，如图 7.4 所示。

至此，单向存储桶复制已经配置完成。如果需要配置双向存储桶复制规则，那么只需要在目标节点上做相同的配置即可。此外，用户可在多个节点中配置桶复制规则，形成多节点存储桶复制。

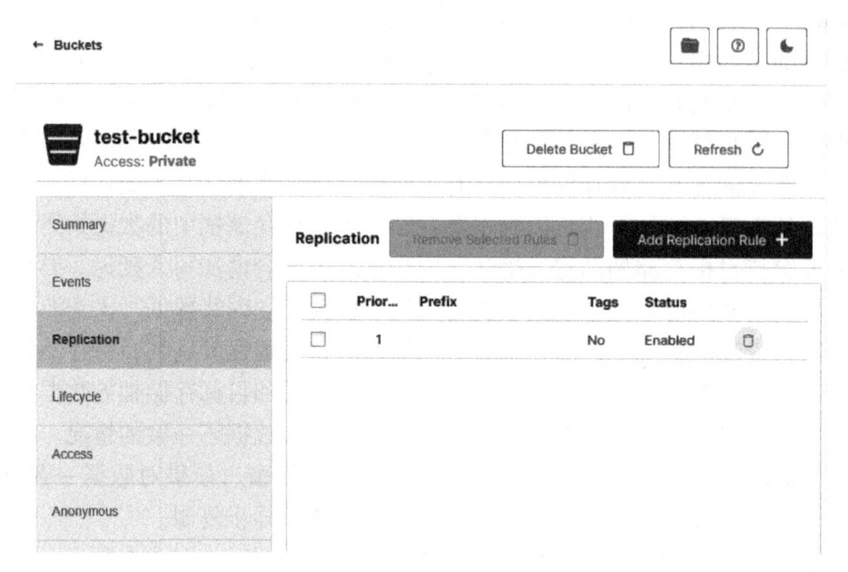

图 7.4　完成规则创建

7.3　MinIO 故障处理

就像任何技术产品一样，使用 MinIO 的过程中可能会遇到各种问题和挑战。幸运的是，MinIO 官方提供了一系列的故障修复方案，这些方案涵盖了从基本的配置问题到复杂的性能优化等各种场景。

7.3.1　MinIO 的故障类型

在分布式存储系统中，MinIO 的部署策略依赖于纠删码技术，该技术为多个硬盘驱动器或计算节点提供了内置的容错能力。这种容错能力的程度取决于所选的部署拓扑和纠删码奇偶校验策略。在特定的配置下，MinIO 能够在最多一半的硬盘驱动器或计算节点失效的情况下，仍然保持对存储对象的读取访问权限。这种称为 Readquorum 的机制，允许系统在维持数据可用性的同时，进行故障恢复和数据重建。这种设计使得 MinIO 在面临硬件故障时，能够提供更高的数据持久性和可用性。

在 MinIO 分布式存储系统中，即使在硬件故障导致性能下降的情况下，系统也能继续运行。这种特性使得系统管理员可以根据故障的严重程度，按比例安排硬件的更换和维修。对于“正常”故障率，即单个驱动器或节点的故障，可能留给系统管理员更宽松的修复时间。然而，对于“严重”故障率，即多个驱动器或节点同时出现故障，可能需要系统管理员更加快速地响应和处理。

对于那些存在一个或多个部分故障，或者其驱动器正在运行但处于降级状态的节点（例如，驱动器错误增加、SMART 警告、MinIO 超时日志等），只要群集有足够的资源，就可以安全地卸载故障驱动器，同时保持驱动器的正常运行。这种设计减少了因驱动器缺失而产生读取和写入错误的次数，从而提高了系统的可靠性和稳定性。

即便如此，MinIO 官方还是例举了 3 种典型的故障类型及其修复方式，分别是驱动器故障、节点故障与站点故障。

7.3.2 MinIO 的驱动器故障与修复

在 MinIO 分布式存储系统中，支持将出现故障的硬盘驱动器与新的正常运行的硬盘驱动器进行热插拔替换。一旦新的硬盘驱动器插入，MinIO 将自动检测并开始修复这些驱动器，而不用进行任何节点级别或部署级别的重新启动。值得注意的是，MinIO 的修复过程仅在更换的硬盘驱动器上进行，因此通常不会对整个部署的性能产生影响。

1. 卸载故障驱动器

在 MinIO 的修复过程中，系统会确保数据从故障的硬盘驱动器恢复到新的健康硬盘驱动器上。在这个过程中，建议不要尝试从故障的硬盘驱动器中提取数据到新的健康硬盘驱动器，以避免可能出现的数据损坏或丢失。

用户可使用命令卸载故障驱动器，示例代码如下。

```
umount /dev/sdb
```

2. 更换驱动器

在节点硬件中，需要将故障的硬盘驱动器移除，并用已知状态良好的硬盘驱动器进行替换。替换的硬盘驱动器需要满足以下几个条件。

1）驱动器需要被格式化为 XFS 文件系统，并且该驱动器应为空闲状态，没有存储任何数据。

2）替换的驱动器类型需要与原有的驱动器类型相同，例如硬盘驱动器（HDD）、固态硬盘（SSD）或者非易失性内存快闪存储器（NVMe）。

3）替换的驱动器的性能应当等同或者超过原有的驱动器性能。

4）替换的驱动器的存储容量应当等于或者大于原有的驱动器容量。

值得注意的是，即使替换的驱动器容量大于原有的驱动器容量，也不会增加集群存储的总容量。因为 MinIO 会以服务器池中所有驱动器的最小容量作为上限。

在替换驱动器后，需要执行以下命令将新的驱动器格式化为 XFS 文件系统，并为其分配一个标签，该标签需要与出现故障的驱动器的标签相匹配。这样可以确保新的驱动器能够顺利地替代原有的故障驱动器，保证系统的正常运行，示例代码如下。

```
mkfs.xfs /dev/sdb -L DRIVE1
```

3. 审查与更新

在节点硬件中，需要检查并根据需要更新/etc/fstab 文件，以确保故障的硬盘驱动器指向新格式化的替换驱动器。如果采用基于标签的驱动器分配策略，需要确保每个标签都指向新格式化的替换驱动器。

如果采用基于 UUID 的驱动器分配策略，需要根据新格式化的替换驱动器进行更新。可以使用 lsblk 命令来查看驱动器的 UUID。

/etc/fstab 文件内容如下。

```
# <file system>  <mount point>  <type>  <options>           <dump>  <pass>
LABEL=DRIVE1     /mnt/drive1    xfs     defaults,noatime    0       2
```

```
LABEL=DRIVE2    /mnt/drive2    xfs    defaults,noatime  0      2
LABEL=DRIVE3    /mnt/drive3    xfs    defaults,noatime  0      2
LABEL=DRIVE4    /mnt/drive4    xfs    defaults,noatime  0      2
```

在这个例子中，每个驱动器都有一个对应的标签，这些标签指向相应的挂载点。如果需要替换其中的一个驱动器，例如 DRIVE1，那么需要将新的驱动器格式化为 XFS 文件系统，并为其分配一个与故障驱动器相同的标签（即 DRIVE1）。然后，更新/etc/fstab 文件，使 LABEL=DRIVE1 指向新的驱动器。这样，系统在启动时就会自动挂载新的驱动器到相应的挂载点，从而实现故障驱动器的无缝替换。

4. 重新挂载

在硬盘驱动器更换和修复过程的最后阶段，需要执行 mount -a 命令来重新挂载在开始时卸载的硬盘驱动器。这个命令是 UNIX 和 Linux 系统中的一个标准命令，用于挂载在/etc/fstab 文件中列出的所有文件系统。

执行 mount -a 命令后，系统会自动检查/etc/fstab 文件，并尝试挂载文件中列出的所有文件系统。在这个过程中，所有新更换并已经格式化的硬盘驱动器都会被重新挂载到系统中。这样，就可以确保所有的硬盘驱动器都已经正确地挂载到系统中，从而完成硬盘驱动器的更换和修复过程。

5. 状态检测

在硬盘驱动器更换和修复过程中，可以使用 journalctl -u minio 命令或者对于由 systemd 管理的安装，来监视服务器的日志输出。这些日志输出应包括标识每个已经格式化和空闲的硬盘驱动器的消息。这样，系统管理员可以通过查看这些日志，了解硬盘驱动器的更换和修复过程是否正常进行。

在整个过程中，MinIO 会自动修复更换的硬盘驱动器，以确保系统能够从降级状态快速恢复。这也是 MinIO 分布式存储系统在面临硬件故障时，能够提供更高的数据持久性和可用性的重要原因之一。

7.3.3 MinIO 的节点故障与修复

在 MinIO 分布式存储系统中，如果节点遭受了完全的硬件故障（例如，所有的硬盘驱动器或数据都丢失了），那么在节点重新加入部署后，将开始执行修复操作。这个修复过程仅在更换的硬件上进行，通常不会对整个部署的性能产生影响。

在 MinIO 的修复过程中，系统会确保数据从故障的节点恢复到新的正常运行的节点上。在这个过程中，建议不要尝试从故障的节点中提取数据到新的正常运行的节点，以避免可能出现的数据损坏或丢失。

以下步骤提供了更详细的节点替换演练。这些步骤假定每个节点都有一个 DNS 主机名的 MinIO 部署，这是进行节点替换的先决条件。这样，就可以确保在节点故障后，能够快速、准确地进行节点替换，从而保证系统正常运行。

1. 启动替换节点

在 MinIO 分布式存储系统中，当需要替换一个遭受硬件故障的节点时，首先需要启动一个新的计算节点。这个新的计算节点应当已经接收所有必要的安全性更新、固件更新以及操作系统更新。这些更新应当符合行业标准、法规要求或者组织的规定。这样可以确保新的计算节点在硬件和软件层面上都能够提供稳定和安全的运行环境。

在新的计算节点启动后，需要对其进行必要的软件配置。这些软件配置必须与部署中的其他节点相匹配，包括但不限于操作系统版本、内核版本以及其他相关配置。这样可以确保新的计算节点能够顺利地加入到现有的部署中，与其他节点协同工作。

如果新的计算节点的软件配置与部署中的其他节点不一致，可能会导致部署中出现意外的行为或者错误。例如，如果新的计算节点的操作系统版本与其他节点不一致，可能会导致某些功能无法正常工作。因此，需要确保新的计算节点的软件配置与部署中的其他节点完全一致，以避免可能出现的问题。

2. 更新新节点的主机名

当需要替换一个遭受硬件故障的节点时，可能需要更新新节点的主机名。这主要取决于新的计算节点的 IP 地址是否与故障节点的 IP 地址不同。如果两者的 IP 地址不同，那么就需要更新主机名，以确保系统能够正确地识别和访问新的计算节点。

在更新主机名的过程中，需要确保与故障节点关联的主机名现在可以解析到新的计算节点上。这样，当其他节点或者客户端尝试访问这个主机名时，就会被正确地引导到新的计算节点上，而不是原来的故障节点。

3. 下载并准备 MinIO 服务

当需要替换一个遭受硬件故障的节点时，需要在新的计算节点上下载并安装 MinIO 服务。这个过程应当按照部署的步骤进行，以确保新的计算节点能够顺利地加入到现有的部署中。

在安装 MinIO 服务的过程中，需要使用与部署中所有其他节点相匹配的配置来运行 MinIO 服务，包括但不限于 MinIO 服务的运行参数、环境变量设置以及其他相关配置。这样可以确保新的计算节点能够与部署中的其他节点协同工作，提供一致的服务。

所有节点上的 MinIO 服务版本必须相同。这是因为不同版本的 MinIO 服务器可能会有不同的功能和行为，如果节点上的 MinIO 服务器版本不一致，可能会导致部署中出现意外的行为或者错误。

4. 将节点重新加入部署

在新的计算节点上启动 MinIO 服务进程是将节点重新加入部署的关键步骤。这个过程可以通过执行特定的命令或者使用特定的工具来完成。在这个过程中，可以使用 journalctl-uminio 命令来监控 MinIO 服务器进程的输出。这个命令会显示 MinIO 服务器进程的日志信息，包括进程的运行状态、错误信息以及其他相关信息。

在 MinIO 服务器进程启动后，服务器的输出应该显示它已经检测到部署中的其他节点，并开始进行修复操作。MinIO 自动修复新的计算节点，以确保系统能够从降级状态快速恢复，包括但不限于数据恢复、状态恢复以及其他相关操作。这些操作旨在确保新的计算节点能够在短时间内恢复到正常运行状态，从而保证系统的稳定性和可用性。

7.3.4 MinIO 的站点故障与修复

在 MinIO 分布式存储系统中，即使整个站点遭受了严重的损失，也可以通过站点恢复（SiteRecovery）功能将损失降低。站点恢复的具体实现取决于用于站点的复制选项。在站点复制修复过程中，系统会自动将现有站点的身份访问管理（IAM）设置、存储桶、存储桶配置以及对象添加到新的站点，不用进行任何额外的操作。

然而，如果在其他正常运行的站点上保留了任何存储桶复制规则，那么就无法配置站点复制。这是因为存储桶复制和站点复制是互斥的，不能同时存在，所以，如果需要从使用存储桶复制切换到使用站点复制，那么必须先从运行状况良好的站点中删除所有的存储桶复制规则，然后再设置站点复制。这样，就可以确保站点复制能够正常工作，从而提高 MinIO 分布式存储系统的可用性和可靠性。

站点复制功能正常开启的状态下，如果某个对等站点由于重大灾难或长时间停电等原因发生故障，那么可以使用剩余的正常运行的站点来还原可复制的数据。假定一个或多个对等站点已经完全丢失，而不是由于网络延迟或暂时性部署停机等原因导致的复制滞后或延迟。这种情况下，数据恢复的主要目标是确保所有的数据都能够从剩余的正常运行的站点中恢复，从而保证数据的完整性和一致性。

1. 删除故障站点

在 MinIO 分布式存储系统中，如果某个站点发生故障，可以使用命令从站点复制配置中删除该故障站点，具体的命令如下。

```
mc admin replicate rm HEALTHY_PEER UNHEALTHY_PEER --force
```

在这个命令中，HEALTHY_PEER 需要替换为复制配置中任何正常运行的对等方的别名，而 UNHEALTHY_PEER 需要替换为故障的对等站点的别名。

执行这个命令后，站点复制配置中的所有正常对等方都会自动更新，以删除不正常的对等方。这样，就可以确保站点复制配置始终保持最新状态，从而提高 MinIO 分布式存储系统的可用性和可靠性。

2. 部署新站点

用户需要按照站点复制的要求，需要部署新的 MinIO 站点。在部署过程中，应避免上传任何数据或进行超出规定要求的配置。完成部署后，需要验证新的 MinIO 部署是否正常运行，以及是否已经与其他对等站点建立了双向连接。这是确保新站点能够顺利加入到现有的站点复制配置中的重要步骤。此外，还需要确保新站点上的服务器版本与现有对等站点上的服务器版本匹配。

需要注意的是，站点复制配置中的命令只能在联机节点或正常运行的节点上运行。如果一个 MinIO 部署被脱机或删除，它将保留其原始的复制配置。如果这个部署恢复了正常操作，它将继续对其配置的对等站点执行复制操作。如果计划将硬件重新用于站点复制配置，那么要先完全删除部署的驱动器，然后再重新初始化 MinIO 并将站点添加回复制配置。以确保新的硬件能够顺利地加入到站点复制配置中，从而提高 MinIO 分布式存储系统的可用性和可靠性。

3. 为新站点配置站点复制

在 MinIO 分布式存储系统中，当需要将新站点加入到现有的站点复制配置中时，可以使用以下命令。

```
mc admin replicate add HEALTHY_PEER NEW_PEER
```

在这个命令中，HEALTHY_PEER 需要替换为复制配置中任何正常运行的对等方的别名，而 NEW_PEER 需要替换为新加入的对等方的别名。

执行这个命令后，站点复制配置中的所有正常对等方都会自动更新，以包含新加入的对等方。

4. 数据同步

在MinIO分布式存储系统中，当新的对等方加入到站点复制配置中后，需要执行一次重新同步操作，以确保新的对等方与其他对等方的数据保持一致。这个操作可以通过执行以下命令来完成。

```
mc admin replicate resync start HEALTHY_PEER NEW_PEER
```

执行这个命令后，系统会开始重新同步操作，将HEALTHY_PEER上的数据复制到NEW_PEER上。这样，就可以确保新加入的对等方能够拥有与其他对等方一致的数据。

7.3.5 SUBNET

SUBNET是一个由MinIO构建的支持平台，将常见的通信工具的聊天功能与标准的技术支持平台的功能相结合，提供直接面向工程师的技术支持。根据服务级别协议（SLA）的要求，SUBNET可以提供安全和体系结构的审查服务，以确保系统的安全性和稳定性。在遇到关键问题时，可以通过单击紧急响应按钮，立即获得技术支持团队的响应。这个功能的可用性也取决于服务级别协议（SLA）。SUBNET提供了一个安全的通信通道，用于交换日志文件和软件二进制文件。这个通信通道使用加密技术，以保护数据的安全性和隐私性。SUBNET为用户的团队提供无限的席位，这意味着无论团队的规模有多大，都可以获得相应的技术支持服务。

以上功能使得SUBNET成为一个强大、灵活的技术支持平台，能够满足各种复杂的技术支持需求。这也是MinIO分布式存储系统在面临硬件故障时，能够提供更高的数据持久性和可用性的重要原因之一。用户在MinIO控制台中注册MinIO部署，然后通过注册的许可证即可向MinIO官方的工程师求助。

7.4 本章小结

本章内容主要围绕数据备份的重要性和作用进行展开，详细介绍了MinIO分布式存储系统在数据备份和恢复方面的功能和工具。首先，阐述了数据备份的概念，以及其在确保数据安全和维持业务连续性中的核心作用。接着，详细探讨了MinIO所支持的备份工具，尤其是Rclone，以及如何利用Rclone进行数据备份和恢复。随后，深入了解了存储桶复制的功能和要求，以及各种类型的存储桶复制。学习了如何启用存储桶复制，以实现数据的实时同步和备份。此外，还讨论了MinIO在面临故障时的处理策略，包括站点复制和站点恢复等功能，以确保数据的持久性和可用性。最后，介绍了SUBNET，这是一个由MinIO构建的支持平台，能够提供全年无休的直接面向工程师的技术支持。

本章的重点在于理解数据备份的重要性，以及MinIO在数据备份和恢复方面的强大功能。难点在于理解存储桶复制的工作原理，以及如何配置和使用MinIO的各种备份和恢复工具。通过本章的学习，有助于读者更深入地理解和使用MinIO分布式存储系统的数据备份和恢复功能。

第8章 SDK与API部署

Chapter 8

本章学习目标

- 掌握 MinIO SDK 快速部署的方式。
- 掌握 MinIO STS 服务的配置方式。
- 掌握 MinIO 的 API 使用方式。

MinIO 是一款高性能的开源对象存储系统，它提供了在任意硬件上存储无限量数据的能力。然而，仅有强大的存储系统并不够，还需要一种与该系统进行交互的方式，这就是 SDK 的功能。

8.1 SDK 的快速部署

MinIO SDK 不仅提供了与 MinIO 服务器进行交互的简洁、直观的方式，而且还能使数据的上传、检索等操作变得轻而易举。通过 MinIO SDK，数据管理员可以更好地控制和管理数据，提高数据处理的效率，从而使得组织能够更好地利用其数据资产。因此，对于数据管理员来说，学习 MinIO SDK 可以提升自身技能，提高工作效率，以及推动组织的数据利用。

8.1.1 SDK 简介

SDK 也就是软件开发工具包，是一套专为软件开发人员打造的集成工具。它包括了一系列用于创建特定平台或特定语言的软件应用所需的工具、库、相关文档、代码示例、进程等。

1. SDK 的组件

（1）工具

在软件开发工具包（SDK）中，工具主要包括用于编写、调试和优化代码的程序，例如编译器、链接器和调试器。

① 编译器。编译器是一种特殊的程序，它的主要任务是将开发人员编写的源代码转换为目标代码，通常是机器语言代码。这个过程被称为编译。编译器还负责检查源代码中的语法错误，并在必要时给出错误报告，帮助开发人员找出并修复代码中的问题。

② 链接器。链接器是另一种重要的工具，它的主要任务是将编译器生成的一个或多个目标代码文件链接在一起，生成一个可执行文件。链接器还负责解决源代码中的外部引用问

题，例如函数或变量的引用。

③ 调试器。调试器是一种用于帮助开发人员找出并修复代码中错误（通常被称为 Bug）的工具。调试器可以让开发人员逐步执行代码，观察程序的运行状态，例如变量的值、内存的使用情况等。

这些工具可以帮助开发人员更有效地编写和优化代码，提高代码的质量和性能。

（2）库

在软件开发工具包（SDK）中，库包含预编译的代码片段或函数，这些代码片段或函数已经被编译为机器语言，可以直接被计算机执行。

开发人员可以在自己的代码中直接调用库中的函数，而不用从头开始编写这些函数。这样可以大大提高开发效率，减少重复编写代码的工作。

由于库中的函数已经被优化过，因此使用库中的函数可以提高程序的运行效率。此外，由于开发人员不用从头开始编写代码，因此使用库也可以大大提高开发效率。

库中的函数通常是一些常用的、标准的功能，开发人员在多个项目中可能都需要用到这些功能。通过使用库，开发人员可以避免在每个项目中都重复编写这些功能，从而减少重复编写代码的工作。

（3）相关文档

在软件开发工具包（SDK）中，文档包括关于如何使用 SDK 以及它包含的工具和库的指南与参考资料。

① 使用指南。使用指南是详细的步骤说明，指导开发人员使用 SDK 及其包含的工具和库。这些指南通常会包括一系列的步骤，每个步骤都会详细说明如何执行，以及执行的结果是什么，以帮助开发人员快速上手使用 SDK。

② 参考资料。参考资料是关于 SDK 及其包含的工具和库的详细信息。这些资料通常会包括函数的定义、参数的说明、返回值的描述等，可以帮助开发人员深入理解 SDK，以及有效地使用它。

③ 错误处理和问题解决。错误处理和问题解决的文档可能包括关于如何处理常见错误，以及如何解决常见问题的信息。这些信息可以帮助开发人员在遇到问题时，快速找到解决方案，避免在开发过程中遇到不必要的困难和问题。

（4）代码示例

在软件开发工具包（SDK）中，代码示例包括展示如何使用 SDK 功能的实际代码片段或完整程序。

① 实际代码片段。实际代码片段是针对特定功能或任务的代码片段。例如，如果 SDK 有一个用于读取文件的函数，那么可能会有一个代码片段展示如何使用这个函数来读取一个文件。这些代码片段通常很简短，只关注一个特定的任务或功能。

② 完整程序。完整的程序展示了如何使用 SDK 的多个功能来完成一个更复杂的任务。这些程序通常会包含多个文件，每个文件都有其特定的角色和任务。

通过学习和参考这些代码示例，开发人员可以更快地掌握 SDK 的使用方法。这些示例提供了实际的、可运行的代码，开发人员可以直接在自己的项目中使用这些代码，或者根据这些代码来编写自己的代码。这样可以大大提高开发效率，减少开发过程中的错误和问题。

此外，这些代码示例还可以帮助开发人员理解 SDK 的设计理念和使用模式。通过阅读和理解这些代码，开发人员可以更深入地理解 SDK 的工作原理，以及如何有效地使用 SDK。

（5）进程

在软件开发工具包（SDK）中，进程包括关于如何使用 SDK 进行软件开发的最佳实践和方法论。

① 最佳实践。最佳实践是经过验证的、被广泛接受的开发方法，可以帮助开发人员更有效地进行软件开发。最佳实践可能包括如何组织代码、如何编写可读性强的代码、如何进行有效的测试等。

② 方法论。方法论是关于如何进行软件开发的理论和原则。方法论可能包括如何进行需求分析、如何进行设计、如何进行编码、如何进行测试等。这些方法论可以帮助开发人员更好地理解软件开发的全过程，以及如何在每个阶段进行有效的工作。

2. MinIO SDK 的特性

MinIO SDK 是一套强大且实用的工具集，为开发人员提供了一种简单、直观的方式来与 MinIO 服务器进行交互。

MinIO SDK 的 API 设计得非常直观，使得开发人员可以很容易地理解和使用。这种设计方式大大降低了学习和使用的难度，使得开发人员可以更快地掌握 SDK 的使用方法，从而提高开发效率。

MinIO SDK 提供了丰富的功能。无论是上传新的对象到 MinIO 服务器，还是从服务器检索已存在的对象，MinIO SDK 都能使这些操作变得轻而易举。此外，MinIO SDK 还提供了许多其他的功能，例如删除存储在 MinIO 服务器上的对象、列出存储桶中的所有对象、管理存储桶等，这些功能都可以帮助开发人员更好地管理数据。

无论是在数据的上传速度上，还是在数据的检索速度上，MinIO SDK 经过优化都能提供出色的性能。这意味着使用 MinIO SDK，开发人员可以在短时间内处理大量的数据，这对于需要处理大数据的应用来说是非常重要的。

MinIO SDK 支持多种编程语言，包括 Java、Python、JavaScript、Go 等，开发人员可以选择自己熟悉的编程语言来使用 MinIO SDK。这种良好的兼容性使得 MinIO SDK 可以在各种不同的开发环境中使用，大大提高了其适用性。

MinIO SDK 提供了强大的错误处理机制，可以帮助开发人员快速定位和解决问题。当开发人员使用 SDK 遇到问题时，SDK 会提供详细的错误信息，帮助开发人员快速找到问题的原因并进行修复。

3. MinIO SDK 包含的 API 功能

（1）Bucket 操作 API

Bucket 操作 API 专门用于管理存储桶。以下是这些 API 的详细介绍。

① MakeBucket API。MakeBucket API 是用于创建新的存储桶的 API。开发人员只需要提供一个唯一的存储桶名称，就可以使用这个 API 创建一个新的存储桶。

② ListBuckets API。ListBuckets API 是用于列出所有存储桶的 API。开发人员可以使用这个 API 获取他们在 MinIO 服务器上创建的所有存储桶的列表，这个列表可以帮助开发人员了解存储空间的使用情况。

③ BucketExists API。BucketExists API 是用于检查存储桶是否存在的 API。开发人员可以提供一个存储桶名称，然后使用这个 API 来检查这个存储桶是否存在。

④ RemoveBucket API。RemoveBucket API是用于删除存储桶的API。开发人员可以提供一个存储桶名称，然后使用这个API来删除这个存储桶。需要注意的是，只有当存储桶为空时，才能删除。

（2）对象操作API

这些API是MinIO SDK中的一部分，专门用于管理存储桶中的对象。以下是这些API的详细介绍。

① GetObject API。GetObject API是用于获取存储桶中的对象的API。开发人员只需要提供存储桶的名称和对象的键，就可以使用这个API获取对象。获取到的对象可以是一个文件，也可以是一个数据流，这取决于开发人员如何使用这个API。

② PutObject API。PutObject API是用于上传新的对象到存储桶的API。开发人员可以提供一个文件或一个数据流，然后使用这个API将其上传为一个对象。这个API还支持多种上传选项，例如设置对象的元数据，设置对象的访问权限等。

③ CopyObject API。CopyObject API是用于复制存储桶中的对象的API。开发人员可以提供源对象和目标对象的信息，然后使用这个API将源对象复制为目标对象。这个API还支持多种复制选项，例如设置目标对象的元数据，设置目标对象的访问权限等。

④ RemoveObject API。RemoveObject API是用于删除存储桶中的对象的API。开发人员只需要提供存储桶的名称和对象的键，就可以使用这个API删除对象。

（3）预签名操作API

这些API是MinIO SDK中的一部分，专门用于生成预签名的URL，可以用于在没有MinIO SDK的情况下访问对象。以下是这些API的详细介绍。

① PresignedGetObject API。PresignedGetObject API是用于获取预签名的GetObject URL的API。开发人员只需要提供存储桶的名称和对象的键，就可以使用这个API生成一个URL。这个URL可以在一定时间内用于获取对象，而不用使用MinIO SDK。这对于需要将对象的访问权限授权给其他用户的场景非常有用。

② PresignedPutObject API。PresignedPutObject API是用于获取预签名的PutObject URL的API。开发人员只需要提供存储桶的名称和对象的键，就可以使用这个API生成一个URL。这个URL可以在一定时间内用于上传对象。

③ PresignedPostPolicy API。PresignedPostPolicy API是用于获取预签名的PostPolicy URL的API。开发人员可以提供一个Post策略，然后使用这个API生成一个URL和一组表单字段。这个URL和表单字段可以在一定时间内用于以表单POST的方式上传对象。这个API适用于需要在网页中上传对象的场景。

（4）存储桶策略和通知操作API

这些API是MinIO SDK中的一部分，专门用于管理存储桶的策略和通知。以下是这些API的详细介绍。

① SetBucketPolicy API。SetBucketPolicy API是用于设置存储桶的策略的API。开发人员可以提供一个策略文档，然后使用这个API将策略应用到存储桶上。这个策略用于控制哪些用户可以访问存储桶，以及他们可以执行哪些操作。

② GetBucketPolicy API。GetBucketPolicy API是用于获取存储桶的策略的API。开发人员可以使用这个API获取存储桶当前的策略。

③ SetBucketNotification API。SetBucketNotification API 是用于设置存储桶的通知的 API。开发人员可以提供一个通知配置，然后使用这个 API 将配置应用到存储桶上。这个配置可以控制当存储桶中的对象发生变化时，如何通知开发人员。

④ GetBucketNotification API。GetBucketNotification API 是用于获取存储桶的通知的 API。开发人员可以使用这个 API 获取存储桶当前的通知配置。

4. 应用场景

MinIO SDK 的应用场景非常广泛，以下是一些典型的应用场景。

（1）大数据处理

在大数据处理中需要存储和处理海量的数据，MinIO SDK 可以帮助开发人员方便地上传、下载和管理这些数据。开发人员可以使用 MinIO SDK 将处理结果保存为对象，或者从 MinIO 服务器获取需要处理的数据。

（2）备份和恢复

MinIO SDK 可以用于备份和恢复数据。开发人员可以使用 MinIO SDK 将重要的数据上传到 MinIO 服务器，以防止数据丢失。在需要的时候，可以使用 MinIO SDK 从 MinIO 服务器恢复数据。

（3）内容分发网络（CDN）

MinIO SDK 可以用于构建内容分发网络。开发人员可以使用 MinIO SDK 将静态内容上传到 MinIO 服务器，然后通过 MinIO 服务器将这些内容分发给用户。

（4）机器学习和人工智能

在机器学习和人工智能中，需要处理大量的数据集，MinIO SDK 可以帮助开发人员方便地管理这些数据集。开发人员可以使用 MinIO SDK 将训练数据上传到 MinIO 服务器，然后在训练模型时从 MinIO 服务器获取数据。

（5）日志管理

MinIO SDK 可以用于日志管理。开发人员可以使用 MinIO SDK 将日志数据上传到 MinIO 服务器，然后使用 MinIO SDK 获取和分析这些日志数据。

8.1.2 Python 安装 MinIO SDK

关于 MinIO Python SDK 的安装，需要注意的是，需要 Python 3.7 或更高版本。SDK 可以通过 GitHub 存储库进行安装，也可以直接从 GitHub 存储库中获取源代码进行安装。

如果选择使用 pip 进行安装，可以执行以下命令。

```
pip3 install MinIo
```

如果选择使用 GitHub 中的源代码进行安装，可以执行以下命令。

```
git clone https://github.com/minio/minio-py
cd minio-py
python setup.py install
```

以上两种方法都可以成功安装 MinIO Python SDK。安装完成后，就可以开始使用 SDK 进行开发了。

为了连接到目标服务，需要创建 MinIO 客户端。创建 MinIO 客户端的方法是 Minio( )，它需要以下参数。

- endpoint：这是目标服务的 URL，用于指定 MinIO 客户端需要连接的服务。
- access_key：这是服务中用户账户的访问密钥，相当于用户 ID，用于身份验证。
- secret_key：这是用户账户的密钥，相当于密码，用于身份验证。

以下是一个创建 MinIO 客户端的示例代码：

```
from minio import Minio

client =Minio(
    "play.minio.org.cn",
    access_key="Q3AM3UQ867SPQQA43P2F",
    secret_key="zuf+tfteSlswRu7BJ86wekitnifILbZam1KYY3TG",
)
```

在这个示例中，play.minio.org.cn 是目标服务的 URL，Q3AM3UQ867SPQQA43P2F 是用户账户的访问密钥，zuf+tfteSlswRu7BJ86wekitnifILbZam1KYY3TG 是用户账户的密钥。通过这种方式，可以创建 MinIO 客户端并连接到目标服务。注意，这里使用了 play.minio 作为第一个参数，实际上就是 endpoint 参数。在 Python 中，当调用一个函数或方法时，可以选择使用位置参数（positional argument）或关键字参数（keyword argument）。在此处的代码中，使用了位置参数的方式来提供 endpoint 参数。

写一段 Python 代码，实现以下功能。

- 利用提供的凭据连接到位于 play.minio.org.cn 的 MinIO 服务器。
- 如果不存在名为 python-test-bucket 的存储桶，则创建该存储桶。
- 上传一个名为 test-file.txt 的文件，并在上传过程中将其重命名为/tmp/my-test-file.txt。
- 验证文件是否已成功上传。

以下是实现这些操作的 Python 脚本 file_uploader.py。

```
# file_uploader.py MinIO Python SDK example
from minio import Minio
from minio.error import S3Error

def main():
    # Create a client with the MinIO server playground, its access key
    # and secret key.
    client =Minio("play.minio.org.cn",
        access_key="Q3AM3UQ867SPQQA43P2F",
        secret_key="zuf+tfteSlswRu7BJ86wekitnifILbZam1KYY3TG",
    )

    # The file to upload, change this path if needed
    source_file = "/tmp/test-file.txt"

    # The destination bucket and filename on the MinIO server
    bucket_name = "python-test-bucket"
    destination_file = "my-test-file.txt"
```

```
    # Make the bucket if it doesn't exist.
    found = client.bucket_exists(bucket_name)
    if not found:
        client.make_bucket(bucket_name)
        print("Created bucket", bucket_name)
    else:
        print("Bucket", bucket_name, "already exists")

    # Upload the file, renaming it in the process
    client.fput_object(
        bucket_name, destination_file, source_file,
    )
    print(
        source_file, "successfully uploaded as object",
        destination_file, "to bucket", bucket_name,
    )

if __name__ == "__main__":
    try:
        main()
    except S3Error asexc:
        print("error occurred.",exc)
```

要运行此示例，需要确保有一个名为/tmp/test-file.txt 的文件。如果需要使用其他路径或文件名，那么需要修改 source_file 的值。执行命令运行脚本，示例代码如下。

```
python file_uploader.py
```

如果服务器上不存在名为 python-test-bucket 的存储桶，那么将输出如下代码。

```
Created bucket python-test-bucket
/tmp/test-file.txt successfully uploaded as object my-test-file.txt to bucket python-test-buck-
et
```

用户可以使用以下命令验证文件是否已上传。

```
mc ls play/python-test-bucket
```

如果文件已成功上传，那么将输出如下代码。

```
[2023-11-03 22:18:54 UTC]  20KiB STANDARD my-test-file.txt
```

8.1.3 Java 安装 MinIO SDK

在运行 Java 代码之前，需要安装 Java 开发环境，版本需求为 1.8 或更高。

在 Maven 项目中，可以在 pom.xml 文件中添加依赖来使用 MinIO 库，示例代码如下。

```
<dependencies>
    <dependency>
        <groupId>io.minio</groupId>
        <artifactId>minio</artifactId>
        <version>8.5.9</version>
```

```
    </dependency>
</dependencies>
```

在 Gradle 项目中，可以在 build.gradle 文件中添加依赖来使用 MinIO 库，示例代码如下。

```
dependencies {
    implementation 'io.minio:minio:8.5.9'
}
```

这样，就可以在项目中使用 MinIO 库提供的功能了。

接下来使用代码程序连接到一个对象存储服务器，然后在该服务器上创建一个名为 asiatrip 的存储桶，并将本地的一个文件上传到该存储桶中。

要成功连接到对象存储服务器，需要以下三个参数。

- 端点：这是 S3 服务的 URL。
- 访问密钥：这是在 S3 服务中创建的账户的访问密钥，也可以称为用户 ID。
- 密钥：这是在 S3 服务中创建的账户的私有密钥，也可以称为密码。

此示例使用的是 MinIO 服务器 playground，其 URL 为 https://play.minio.org.cn。这是一个公开的服务，可以用于测试和开发，示例代码如下。

```
import io.minio.BucketExistsArgs;
import io.minio.MakeBucketArgs;
import io.minio.MinioClient;
import io.minio.UploadObjectArgs;
import io.minio.errors.MinioException;
import java.io.IOException;
import java.security.InvalidKeyException;
import java.security.NoSuchAlgorithmException;

public class FileUploader {
  public static void main(String[] args)
      throws IOException, NoSuchAlgorithmException, InvalidKeyException {
    try {
      //创建一个 MinioClient 实例,连接到 MinIO 服务器 playground,使用其访问密钥和私有密钥
      MinioClient minioClient =
        MinioClient.builder()
            .endpoint("https://play.minio.org.cn")
            .credentials("Q3AM3UQ867SPQQA43P2F", "zuf+tfteSlswRu7BJ86wekitnifILbZam1KYY3TG")
            .build();

      //检查'asiatrip'存储桶是否存在
      boolean found =
minioClient.bucketExists(BucketExistsArgs.builder().bucket("asiatrip").build());
      if (!found) {
        //如果'asiatrip'存储桶不存在,则创建一个新的存储桶
minioClient.makeBucket(MakeBucketArgs.builder().bucket("asiatrip").build());
      } else {
        System.out.println("Bucket 'asiatrip' already exists.");
      }
```

```
        //将'/home/user/Photos/asiaphotos.zip'文件作为对象名'asiaphotos-2015.zip'上传到'asiatrip'
存储桶
        minioClient.uploadObject(
            UploadObjectArgs.builder()
                .bucket("asiatrip")
                .object("asiaphotos-2015.zip")
                .filename("/home/user/Photos/asiaphotos.zip")
                .build());
        System.out.println(
            "'/home/user/Photos/asiaphotos.zip' is successfully uploaded as "
                + "object 'asiaphotos-2015.zip' to bucket 'asiatrip'.");
      } catch (MinioException e) {
        System.out.println("Error occurred: " + e);
        System.out.println("HTTP trace: " + e.httpTrace());
      }
    }
}
```

使用命令编译 FileUploader.java，示例代码如下。

```
javac -cp minio-8.5.9-all.jar FileUploader.java
```

使用命令运行 FileUploader，示例代码如下。

```
java -cp minio-8.5.9-all.jar:.FileUploader
```

命令执行结果如下。

```
'/home/user/Photos/asiaphotos.zip' is successfully uploaded as object 'asiaphotos-2015.zip' to
bucket 'asiatrip'.
```

使用命令验证上传结果，示例代码如下。

```
mc ls play/asiatrip/
```

验证结果如下。

```
[2016-06-02 18:10:29 PDT]  82KiB asiaphotos-2015.zip
```

验证结果表明文件已成功上传到 asiatrip 存储桶。需要注意的是，这里的日期和时间将根据实际上传时间而变化。此外，文件大小也可能会有所不同，具体取决于上传的文件。在这个示例中，上传的文件大小为 82KiB。

8.1.4 JavaScript 安装 MinIO SDK

在使用 JavaScript 之前，用户需要确保已经在系统中安装并配置了有效的 Node.js 环境。

使用 NPM（Node Package Manager）可以方便地下载和安装 MinIO，示例代码如下。

```
npm install --save minio
```

上述命令会下载并安装 MinIO 的最新版本，并将其添加到项目的依赖中。

如果用户希望从源代码进行下载和安装，可以通过 Git 克隆 MinIO 的 GitHub 仓库，示例代码如下。

```
git clone https://github.com/minio/minio-js
cd minio-js
npm install
```

上述命令会克隆 MinIO 的源代码，然后进入项目目录，最后通过 NPM 安装项目的依赖。

如果用户希望在系统中全局安装 MinIO，可以在命令行中输入以下命令。

```
npm install -g
```

上述命令会全局安装 MinIO，使其在系统的任何位置都可以被访问和使用。需要注意的是，全局安装可能需要管理员权限。

从 MinIO 7.1.0 版本开始，已经内置了类型定义，因此不再需要额外安装@types/minio。

要连接到 MinIO 对象存储服务器，需要配置以下几个参数。

- endPoint：对象存储服务的 URL。
- port：TCP/IP 端口号。此参数是可选的。如果未指定，将默认使用 80 端口进行 HTTP 连接，或者使用 443 端口进行 HTTPS 连接。
- accessKey：访问密钥，类似于唯一标识账户的用户 ID。
- secretKey：密钥，相当于账户的密码。
- useSSL：如果希望启用安全的 HTTPS 访问，可以将此值设置为 true。

使用 Node.js 和 MinIO SDK 初始化 MinIO 客户端，示例代码如下。

```
var Minio = require('minio')

var minioClient = new Minio.Client({
  endPoint: 'play.minio.org.cn',
  port: 9000,
  useSSL: true,
  accessKey: 'Q3AM3UQ867SPQQA43P2F',
  secretKey: 'zuf+tfteSlswRu7BJ86wekitnifILbZam1KYY3TG',
})
```

在这段代码中，首先通过 require 函数引入了 minio 模块。然后，创建了一个新的 Minio.Client 实例，并通过一个配置对象将所需的参数传递给它。这个配置对象包含了端点、端口、是否使用 SSL 以及访问密钥和密钥等信息。这样，就成功创建了一个可以用来操作 MinIO 服务器的客户端对象。

利用代码程序连接到一个对象存储服务器，然后在该服务器上创建一个名为 europetrip 的存储桶，并将本地的一个文件上传到该存储桶中，示例代码如下。

```
var Minio = require('minio')

//创建一个 MinioClient 实例,连接到 MinIO 服务器 playground,使用其访问密钥和私有密钥
var minioClient = new Minio.Client({
  endPoint: 'play.minio.org.cn',
  port: 9000,
  useSSL: true,
  accessKey: 'Q3AM3UQ867SPQQA43P2F',
  secretKey: 'zuf+tfteSlswRu7BJ86wekitnifILbZam1KYY3TG',
```

```
})

//需要上传的文件
var file = '/tmp/photos-europe.tar'

//创建一个名为 europetrip 的存储桶
minioClient.makeBucket('europetrip', 'us-east-1', function (err) {
  if (err) return console.log(err)

  console.log('Bucket created successfully in "us-east-1".')

  var metaData = {
    'Content-Type': 'application/octet-stream',
    'X-Amz-Meta-Testing': 1234,
    example: 5678,
  }
  //使用 fPutObject API 将文件上传到 europetrip 存储桶
  minioClient.fPutObject('europetrip', 'photos-europe.tar', file, metaData, function (err, et-
ag) {
    if (err) return console.log(err)
    console.log('File uploaded successfully.')
  })
})
```

使用命令运行 file-uploader，示例代码如下。

```
node file-uploader.js
```

运行结果应显示如下。

```
Bucket created successfully in "us-east-1".
```

使用命令验证上传结果，示例代码如下。

```
mc ls play/europetrip/
```

运行结果应显示如下。

```
[2016-05-25 23:49:50 PDT]  17MiB photos-europe.tar
```

这表明文件已成功上传到 europetrip 存储桶。

8.1.5 Go 安装 MinIO SDK

使用 MinIO 之前，用户需要从 GitHub 下载 minio-go 库，示例代码如下。

```
go get github.com/minio/minio-go/v7
```

要连接到兼容 Amazon S3 的对象存储，用户需要配置以下参数。

- endpoint：对象存储服务的 URL。
- _minio.Options_：所有选项，例如凭据、自定义传输等。

使用 Go 和 Minio SDK 初始化 MinIO 客户端，示例代码如下。

```
package main

import (
	"log"

	"github.com/minio/minio-go/v7"
	"github.com/minio/minio-go/v7/pkg/credentials"
)

func main() {
	//对象存储服务的 URL
	endpoint := "play.minio.org.cn"
	//访问密钥,类似于用户 ID
	accessKeyID := "Q3AM3UQ867SPQQA43P2F"
	//私有密钥,类似于密码
	secretAccessKey := "zuf+tfteSlswRu7BJ86wekitnifILbZam1KYY3TG"
	//是否使用 SSL
	useSSL := true

	//初始化 MinIO 客户端对象
	minioClient, err := minio.New(endpoint, &minio.Options{
		Creds:  credentials.NewStaticV4(accessKeyID, secretAccessKey, ""),
		Secure:useSSL,
	})
	if err != nil {
		log.Fatalln(err)
	}

	//输出 MinIO 客户端对象的信息,表示已经成功设置
	log.Printf("%#v\n",minioClient)
}
```

上述代码中，首先通过 import 语句引入了 minio 和 credentials 包。然后，在 main 函数中，创建了一个新的 minio.Client 实例，并通过一个配置对象将所需的参数传递给它。这个配置对象包含了端点、访问密钥、私有密钥和是否使用 SSL 等信息。这样，就成功创建了一个可以用来操作 MinIO 服务器的客户端对象。如果在创建过程中发生错误，会输出错误信息。否则，会输出客户端对象的信息，表示已经成功设置。

写一个程序，使其连接到一个对象存储服务器，然后在该服务器上创建一个名为 test-bucket 的存储桶，并将本地的一个文件上传到该存储桶中，示例代码如下。

```
package main

import (
	"context"
	"log"

	"github.com/minio/minio-go/v7"
	"github.com/minio/minio-go/v7/pkg/credentials"
```

```
)

func main() {
    //创建一个新的上下文
    ctx := context.Background()
    //对象存储服务的 URL
    endpoint := "play.minio.org.cn"
    //访问密钥,类似于用户 ID
    accessKeyID := "Q3AM3UQ867SPQQA43P2F"
    //私有密钥,类似于密码
    secretAccessKey := "zuf+tfteSlswRu7BJ86wekitnifILbZam1KYY3TG"
    //是否使用 SSL
    useSSL := true

    //初始化 MinIO 客户端对象
    minioClient, err := minio.New(endpoint, &minio.Options{
        Creds:  credentials.NewStaticV4(accessKeyID, secretAccessKey, ""),
        Secure:useSSL,
    })
    if err != nil {
        log.Fatalln(err)
    }

    //创建一个名为 testbucket 的存储桶
    bucketName := "testbucket"
    location := "us-east-1"

    err =minioClient.MakeBucket(ctx, bucketName, minio.MakeBucketOptions{Region: loca-
tion})
    if err != nil {
        //检查是否已经拥有这个存储桶
        exists,errBucketExists := minioClient.BucketExists(ctx, bucketName)
        if errBucketExists == nil && exists {
            log.Printf("We already own %s\n",bucketName)
        } else {
            log.Fatalln(err)
        }
    } else {
        log.Printf("Successfully created %s\n",bucketName)
    }

    //需要上传的文件
    objectName := "testdata"
    filePath := "/tmp/testdata"
    contentType := "application/octet-stream"

    //使用 FPutObject 上传测试文件
    info, err :=minioClient.FPutObject(ctx, bucketName, objectName, filePath, minio.PutOb-
jectOptions{ContentType: contentType})
```

```
    if err != nil {
            log.Fatalln(err)
    }

    log.Printf("Successfully uploaded %s of size %d\n",objectName, info.Size)
}
```

在 Linux 或 macOS 系统上，创建一个包含随机数据的测试文件，示例代码如下。

```
dd if=/dev/urandom of=/tmp/testdata bs=2048 count=10
```

在 Windows 系统上，则需要使用 Windows 系统命令，示例代码如下。

```
fsutil file createnew "C:\Users\<username>\Desktop\sample.txt" 20480
```

初始化 Go 模块，获取依赖库，然后运行 FileUploader，示例代码如下。

```
go mod init example/FileUploader
go get github.com/minio/minio-go/v7
go get github.com/minio/minio-go/v7/pkg/credentials
go run FileUploader.go
```

运行结果应显示如下。

```
2023/11/01 14:27:55 Successfully created testbucket
2023/11/01 14:27:55 Successfully uploaded testdata of size 20480
```

验证上传的文件，示例代码如下。

```
mc ls play/testbucket
```

运行结果应显示如下。

```
[2023-11-01 14:27:55 UTC]  20KiB STANDARD TestDataFile
```

这表明文件已成功上传到 testbucket 存储桶。注意，这里的日期和时间将根据实际上传时间而变化。此外，文件大小也可能会有所不同，具体取决于上传的文件。在这个示例中，上传的文件大小为 20KiB。

8.2 MinIO 的 STS 服务

通过 MinIO 的安全令牌服务（STS），用户可以获取临时凭据，这些凭据允许用户在一定的时间范围内对 MinIO 上的资源进行操作。这些临时凭据在结构上与 MinIO 安装时的默认凭证类似，但与之不同的是，临时凭证具有明确的过期时间。一旦临时凭证过期，MinIO 将会拒绝所有来自该凭证的请求。其次，MinIO 的 STS 服务能够生成、验证、更新和撤销安全令牌。这些安全令牌是经过加密签名的数据片段，它们包含了用户或应用程序的身份信息、角色和权限。这些令牌在分布式环境中充当身份和授权的证明，从而实现不同实体之间的安全通信。此外，MinIO 的 STS API 对于配置为使用外部身份管理器的 MinIO 部署是必需的。这是因为 STS API 提供了一种机制，允许将外部 IDP 的凭证转换为与 AWS 签名 v4 兼容的凭证。最后，MinIO 提供了多个 STS API 接口，以支持不同的身份认证和授权场景。这些 API 接口包括 AssumeRoleWithWebIdentity（用于 OpenID Connect）、AssumeRoleWithLDAPIdentity

（用于 Active Directory / LDAP），以及 AssumeRoleWithCustomToken（用于 MinIO Identity Plugin）。这些 API 端点提供了灵活的选项，以满足各种安全需求。

1. AssumeRoleWithWebIdentity

MinIO 的安全令牌服务（STS）API 接口 AssumeRoleWithWebIdentity 使用从配置的 OpenID 身份提供程序（IDP）返回的 JSON Web 令牌（JWT）。这个 API 接口允许应用程序使用 JWT 来获取临时安全凭据，以便访问 MinIO 部署。

AssumeRoleWithWebIdentity 的请求接口的形式如下。

```
POST https://minio.example.net?Action=AssumeRoleWithWebIdentity[&ARGS]
```

在实际使用中，需要将 minio.example.net 替换为 MinIO 集群的实际 URL。以下是一个使用所有支持参数的示例请求。

```
POST https://minio.example.net?Action=AssumeRoleWithWebIdentity
&RoleArn=arn:aws:iam::123456789012:role/FederatedWebIdentityRole
&WebIdentityToken=TOKEN
&Version=2011-06-15
&DurationSeconds=86000
&Policy={}
```

AssumeRoleWithWebIdentity 接口支持以下查询参数。

- RoleArn（字符串）：用于所有用户身份认证请求的角色 Amazon 资源编号（ARN）。如果使用，则必须通过配置参数或环境变量为 RoleArn 的提供程序定义匹配的 OIDC RolePolicy。
- WebIdentityToken（字符串）：配置的 OpenID 身份提供程序返回的 JSON Web 令牌（JWT）。
- Version（字符串）：API 版本号，对于 AssumeRoleWithWebIdentity，应指定为 2011-06-15。
- DurationSeconds（整数）：临时凭证的过期时间。
- Policy（字符串）：URL 编码的 JSON 格式策略，用作内联会话策略。

此 API 接口的 XML 响应类似于 AWS AssumeRoleWithWebIdentity 响应。MinIO 返回一个对象，其中对象包含临时 MinIO 生成的凭据：AssumeRoleWithWebIdentityResult。该对象包含以下元素。

- AccessKeyId：应用程序用于身份认证的访问密钥。
- SecretAccessKey：应用程序用于身份认证的密钥。
- Expiration：凭据过期的日期时间。
- SessionToken：应用程序用于身份认证的会话令牌。

以下是一个类似于 MinIO STS 接口返回响应的示例。

```
<?xml version="1.0" encoding="UTF-8"?>
<AssumeRoleWithWebIdentityResponsexmlns="https://sts.amazonaws.com/doc/2011-06-15/">
<AssumeRoleWithWebIdentityResult>
  <AssumedRoleUser>
      <Arn/>
      <AssumeRoleId/>
```

```
    </AssumedRoleUser>
    <Credentials>
        <AccessKeyId>Y4RJU1RNFGK48LGO9I2S</AccessKeyId>
        <SecretAccessKey>sYLRKS1Z7hSjluf6gEbb9066hnx315wHTiACPAjg</SecretAccessKey>
        <Expiration>2019-08-08T20:26:12Z</Expiration>
        <SessionToken>eyJhbGciOiJIUzUxMiIsInR5cCI6IkpXVCJ9.eyJhY2Nlc3NLZXkiOiJZNFJKVTFSTkZHS
zQ4TEdPOUkyUyIsImF1ZCI6IlBvRWdYUDZ1Vk80NUlzRU5SbmdEWGo1QXU1WWEiLCJhenAiOiJQb0VnWFA2dVZPND
VJc0VOUm5nRFhqNUF1NVlhIiwiZXhwIjoxNTQxODExMDcxLCJpYXQiOjE1NDE4MDc0NzEsImlzcyI6Imh0dHBzOi8
vbG9jYWxob3N0Ojk0NDMvb2F1dGgyL3Rva2VuIiwianRpIjoiYTBiMjc2MjktZWUxYS00M2JmLTg3MzktZjMzNzRh
NGNkYmMwIn0.ewHqKVFTaP-j_kgZrcOEKroNUjk10GEp8bqQjxBbYVovV0nHO985VnRESFbcT6XMDDKHZiWqN2vi_
ETX_u3Q-w</SessionToken>
    </Credentials>
  </AssumeRoleWithWebIdentityResult>
  <ResponseMetadata/>
  </AssumeRoleWithWebIdentityResponse>
```

在这个示例中，Y4RJU1RNFGK48LGO9I2S、sYLRKS1Z7hSjluf6gEbb9066hnx315wHTiACPAjg、2019-08-08T20:26:12Z 和 eyJhbGciOiJIUzUxMiIsInR5cCI6Ik...是由 MinIO 生成的临时凭证的具体值。

2. AssumeRoleWithLDAPIdentity

MinIO 的安全令牌服务（STS）API 接口 AssumeRoleWithLDAPIdentity 使用 Active Directory 或 LDAP 用户凭据生成临时访问凭据。这个 API 接口允许应用程序使用这些用户凭据来获取临时安全凭据，以便访问 MinIO 部署。

AssumeRoleWithLDAPIdentity 的请求接口的形式如下。

```
POST https://minio.example.net?Action=AssumeRoleWithLDAPIdentity[&ARGS]
```

在实际使用中，需要将 minio.example.net 替换为 MinIO 集群的实际 URL。以下是一个使用所有支持参数的示例请求。

```
POST https://minio.example.net?Action=AssumeRoleWithLDAPIdentity
&LDAPUsername=USERNAME
&LDAPPassword=PASSWORD
&Version=2011-06-15
&Policy={}
```

AssumeRoleWithLDAPIdentity 接口支持 LDAPUsername、LDAPPassword 查询参数，以及同样支持 Version、DurationSeconds 与 Policy 查询参数，具体解释如下。

- LDAPUsername（字符串）：要作为 AD/LDAP 用户的用户名进行验证的。
- LDAPPassword（字符串）：与 LDAPUsername 对应的密码。

此 API 接口的 XML 响应同样类似于 AWS AssumeRoleWithLDAPIdentity 响应。MinIO 返回的对象中包含 MinIO 临时生成的凭据同样包含 AccessKeyId、SecretAccessKey、Expiration 与 SessionToken。

以下是一个类似于 MinIO STS 接口返回的响应的示例。

```
<?xml version="1.0" encoding="UTF-8"?>
<AssumeRoleWithLDAPIdentityResponsexmlns="https://sts.amazonaws.com/doc/2011-06-15/">
<AssumeRoleWithLDAPIdentityResult>
```

```
  <AssumedRoleUser>
      <Arn/>
      <AssumeRoleId/>
  </AssumedRoleUser>
  <Credentials>
      <AccessKeyId>Y4RJU1RNFGK48LGO9I2S</AccessKeyId>
      <SecretAccessKey>sYLRKS1Z7hSjluf6gEbb9066hnx315wHTiACPAjg</SecretAccessKey>
      <Expiration>2019-08-08T20:26:12Z</Expiration>
      <SessionToken>eyJhbGciOiJIUzUxMiIsInR5cCI6IkpXVCJ9.eyJhY2Nlc3NLZXkiOiJZNFJKVTFSTkZHS
zQ4TEdPOUkyUyIsImF1ZCI6IlBvRWdYUDZ1Vk80NUlzRU5SbmdEWGo1QXU1WWEiLCJhenAiOiJQb0VnWFA2dVZPND
VJc0VOUm5nRFhqNUF1NVlhIiwiZXhwIjoxNTQxODExMDcxLCJpYXQiOjE1NDE4MDc0NzEsImlzcyI6Imh0dHBzOi8
vbG9jYWxob3N0Ojk0NDMvb2F1dGgyL3Rva2VuIiwianRpIjoiYTBiMjc2MjktZWUxYS00M2JmLTg3MzktZjMzNzRh
NGNkYmMwIn0. ewHqKVFTaP-j _kgZrcOEKroNUjk10GEp8bqQjxBbYVovV0nHO985VnRESFbcT6XMDDKHZiWqN2vi _
ETX_u3Q-w</SessionToken>
  </Credentials>
</AssumeRoleWithLDAPIdentityResult>
<ResponseMetadata/>
</AssumeRoleWithLDAPIdentityResponse>
```

在这个示例中，Y4RJU1RNFGK48LGO9I2S、sYLRKS1Z7hSjluf6gEbb9066hnx315wHTiACPAjg、2019-08-08T20:26:12Z 和 eyJhbGciOiJIUzUxMiIsInR5cCI6IkpXVC...是由 MinIO 生成的临时凭证的具体值。

3. AssumeRoleWithCustomToken

MinIO 的安全令牌服务（STS）API 接口 AssumeRoleWithCustomToken 是专门为 MinIO 外部身份管理插件设计的。该接口的主要功能是生成令牌，这些令牌可以用于认证和授权用户访问 MinIO 部署。该接口的 URL 形式如下。

```
POST https://minio.example.net?Action=AssumeRoleWithCustomToken[&ARGS]
```

在实际使用中，需要将 minio.example.net 替换为 MinIO 集群的实际 URL。以下是一个使用所有支持参数的示例请求。

```
POST https://minio.example.net?Action=AssumeRoleWithCustomToken
&Token=TOKEN
&Version=2011-06-15
&DurationSeconds=86000
&RoleArn="external-auth-provider"
```

AssumeRoleWithCustomToity 接口支持 Token 查询参数，同样支持 Version、DurationSeconds 与 Policy 查询参数。其中，Token 是要呈现给外部身份管理器的 JSON 令牌。MinIO 期望身份管理器能够解析此令牌，并确定是否应使用此令牌对客户端请求进行身份验证。

MinIO 返回的对象中包含 MinIO 临时生成的凭据，同样包含 AccessKeyId、SecretAccess-Key、Expiration 与 SessionToken。

以下是一个类似于 MinIO STS 接口返回的响应的示例。

```
<?xml version="1.0" encoding="UTF-8"?>
<AssumeRoleWithCustomTokenResponsexmlns="https://sts.amazonaws.com/doc/2011-06-15/">
<AssumeRoleWithCustomTokenResult>
```

```
  <Credentials>
    <AccessKeyId>ACCESS_KEY</AccessKeyId>
    <SecretAccessKey>SECRET_KEY</SecretAccessKey>
    <Expiration>YYYY-MM-DDTHH:MM:SSZ</Expiration>
    <SessionToken>TOKEN</SessionToken>
  </Credentials>
  <AssumedUser>custom:Alice</AssumedUser>
 </AssumeRoleWithCustomTokenResult>
 <ResponseMetadata>
  <RequestId>UNIQUE_ID</RequestId>
 </ResponseMetadata>
</AssumeRoleWithCustomTokenResponse>
```

在这个示例中，ACCESS_KEY、SECRET_KEY、YYYY-MM-DDTHH:MM:SSZ和TOity是由MinIO生成的临时凭证的具体值。custom:Alice是被假定的用户，UNIQUE_ID是请求的唯一ID。

8.3 API实践案例

通过MinIO的API，数据管理员可以更有效地管理和操作存储在MinIO中的数据。例如，他们可以使用API来创建和删除存储桶，上传、下载和删除对象，以及管理对象的访问权限。掌握MinIO的API使用方式，不仅可以提高数据管理员的工作效率，还可以帮助他们更好地满足企业的数据需求。

8.3.1 Python API实现桶操作

1. make_bucket()

make_bucket()函数用于创建存储桶。用户在使用make_bucket()函数时，需要配置bucket_name、location与object_lock选项：bucket_name表示存储桶的名称，用于唯一标识存储桶；location将在其中创建存储桶的区域，用于数据的地理位置管理；object_lock标志以设置对象锁定功能，用于保护对象不被修改或删除。

用make_bucket函数创建一个存储桶，示例代码如下。

```
#在默认区域创建存储桶
client.make_bucket("my-bucket")

#在特定区域创建存储桶
client.make_bucket("my-bucket", "us-west-1")

#在特定区域创建具有对象锁定功能的存储桶
client.make_bucket("my-bucket", "eu-west-2", object_lock=True)
```

2. list_objects()

list_objects()函数用于列出存储桶中的对象信息。用户在使用list_objects()函数时，除了需要配置bucket_name选项外，还需要配置以下选项。

- prefix：对象名称的前缀，用于筛选对象。默认值为None。

- recursive：列表递归方式而不是目录结构仿真，用于控制列表的展示方式。默认值为 False。
- start_after：在此键名称后面列出对象，用于控制列表的起始位置。默认值为 None。
- include_user_meta：要控制以包含用户元数据的 MinIO 特定标志，用于控制是否包含用户元数据。默认值为 False。
- include_version：用于控制是否包含对象版本的标志，以及是否包含对象的版本信息。默认值为 False。
- use_api_v1：要控制是否使用 ListObjectV1S3API 的标志，用于控制使用哪个版本的 S3API。默认值为 False。
- use_url_encoding_type：用于控制是否使用 URL 编码类型的标志，以及控制 URL 的编码方式。默认值为 True。

用 list_objects()函数列出存储桶中的对象信息，示例代码如下。

```
#列出存储桶中的对象信息
objects = client.list_objects("my-bucket")
for obj in objects:
    print(obj)

#列出存储桶中名称以 my/prefix/开头的对象信息
objects = client.list_objects("my-bucket", prefix="my/prefix/")
for obj in objects:
    print(obj)

#递归地列出存储桶中的对象信息
objects = client.list_objects("my-bucket", recursive=True)
for obj in objects:
    print(obj)

#递归地列出存储桶中名称以 my/prefix/开头的对象信息
objects = client.list_objects(
    "my-bucket", prefix="my/prefix/", recursive=True,
)
for obj in objects:
    print(obj)

#在对象名称 my/prefix/world/1 后面递归地列出对象信息
objects = client.list_objects(
    "my-bucket", recursive=True, start_after="my/prefix/world/1",
)
for obj in objects:
    print(obj)
```

3. set_bucket_policy()

set_bucket_policy()函数用于将存储桶策略配置到存储桶。用户在使用 set_bucket_policy()函数时，除了需要配置 bucket_name 选项外，还需要配置 policy 选项，该选项用于定义存储桶的访问控制策略。

用 set_bucket_policy( ) 函数将存储桶策略配置到存储桶，示例代码如下。

```
#设置匿名只读存储桶策略
policy = {
    "Version": "2012-10-17",
    "Statement": [
        {
            "Effect": "Allow",
            "Principal": {"AWS": "*"},
            "Action": ["s3:GetBucketLocation", "s3:ListBucket"],
            "Resource": "arn:aws:s3:::my-bucket",
        },
        {
            "Effect": "Allow",
            "Principal": {"AWS": "*"},
            "Action": "s3:GetObject",
            "Resource": "arn:aws:s3:::my-bucket/*",
        },
    ],
}
client.set_bucket_policy("my-bucket",json.dumps(policy))

#设置匿名读写存储桶策略
policy = {
    "Version": "2012-10-17",
    "Statement": [
        {
            "Effect": "Allow",
            "Principal": {"AWS": "*"},
            "Action": [
                "s3:GetBucketLocation",
                "s3:ListBucket",
                "s3:ListBucketMultipartUploads",
            ],
            "Resource": "arn:aws:s3:::my-bucket",
        },
        {
            "Effect": "Allow",
            "Principal": {"AWS": "*"},
            "Action": [
                "s3:GetObject",
                "s3:PutObject",
                "s3:DeleteObject",
                "s3:ListMultipartUploadParts",
                "s3:AbortMultipartUpload",
            ],
            "Resource": "arn:aws:s3:::my-bucket/images/*",
        },
    ],
}
client.set_bucket_policy("my-bucket",json.dumps(policy))
```

8.3.2 Java API 实现桶操作

1. setBucketLifecycle( )

setBucketLifecycle( )函数用于为存储桶设置生命周期配置。用户需要配置 args（SetBucketLifecycleArgs）参数来配置存储桶生命周期的参数，包括存储桶名称和生命周期配置。

使用 setBucketLifecycle( )函数为存储桶设置生命周期配置，示例代码如下。

```
    //创建生命周期规则列表
    List<LifecycleRule> rules = new LinkedList<>();

    //添加规则到列表
    //第一个规则:在 documents/ 下的对象在 30 天后转移到 GLACIER
    rules.add(
        new LifecycleRule(
            Status.ENABLED,
            null,
            null,
            new RuleFilter("documents/"),
            "rule1",
            null,
            null,
            new Transition((ZonedDateTime) null, 30, "GLACIER")));

    //第二个规则:在 logs/ 下的对象在 365 天后过期
    rules.add(
        new LifecycleRule(
            Status.ENABLED,
            null,
            new Expiration((ZonedDateTime) null, 365, null),
            new RuleFilter("logs/"),
            "rule2",
            null,
            null,
            null));

    //创建生命周期配置
    LifecycleConfiguration config = new LifecycleConfiguration(rules);

    //设置存储桶的生命周期配置
minioClient.setBucketLifecycle(
        SetBucketLifecycleArgs.builder().bucket("my-bucketname").config(config).build());
    */
}
```

这段代码展示了如何使用 MinIO 客户端的 setBucketLifecycle( )函数来为存储桶设置生命周期配置。需要注意的是，每次调用 setBucketLifecycle( )函数都会覆盖前一个存储桶的生命周期配置。

2. setBucketNotification( )

setBucketNotification( )函数用于为存储桶设置通知配置。用户需要配置 args（SetBucket-NotificationArgs）参数来配置存储桶通知的参数，包括存储桶名称和通知配置。

使用 setBucketNotification( )函数为存储桶设置通知配置，示例代码如下。

```
//创建事件类型列表
List<EventType> eventList = new LinkedList<>();
//添加事件类型到列表
eventList.add(EventType.OBJECT_CREATED_PUT);
eventList.add(EventType.OBJECT_CREATED_COPY);

//创建队列配置
QueueConfiguration queueConfiguration = new QueueConfiguration();
//设置队列
queueConfiguration.setQueue("arn:minio:sqs::1:webhook");
//设置事件列表
queueConfiguration.setEvents(eventList);
//设置前缀规则
queueConfiguration.setPrefixRule("images");
//设置后缀规则
queueConfiguration.setSuffixRule("pg");

//创建队列配置列表
List<QueueConfiguration> queueConfigurationList = new LinkedList<>();
//添加队列配置到列表
queueConfigurationList.add(queueConfiguration);

//创建通知配置
NotificationConfiguration config = new NotificationConfiguration();
//设置队列配置列表
config.setQueueConfigurationList(queueConfigurationList);

//设置存储桶的通知配置
minioClient.setBucketNotification(
SetBucketNotificationArgs.builder().bucket("my-bucketname").config(config).build());
*/
}
```

8.3.3 JavaScript API 实现桶操作

1. listIncompleteUploads( )

listIncompleteUploads( )函数用于列出存储桶中部分上传的对象。在使用该函数时，用户需要配置多个参数，具体参数如下。

- bucketName：存储桶的名称。
- prefix：部分上传的对象名称的前缀。
- recursive：如果此参数为 true，则表示递归样式列表，如果为 false，则表示以/分隔的目录样式列表。

使用 listIncompleteUploads( )函数列出存储桶中部分上传的对象，示例代码如下。

```
//创建一个 Stream 对象,用于列出 mybucket 存储桶中的部分上传的对象
var Stream = minioClient.listIncompleteUploads('mybucket', '', true)

//当 Stream 对象接收到数据时,打印对象信息
Stream.on('data', function (obj) {
  console.log(obj)
})

//当 Stream 对象接收完所有数据时,打印 End
Stream.on('end', function () {
  console.log('End')
})

//当 Stream 对象在接收数据过程中发生错误时,打印错误信息
Stream.on('error', function (err) {
  console.log(err)
    })
```

2. setBucketEncryption( )

setBucketEncryption( )函数用于在存储桶上设置加密配置。在使用该函数时，用户除了需要 bucketName( )参数外，还需要配置 encryptionConfig( )与 callback( )参数。其中，encryptionConfig 可以省略加密配置，也可以省略有效且受支持的加密配置；callback 用于返回执行结果。

使用 setBucketEncryption( )函数在存储桶上设置加密配置，示例代码如下。

```
s3Client.setBucketEncryption('my-bucketname', function (err, lockConfig) {
  if (err) {
    return console.log(err)
  }
  console.log(lockConfig)
})
```

使用算法在存储桶上设置加密配置，示例代码如下。

```
s3Client.setBucketEncryption(
 'my-bucketname',
  { Rule: [ { ApplyServerSideEncryptionByDefault: {SSEAlgorithm: 'AES256' } }] },
  function (err,lockConfig) {
    if (err) {
      return console.log(err)
    }
    console.log('Success')
  },
)
```

3. statObject( )

statObject( )函数用于获取对象的元数据。在使用该函数时，用户除了需要配置 bucketName、objectName 与 callback 外，还需要配置 statOpts。其中，statOpts 表示形式为{versionId:"my-versionId"}的对象的版本。

使用 statObject()函数获取对象的元数据，示例代码如下。

```
const stat = await minioClient.statObject('mybucket', 'photo.jpg')
console.log(stat)
```

获取特定版本对象的元数据，示例代码如下。

```
const stat = await minioClient.statObject('mybucket', 'photo.jpg', { versionId: 'my-versionId' })
console.log(stat)
```

8.3.4 Go API 实现桶操作

1. SetBucketReplication()

SetBucketReplication()函数用于在存储桶上设置复制配置。可以通过首先在 MinIO 上定义复制目标来获取角色，用于将复制的源存储桶和目标存储桶与复制终端节点相关联。在使用该函数时，用户需要配置以下参数。

- ctx：用于超时/取消调用的自定义上下文。
- bucketName：存储桶的名称。
- cfg：要设置的复制配置。

使用 SetBucketReplication()函数为存储桶设置通知配置，示例代码如下。

```
//定义复制配置的 XML 字符串
replicationStr := `<ReplicationConfiguration>
  <Role></Role>
  <Rule>
      <DeleteMarkerReplication>
        <Status>Disabled</Status>
      </DeleteMarkerReplication>
      <Destination>
        <Bucket>string</Bucket>
        <StorageClass>string</StorageClass>
      </Destination>
      <Filter>
        <And>
            <Prefix>string</Prefix>
            <Tag>
              <Key>string</Key>
              <Value>string</Value>
            </Tag>
            ...
        </And>
        <Prefix>string</Prefix>
        <Tag>
            <Key>string</Key>
            <Value>string</Value>
        </Tag>
      </Filter>
      <ID>string</ID>
```

```
      <Prefix>string</Prefix>
      <Priority>integer</Priority>
      <Status>string</Status>
  </Rule>
</ReplicationConfiguration>`
//将 XML 字符串解析为 replication.Config 结构体
replicationConfig := replication.Config{}if err := xml.Unmarshal([]byte(replicationStr),
&replicationConfig); err != nil {
    log.Fatalln(err)
}
//设置复制角色
cfg.Role = "arn:minio:s3::598361bf-3cec-49a7-b529-ce870a34d759:*"
//在存储桶上设置复制配置
err = minioClient.SetBucketReplication(context.Background(), "my-bucketname", replication-
Config)if err != nil {
    fmt.Println(err)
    return
}
```

2. SetBucketTagging()

SetBucketTagging()函数用于为存储桶设置标签。在使用该函数时，用户除了需要 ctx()与 bucketName 参数外，还需要配置 tags()参数来指定标签。

使用 SetBucketTagging()函数为存储桶设置标签，示例代码如下。

```
//从映射创建标签。
tags, err := tags.NewTags(map[string]string{
"Tag1": "Value1",
"Tag2": "Value2",
}, false)if err != nil {
log.Fatalln(err)
}
//使用 context.Background() 作为上下文,my-bucketname 作为存储桶名称,tags 作为标签,调用 SetBucket-
Tagging 函数。
err = minioClient.SetBucketTagging(context.Background(), "my-bucketname", tags) if err !=
nil {
log.Fatalln(err)
}
```

3. RemoveObjectTagging()

RemoveObjectTagging()函数用于从指定对象中删除对象标签。在使用该函数时，用户需要配置 ctx()、bucketName 与 objectName 参数。

使用 RemoveObjectTagging()函数从指定对象中删除对象标签，示例代码如下。

```
//使用 context.Background() 作为上下文,bucketName 作为存储桶名称,objectName 作为对象名称,调用 Re-
moveObjectTagging 函数。
err =minioClient.RemoveObjectTagging(context.Background(), bucketName, objectName)if err !=
nil {
    fmt.Println(err)
    return
}
```

8.4 本章小结

本章主要介绍了 MinIO SDK 的相关内容。首先，对 SDK 进行了简单的介绍，解释了其作用和重要性。然后，详细介绍了如何使用 Python、Java、JavaScript 和 Go 语言来安装 MinIO SDK，这部分内容对于初学者来说非常重要，因为它是使用 SDK 的基础。接下来，深入探讨了 MinIO 的 STS 服务，这是一个关键的安全特性，可以帮助用户在保证数据安全的同时，实现对存储桶的有效管理。最后，通过实例展示了如何使用 Python、Java、JavaScript 和 Go 语言实现对存储桶的操作，包括创建、删除、设置标签等操作。这部分内容是本章的重点，也是难点，因为它需要读者对编程语言和 MinIO SDK 有一定的理解。

总之，本章内容涵盖了从安装 SDK 到使用 SDK 进行存储桶操作的全过程，旨在帮助读者更好地理解和使用 MinIO SDK。但是，由于涉及多种编程语言和复杂的操作，读者在学习过程中可能会遇到一些困难，需要花费更多的时间和精力去理解和实践。但只要掌握了这些知识，就能够有效地使用 MinIO SDK，实现对存储桶的高效管理。

第9章

Chapter 9

MinIO静态资源服务器

本章学习目标

- 了解静态资源服务器的概念。
- 掌握静态资源服务器部署方式。
- 掌握 Nginx 图片裁剪模块的配置方式。
- 掌握 MinIO 的压力测试方式。

在日常的网络浏览中，用户会接触各种各样的网页内容，这些内容包括但不限于文字、图片、音频、视频等。这些被称为“静态资源”的内容是构成网页的基础元素。然而，这些静态资源需要通过某种方式被存储和传输，以便在用户访问网页时能够被加载并显示出来。静态资源服务器，顾名思义，就是用来存储和提供静态资源的服务器。它是网络应用的重要组成部分，对于提高网页加载速度、优化用户体验等方面起着关键作用。接下来，将深入探讨静态资源服务器的相关知识。

9.1 静态资源服务器简介

静态资源服务器是专门用来存储和提供静态资源的服务器。这些静态资源包括各种类型的文件，如 HTML 文件、CSS 样式表、JavaScript 脚本，以及各种媒体文件（如图片和视频等）。这些资源在服务器上预先存储，并在用户请求时提供。

静态资源服务器的工作原理相对简单。当用户请求一个静态资源时，服务器会查找该资源，如果找到，就将其发送给用户。由于这些资源是预先存储在服务器上的，所以不需要任何服务器端的处理，因此它们可以快速地提供给用户。

1. 静态资源服务器的作用

静态资源服务器为用户提供了必要的样式、脚本和媒体内容，从而丰富了用户的浏览体验。无论是网站的布局、颜色、字体，还是交互效果，甚至是网站的音频和视频内容，都是由静态资源服务器提供的。因此，静态资源服务器在构建丰富、互动的网站和网络应用中，起着至关重要的作用。

静态资源服务器的另一个重要作用是减轻应用服务器的负担。在传统的 Web 应用架构中，应用服务器需要处理所有的请求，包括生成动态内容和提供静态资源。但是，当引入静态资源服务器后，应用服务器就可以专注于处理动态内容和业务逻辑，而提供静态资源则交给静态资源服务器。这样不仅可以提高应用服务器的处理能力，也可以提高整体的服务效率。静态资源服务器通常配置有缓存机制，可以缓存经常被请求的静态资源。当这些资源再次被请求时，服务器可以直接从缓存中获取，而不需要从硬盘中读取。这种方式大大提高了响应速度，从而提高了用户的浏览体验。静态资源服务器通过快速地提供静态资源，可以提高网站的加载速度，从而提升用户的浏览体验。此外，通过合理地管理和优化静态资源，还可以提升网站的整体视觉效果和用户交互体验。例如，通过压缩和合并 CSS 和 JavaScript 文件，可以减少 HTTP 请求的数量，从而提高页面加载速度。

2. 常见的静态资源服务器

以下是一些常见的静态资源服务器类型，以及它们的介绍。

（1）NFS（网络文件系统）

NFS 是一种允许计算机在网络上共享资源的协议。通过 NFS，用户和程序可以访问远程系统上的文件。NFS 使用客户端/服务器模式，服务器管理文件系统及其相关属性，客户端或用户可以通过挂载来访问服务器上的部分或全部文件系统。这种方式极大地方便了文件的共享和管理。

NFS 的优点主要体现在其设计理念上，它允许多台计算机共享同一份数据，从而节省了存储空间。此外，NFS 易于配置和使用，可以在各种不同的硬件和操作系统之间实现文件共享。然而，由于 NFS 依赖于网络，因此网络的性能和稳定性直接影响到 NFS 的性能。同时，NFS 可能会遇到数据一致性问题，特别是在多个用户并发访问同一文件时。此外，NFS 在处理大量并发请求时可能会消耗较多的资源。

（2）HDFS（Hadoop 分布式文件系统）

HDFS 是 Apache Hadoop 项目的一部分，是一个分布式文件系统，设计用于在通用硬件上运行。HDFS 非常适合处理大数据，因为它设计用于存储大量数据，并提供高吞吐量的数据访问。

HDFS 的主要优点是能够存储和处理大规模数据集。HDFS 将数据分布在集群中的多个节点上，从而实现了数据的并行处理和高吞吐量。此外，HDFS 还具有容错能力，可以自动从硬件故障中恢复。然而，由于 HDFS 是为大文件和流式数据访问设计的，因此它不适合需要低延迟数据访问的应用，比如需要读取小文件或需要随机读写的应用。同时，HDFS 的存储效率不如某些专为存储效率优化的文件系统。

（3）Ceph

Ceph 是一个开源的分布式存储系统，设计用于性能优良、可靠且易于扩展。Ceph 的主要优点是它的可扩展性和容错能力，可以在故障时自动恢复，而不需要管理员干预。Ceph 的一个显著特点是其强大的数据复制和恢复能力，它可以在节点故障时自动恢复数据，保证数据的安全性。此外，Ceph 支持多种数据接口，包括块存储、对象存储和文件系统，使得它可以在多种场景下使用。Ceph 的主要缺点是它的安装和配置相对复杂，需要一定的学习和实践才能掌握。此外，虽然 Ceph 的性能在大多数情况下都表现良好，但在某些特定的负载下，其性能可能会下降。

（4）MinIO

MinIO 作为一款高性能的对象存储服务器，旨在存储大量的静态资源。这些静态资源涵盖了各种类型的文件，包括 HTML 文件、CSS 样式表、JavaScript 脚本，以及各类媒体文件。这些资源在构建现代 Web 应用时发挥着关键作用。

MinIO 的高性能特性使其具备快速存储和检索这些静态资源的能力，从而满足现代 Web 应用对于高速数据访问的需求。此外，MinIO 支持分布式存储，能够将数据分布在多个节点上，从而提高数据的可用性和耐久性。当请求一个静态资源时，MinIO 服务器会立即查找该资源，并将其发送给请求者。由于 MinIO 的高性能特性，这个过程可以在极短的时间内完成，从而大大提高了网站的响应速度。

9.2 静态资源服务器部署

无论是网站、应用程序还是数据库，都需要在服务器上进行部署以供用户访问和使用。正确的服务器部署可以确保服务的稳定运行，提高用户体验，同时也能有效地降低运营成本。因此，深入理解服务器部署的作用，对于任何希望在互联网上提供服务的企业来说，都是至关重要的。

9.2.1 MinIO 部署

在部署 MinIO 之前，需要对其进行一定的规划，包括但不限于存储策略、性能优化、部署策略等。

1. 存储策略

在使用 MinIO 时，存储策略的设计和实施是必不可少的一环。首先，数据需要组织得有条理，以便于检索。例如，可以根据文件类型、创建日期或其他相关属性对文件进行分类，然后将它们存储在不同的存储桶（Buckets）中。这样，当需要查找特定的文件时，可以通过其属性快速定位到相应的桶，大大提高了检索效率。其次，定期清理不再需要的数据是另一个重要的存储策略。随着时间的推移，一些数据可能变得不再重要或者过时，这些数据如果继续占用存储空间，将导致资源的浪费。因此，定期评估存储在 MinIO 中的数据，并删除不再需要的文件，是节省存储空间、提高存储效率的有效方法。

2. 性能优化

尽管 MinIO 在设计中已经进行了优化，但在实际部署时，仍需要考虑如何进一步优化 MinIO 服务器以提高性能。这可能包括选择合适的硬件配置，以及合理地分配网络带宽和存储资源。首先，硬件配置对于 MinIO 服务器的性能有着直接的影响。例如，更强的 CPU、更大的内存和更快的硬盘都可以提高 MinIO 服务器的性能。因此，在选择硬件配置时，需要根据实际的需求和预算进行权衡。其次，网络带宽和存储资源的分配也是影响 MinIO 服务器性能的重要因素。在多节点的环境中，需要确保每个节点都有足够的网络带宽，以支持高速的数据传输。同时，也需要确保每个节点都有足够的存储空间，以存储大量的数据。

3. 部署策略

在部署 MinIO 作为网站文件服务器时，资源的有效利用是一个重要的考虑因素。这涉及如何在多个节点之间分布数据，以提高存储容量和读写性能。

数据的分布策略对于存储容量和读写性能有着直接的影响。MinIO 支持在多个节点之间分布数据，用户可以通过增加节点的数量来线性地扩展存储容量和读写性能。然而，如何选择节点的数量和位置，以及如何分布数据，是一个需要仔细考虑的问题。例如，如果节点之间的网络连接速度不均匀，那么可能需要优先在网络连接速度较快的节点之间分布数据。

性能测试是确定最佳部署策略的关键步骤。通过性能测试，可以了解不同部署策略下 MinIO 服务器的性能表现，从而选择最适合的部署策略。性能测试可能包括存储容量测试、读写速度测试、并发性能测试等。在进行性能测试时，需要考虑实际的业务需求和负载情况，以确保测试结果的有效性和可靠性。

4. 对象上传

MinIO 的部署方式此处不再赘述，具体可参考 3.3 节中的内容。MinIO 部署完成后，需要用户将 Web 服务器需要调用的文件上传到 MinIO 中，如图 9.1 所示。

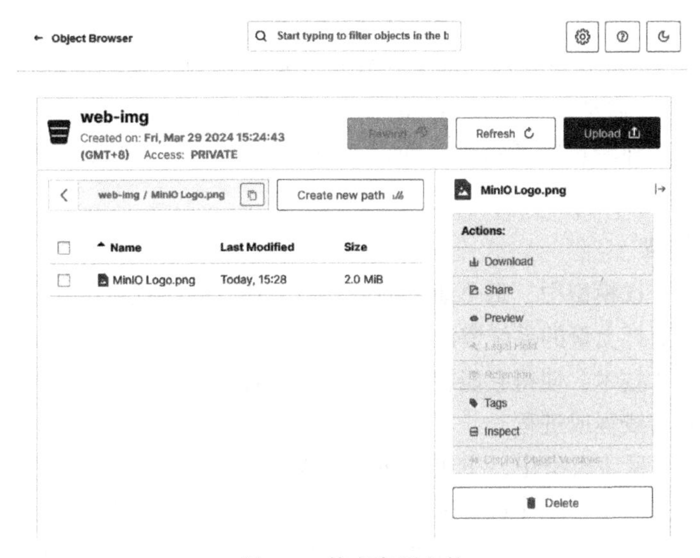

图 9.1　静态资源文件

进入存储桶详细信息页面，将 Access Policy 的值修改为 public，以便 Web 服务器能够调用对象，如图 9.2 所示。

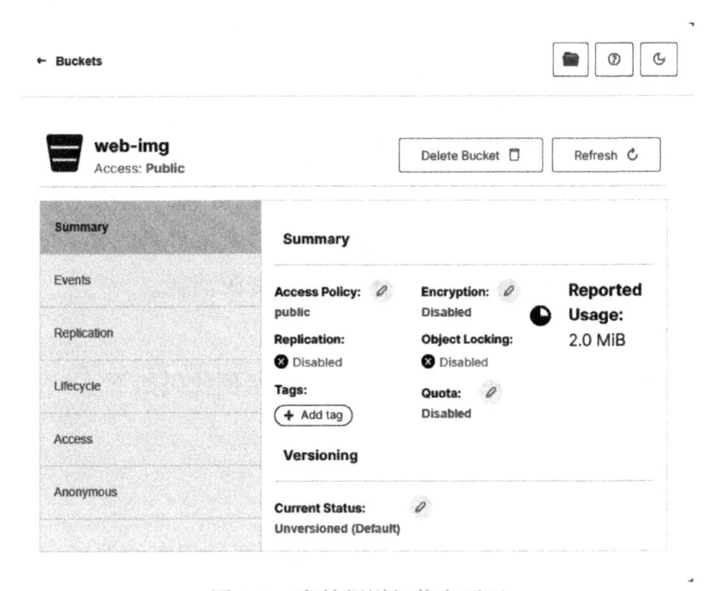

图 9.2　存储桶详细信息页面

9.2.2 Nginx 部署

Nginx 作为一款 Web 服务器，具有处理静态资源的能力，包括 HTML、CSS 和 JavaScript 文件等。Nginx 能够高效地处理这些静态资源，将它们快速地送达到用户的浏览器，从而实现网页的显示。

1. Nginx 功能简介

Nginx 的并发能力出色，能够同时处理大量的用户请求。这对于高流量的网站来说尤其重要，因为这些网站需要在短时间内处理大量的用户访问。Nginx 通过使用事件驱动的架构和异步 I/O，能够实现高并发处理，即使在处理大量请求时，也能保持稳定的性能。此外，Nginx 的内存占用少，启动快。这使 Nginx 在资源有限的环境中，如小型服务器或容器中，也能运行得稳定。这种轻量级的特性，使得 Nginx 在云计算和微服务架构中得到了广泛的应用。

2. 事件驱动模型

在传统的同步 I/O 模型中，每个请求都需要一个独立的线程或进程来处理，这在处理大量并发请求时，会消耗大量的系统资源，并且性能提升有限。然而，Nginx 通过采用事件驱动的架构和异步 I/O 技术，使得它能在单个线程中有效地处理大量的并发连接，而不用为每个连接创建一个新的线程或进程。

在 Nginx 的事件驱动模型中，主进程负责监听并接受客户端连接。一旦有新的连接建立，主进程会将连接分发给工作进程来处理。工作进程通过异步非阻塞的方式处理连接，当有数据可读或可写时，触发相应的事件处理函数来处理数据。这种模型的优势在于，工作进程在等待数据时不会阻塞，而是可以继续处理其他的连接。这样，即使在处理大量并发连接的情况下，Nginx 也能保持高效的性能。

异步 I/O 是实现事件驱动模型的关键。在这个模型中，输入/输出（I/O）操作的请求和完成是分离的，这是异步 I/O 的基本特性。当一个工作进程发起一个 I/O 操作时，比如读取一个文件或者从网络接收数据，它并不需要停下来等待这个操作完成。相反，它可以立即开始处理其他的任务。这种方式避免了进程在等待 I/O 操作完成时的空闲时间，从而极大地提高了系统的效率和吞吐量。在异步 I/O 模型中，当一个 I/O 操作完成时，会触发一个事件。这个事件会被添加到事件队列中，等待工作进程的处理。工作进程会定期检查事件队列，当发现有新的事件时，它会触发相应的事件处理函数来处理结果。这种机制使得工作进程可以在处理大量并发连接时，保持高效的性能和低资源消耗。

3. 启用 Nginx 功能

登录 Web 服务器节点，部署并启动 Nginx 服务，示例代码如下。

```
[root@nginx ~]# yum -y install nginx
[root@nginx ~]#systemctl start nginx
[root@nginx ~]#systemctl enable nginx
```

需要注意的是，Nginx 提供服务的前提是在系统中开启相应的端口。

修改 Nginx 的页面文件内容，将 MinIO 中的对象通过 HTML5 进行调用，配置结果如下。

```
[root@nginx ~]# cat  /usr/share/nginx/html/index.html
<! DOCTYPE html>
<html>
<head>
    <meta charset="UTF-8">
    <title>MinIO 测试页面</title>
    <style>
        body {
            font-family: Arial, sans-serif;
            margin: 0;
            padding: 0;
            background-color: #f0f0f0;
        }
        .container {
            width: 80%;
            margin: 0 auto;
            background-color: #fff;
            padding: 20px;
            box-shadow: 0px 0px 10px 0pxrgba(0,0,0,0.1);
        }
        h1 {
            color: #333;
        }
        p {
            color: #666;
        }
        img {
            max-width: 100%;
            height: auto;
        }
    </style>
</head>
<body>
    <div class="container">
        <h1>欢迎来到 MinIO 学习站! </h1>
        <p>这是用于调用 MinIO 对象的网页。</p>
<img src="http://192.168.1.86:9000/web-img/MinIO Logo.png" alt="minio">
    </div>
</body>
</html>
```

需要注意的是，http://192.168.1.86:9000/web-img/MinIO Logo.png 表示对象的 URL，由 MinIO 节点的 RUL 与对象的存储路径组成。

网页文件配置完成后，用户可通过浏览器访问 Nginx 的 URL 来验证 MinIO 对象是否被调用，如图 9.3 所示。

图 9.3　Nginx 服务页面

至此，MinIO 中的图片对象已经被 Nginx 调用到页面中。

9.2.3 独立域名

在云存储领域，MinIO 因其开源、高性能和易用性而受到广泛赞誉。然而，为了充分发挥 MinIO 的功能并提升服务质量，配置独立域名对于 MinIO 节点来说是至关重要的。

1. 提升管理和访问的便利性

配置独立的域名可以极大地提升对 MinIO 节点的访问和管理的便利性。通过域名，可以直接访问 MinIO 服务，而不用记住复杂的 IP 地址。这对于大规模的存储系统尤为重要，因为这类系统可能拥有数百甚至数千个节点。此外，使用域名还可以更有效地组织和分类存储资源，使寻找所需信息更加快速和直观。

2. 支持 SSL/TLS 证书

想要为 MinIO 服务启用 SSL/TLS 加密，需要一个有效的证书，而这个证书通常是基于域名的。因此，拥有一个独立的域名可以更容易地为 MinIO 服务启用安全的 HTTPS 连接。这对于保护数据和防止中间人攻击至关重要。此外，使用 SSL/TLS 证书还可以增强用户对服务的信任度，因为他们可以看到服务是安全的。

3. 支持 Bucket 策略

MinIO 支持基于 Bucket 级别的策略，可以为每个 Bucket 设置不同的访问权限和规则。使用独立的域名，可以更容易地实现这些策略，因为可以为每个 Bucket 配置一个子域名。这对于实现细粒度的访问控制非常有用。这样，可以更好地保护数据，同时也可以根据业务需求灵活地管理存储资源。

4. 提高可扩展性

如果 MinIO 服务需要扩展，使用独立的域名可以使得这个过程变得更加简单。可以通过简单地添加新的子域名来增加新的节点或存储桶。如果业务正在快速增长，可能需要增加更多的存储资源。在这种情况下，可以简单地为新的节点或 Bucket 添加一个新的子域名，而不用进行复杂的配置和管理。

用户可以通过阿里云官方网站来申请获取域名，实现 IP 地址与域名的绑定，此处不再赘述。

9.2.4 CDN（内容分发网络）

CDN（Content Delivery Network，内容分发网络）是一个由地理分布的服务器组成的网络，这些服务器将内容缓存到靠近用户的位置。这种设计使 CDN 能够快速传输加载互联网内容所需的资源，包括 HTML 页面、JavaScript 文件、样式表、图片和视频。在 CDN 中，内容的副本被存储在各地的服务器上。当用户请求内容时，CDN 会将请求路由到离用户最近的服务器。这样可以减少数据传输的距离，从而减少延迟，提高内容加载速度。

1. CDN 优势

CDN 的主要优势包括：提高网站加载速度、减少服务器负载、提高内容的可用性和冗余性、提供更好的用户体验等。

（1）提高网站加载速度

CDN 通过将内容缓存到离用户最近的服务器来提高网站的加载速度。这种方法减少了数据传输的距离和时间，使用户能够更快地加载和浏览网站。这对于用户体验至关重要，因为，加载速度慢的网站可能会导致用户离开，而快速的网站则能吸引并保留用户。

（2）减少服务器负载

CDN 通过在其边缘节点上缓存内容，可以显著减少对原始服务器的请求。原始服务器不需要处理所有的用户请求，从而减轻了服务器的负载。这不仅可以提高服务器的性能，还可以降低由于过载而导致的服务器故障的风险。

（3）提高内容的可用性和冗余性

CDN 通过在业务范围内的多个服务器上存储内容的副本，可以提高内容的可用性和冗余性。即使某个服务器或某个地区的服务器出现故障，用户仍然可以从其他服务器获取内容。

（4）提供更好的用户体验

除了以上优势外，CDN 还可以提供更好的用户体验。例如，CDN 可以提供更稳定的服务，因为它可以自动路由用户的请求，以避免网络拥堵或服务器故障。此外，一些 CDN 还提供了优化服务，如图片优化和视频流优化，这些服务可以进一步提高用户体验。

2. CDN 与 MinIO

CDN 与 MinIO 的结合使用可以显著提高静态资源的分发效率。以下是实现这一目标的一些关键步骤和考虑因素。

（1）选择 CDN 提供商

首先需要选择一个 CDN 提供商。这个选择应该基于特定的需求，例如地理覆盖范围、价格、性能和可用性等因素。不同的 CDN 提供商可能会提供不同的特性和优势，因此选择合适的提供商是至关重要的。

（2）配置 CDN

选择了 CDN 提供商后，下一步是按照提供商的指南进行配置。这通常包括创建一个新的 CDN 分发、设置源服务器（即 MinIO 服务器）的地址，以及其他设置（如缓存行为和安全设置）。这些设置将决定 CDN 如何获取和分发内容。

（3）配置 MinIO

接下来，需要配置 MinIO 以允许 CDN 服务器访问。可能包括设置适当的跨源资源共享（CORS）策略，以允许 CDN 服务器从 MinIO 服务器获取资源。这是确保 CDN 能够正确地访问和缓存内容的关键步骤。

（4）更新应用程序

最后，需要更新应用程序，以从 CDN 获取资源。通常需要更新资源 URL，将其从指向 MinIO 服务器改为指向 CDN。这样，当用户请求一个资源时，请求会被路由到最近的 CDN 边缘节点，而不是直接到 MinIO 服务器。

通过配置 CDN，当用户请求一个资源时，请求会被路由到最近的 CDN 边缘节点。如果该节点已经缓存了该资源，它将直接返回给用户，从而减少了延迟并提高了加载速度。如果边缘节点没有缓存该资源，它会从 MinIO 服务器获取该资源，然后将其缓存并返回给用户。

9.3 图片自动压缩

在当今的数字化时代，图像内容无处不在。然而，这些图像文件往往占用大量的存储空间，并且在网络上传输时需要消耗大量的带宽。这不仅可能导致网页加载速度变慢，影响用户体验，还可能增加服务器的负载，甚至导致额外的网络费用。在这种背景下，启动图片自动压缩功能就显得尤为重要。通过自动压缩可以显著减小图片文件的大小，从而提高页面加载速度、减少服务器负载、节省存储空间和网络带宽，最终提供更好的用户体验。接下来，将深入探讨在 Web 服务中启动图片自动压缩功能的重要性，以及如何实现这一功能。

9.3.1 图片自动压缩的优势

在 Web 服务中设置图片文件压缩有许多重要的作用和优势，以下是详细的解释。

1. 提高页面加载速度

压缩之后的图片文件大小更小，因此在网络上的传输速度更快。当用户访问一个包含图片的网页时，图片加载的速度会更快，从而提高了整个网页的加载速度。

2. 节省存储空间

压缩的图片占用的存储空间更少，可以节省磁盘或云存储空间。图片压缩适用于存储大量图片的网站，因为可以通过压缩图片来节省大量的存储空间。

3. 减少带宽使用

由于压缩后的图片文件大小更小，因此在网络上传输时所需的带宽也更少。这不仅可以节省网络资源，还可以降低网络拥塞，从而提高了网络的整体性能。

4. 提供更好的用户体验

由于压缩的图片加载速度更快，因此可以提供更好的用户体验。用户不需要等待很长时间就可以看到图片，这可以提高用户的满意度，并可能增加他们在网站上的停留时间。

与此同时，图片压缩的配置也有一些注意事项需要遵循，具体如下。

1. 选择合适的图片格式

不同的图片格式有不同的压缩效果。例如，JPEG 格式适合于具有大量颜色和细节的图片，而 PNG 格式适合于需要透明度的图片。因此，在进行图片压缩之前，用户需要根据实际需求和图片的特性来选择合适的图片格式。

2. 选择压缩工具

在压缩图片之前，有许多不同的图片压缩工具可供选择，包括在线工具、桌面应用程序以及可以集成到 Web 服务器的库和模块。用户可以根据具体需求和资源来选择合适的压缩工具。

3. 压缩级别

大多数图片压缩工具允许用户选择压缩级别。较高的压缩级别会产生更小的文件，但可能会降低图片质量。

4. 测试和调整

在应用压缩后，应测试压缩后的图片以确保质量满足要求。如果需要，可以调整压缩设置并重新应用压缩。这个过程可能需要反复进行，直到压缩后的图片质量达到目标效果。

9.3.2 ngx_http_image_filter_module 简介

ngx_http_image_filter_module 是 Nginx 的一个可选模块，在 Nginx 默认的构建中并未包含此模块，若需使用，应在编译 Nginx 时添加--with-http_image_filter_module 配置参数以启用。

1. 功能

ngx_http_image_filter_module 具有强大的功能，包括将图像转换为 JPEG、GIF、PNG 和 WebP 格式。用户在接收到图片请求时，可以动态地将图片转换为所需的格式，不用预先生成各种格式的图片。此外，该模块还能对图片进行旋转、缩放和裁剪等操作，根据需求动态地调整图片的大小和方向，以适应不同的显示设备和网络环境。还可以获取图片的宽度、高度和类型等信息，有助于了解图片的基本属性，以便进行更精细的控制和优化。

用户可以利用 ngx_http_image_filter_module 构建一个图片代理服务，用于接收用户的图片请求，对后端服务器上的原始图片进行实时处理后，再将处理后的图片返回给用户。这样可以大大减少后端服务器的负载，同时也可以提高用户的访问速度。

2. 工作原理

ngx_http_image_filter_module 的工作原理主要依赖于 libgd 库。当 Nginx 服务器接收一个 HTTP 请求时，如果该请求匹配到了使用了 ngx_http_image_filter_module 的 location 块，那么这个模块就会开始工作。它会读取请求的 URI，并根据 URI 中的参数来决定如何处理图像。

ngx_http_image_filter_module 主要工作流程如下。

1）读取图像：首先，模块会读取请求的图像。如果图像的大小超过了设置的最大值，那么服务器会返回 415 错误（UnsupportedMediaType）。

2）处理图像：然后，模块会根据 image_filter 指令的设置来处理图像。

3）输出图像：最后，模块会将处理后的图像输出到 HTTP 响应中，并设置 Content-Type 头部信息。

需要注意的是，ngx_http_image_filter_module 使用的 libgd 库需要支持所需的图像格式。例如，要转换 WebP 格式的图像，libgd 库必须在编译时启用 WebP 组件。

9.3.3 图片裁剪的配置与应用

接下来，通过配置 Nginx 反向代理来部署 ngx_http_image_filter_module，并实现图片裁剪功能。

在 MinIO 主机上部署编辑工具，示例代码如下。

```
yum -y install gcc gcc-c++ kernel-devel
```

部署图片裁剪所需的库文件，示例代码如下。

```
yum -y install zlib-devel gd-devel
```

用户需要到官网下载 OpenSSL、Nginx Development Kit、PCRE、ngx_cache_purge 与 Nginx 源码包，以便自定义编译模块。其中，OpenSSL 是一个强大的安全套接字层密码库；Nginx Development Kit 是一个为 Nginx 模块开发者提供的扩展工具集；PCRE：Perl 是兼容的正则表达式库（PCRE 包含了 Perl，Perl 拥有强大的正则表达式处理能力，而 PCRE 赋予了它兼容其他语言的能力）；ngx_cache_purge 可以在使用代理缓存或者 FastCGI 缓存时，通过 URL 来清除缓存。

源码包下载完成后，上传到 MinIO 主机上，并进行解压，示例代码如下。

```
tar zxvf openssl-1.1.1o.tar.gz
tar zxvf ngx_devel_kit-0.3.1.tar.gz
tar zxvf ngx_cache_purge-2.3.tar.gz
bzip2 -d pcre-8.45.tar.bz2
tar -xvf pcre-8.45.tar
tar zxvf nginx-1.22.1.tar.gz
```

源码包解压后，进入 Nginx 解压后的目录中，进行编译，示例代码如下。

```
./configure \  #运行 configure 脚本
    --user=www \  #设置运行 Nginx 服务器的用户为 www
    --group=www \  #设置运行 Nginx 服务器的用户组为 www
    --prefix=/usr/local/nginx \ # 设置 Nginx 安装的目录
    --with-http_stub_status_module \  #启用 HTTP Stub Status 模块
    --with-http_ssl_module \  # 启用 HTTP SSL 模块,以支持 HTTPS
    --with-http_v2_module \  #启用 HTTP/2 模块
    --with-http_gzip_static_module \  # 启用 HTTP Gzip Static 模块,以支持在静态文件中使用 gzip 压缩
    --with-http_sub_module \  #启用 HTTP Sub 模块,以支持 HTTP 响应内容替换
    --with-stream \ #启用 Stream 模块,以支持 TCP/UDP 流代理
    --with-stream_ssl_module \  # 启用 Stream SSL 模块,以支持在 TCP/UDP 流代理中使用 SSL
    --with-stream_ssl_preread_module \  # 启用 Stream SSL Preread 模块,以支持在 TCP/UDP 流代理中预读
SSL 信息
    --with-openssl=../openssl-1.1.1o \  # 指定 OpenSSL 的源代码路径,以使用指定版本的 OpenSSL
    --with-openssl-opt='enable-weak-ssl-ciphers' \  # 设置 OpenSSL 的编译选项,以启用弱 SSL 密码套件
    --add-module=../ngx_devel_kit-0.3.1 \  # 添加外部模块,这里添加的是 Nginx Development Kit
    --with-pcre=../pcre-8.45 \  # 指定 PCRE 的源代码路径,以使用指定版本的 PCRE
    --with-pcre-jit \  # 启用 PCRE 的 JIT 编译功能,以提高正则表达式的匹配性能
    --with-http_stub_status_module \  #启用 HTTP Stub Status 模块
    --with-http_ssl_module \  # 启用 HTTP SSL 模块,以支持 HTTPS
```

```
--with-http_realip_module \  #启用 HTTP Real IP 模块,以支持获取用户的真实 IP
--with-http_image_filter_module \  #启用 HTTP Image Filter 模块,以支持对图片进行处理
--add-module=../ngx_cache_purge-2.3  #添加外部模块,这里添加的是 ngx_cache_purge 模块
```

编译完成后，正式安装 Nginx，示例代码如下。

```
make && make install
```

Nginx 部署完成后，创建其启动用户，示例代码如下。

```
groupadd -r www
useradd -M -r -g www www
```

创建 Nginx 启动服务，使 system 可以直接管理 Nginx，示例代码如下。

```
tee /etc/systemd/system/nginx.service <<EOF
[Unit]
Description=The NGINX HTTP and reverse proxy server
After=network.target remote-fs.targetnss-lookup.target

[Service]
Type=forking
PIDFile=/usr/local/nginx/logs/nginx.pid
ExecStart=/usr/local/nginx/sbin/nginx -c /usr/local/nginx/conf/nginx.conf
ExecReload=/usr/local/nginx/sbin/nginx -s reload
ExecStop=/bin/kill -s QUIT $MAINPID
PrivateTmp=false

[Install]
WantedBy=multi-user.target

EOF
```

修改/usr/local/nginx/conf/nginx.conf 文件内容，将 ngx_http_image_filter_module 的配置添加到文件中，示例代码如下。

```
user  www www;  #设置运行 Nginx 的用户和用户组
worker_processes auto;
worker_cpu_affinity auto;
error_log  /usr/local/nginx/logs/nginx_error.log  crit;
pid        /usr/local/nginx/logs/nginx.pid;
#Specifies the value for maximum file descriptors that can be opened by this process.
worker_rlimit_nofile 51200;


events
   {
       useepoll;
       worker_connections 51200;
       multi_accept off;
       accept_mutex off;
   }
```

```
http
    {
       include       mime.types;
       default_type  application/octet-stream;

       server_names_hash_bucket_size 128;      #设置服务器名哈希桶的大小
       client_header_buffer_size 32k;          #设置客户端请求头部缓冲区的大小
       large_client_header_buffers 4 128k;     #设置大客户端请求头部缓冲区的数量和大小
       client_max_body_size 1024m;             #设置客户端请求主体的最大尺寸
    client_body_buffer_size 10m;               #设置客户端请求主体的缓冲区大小

     sendfile on;                              # 是否启用 sendfile 功能
     sendfile_max_chunk 512k;                  # 设置每次调用 sendfile 传输的最大数据量
     tcp_nopush on;                            # 是否启用 tcp_nopush 功能

       keepalive_timeout 90;                   #设置 keep-alive 连接的超时时间

    log_format  main  '$remote_addr - $remote_user [ $time_local] requesthost:" $http_host"; "
$request" requesttime:" $request_time"; '
           '$status $body_bytes_sent " $http_referer" - $request_body'
           '" $http_user_agent" " $http_x_forwarded_for"'
           ' " $http_sign" " $http_token" " $http_signTime" " $http_userType" " $http_deviceId" "
$http_version"'
           ' " $http_platform" " $http_nonce" " $http_traceId";  # 设置日志格式

       tcp_nodelay on;                         # 是否启用 tcp_nodelay 功能

    proxy_ignore_client_abort on;

       fastcgi_connect_timeout 300;            # 设置 FastCGI 连接的超时时间
       fastcgi_send_timeout 300;               # 设置发送 FastCGI 响应的超时时间
       fastcgi_read_timeout 300;               # 设置读取 FastCGI 响应的超时时间
       fastcgi_buffer_size 64k;                # 设置 FastCGI 响应的缓冲区大小
       fastcgi_buffers 4 64k;                  # 设置 FastCGI 响应的缓冲区数量和大小
       fastcgi_busy_buffers_size 128k;         # 设置 FastCGI 忙碌缓冲区的大小
       fastcgi_temp_file_write_size 256k;      # 设置 FastCGI 临时文件的写入大小

       gzip on;                                # 是否启用 gzip 压缩
       gzip_min_length  1k;                    # 设置启用 gzip 压缩的最小响应长度
       gzip_buffers    4 16k;                  # 设置 gzip 压缩的缓冲区数量和大小
       gzip_http_version 1.1;                  # 设置启用 gzip 压缩的 HTTP 版本
       gzip_comp_level 2;                      # 设置 gzip 压缩的级别
    gzip_types  application/xml application/atom+xml application/rss+xml
            application/xhtml+xml image/svg+xml text/javascript application/javascript
              application/x-javascript text/x-json application/json application/x-web-app-
manifest+json
            text/css text/plain text/x-component font/opentype application/x-font-ttf
             application/vnd.ms-fontobject image/x-icon image/jpeg image/gif image/png;
# 设置启用 gzip 压缩的 MIME 类型
```

```
        gzip_vary on;  # 是否在响应头部添加 Vary: Accept-Encoding
        gzip_proxied  expired no-cache no-store private auth;  # 设置启用 gzip 压缩的代理响应的条件
        gzip_disable  "MSIE [1-6]\.";  # 设置禁用 gzip 压缩的用户代理条件

    include ./vhosts/*.conf;  # 包含 vhosts 目录下的所有 .conf 文件

}
```

上述代码中指定了子配置文件的路径，所以用户需要创建该路径，示例代码如下。

```
mkdir /usr/local/nginx/conf/vhosts
```

用户需要在/usr/local/nginx/conf/vhosts/minio.conf 文件中添加 MinIO 的相关配置，示例代码如下。

```
server {
  listen 80;
  server_name _;

  ignore_invalid_headers off;                        #是否忽略无效的请求头部
  client_max_body_size 0;                            #设置客户端请求主体的最大尺寸,0 表示不限制
  proxy_buffering off;                               #是否启用代理缓冲
  proxy_request_buffering off;                       #是否启用代理请求缓冲

  proxy_set_header Host $http_host;                  #设置代理请求的 Host 头部
  proxy_set_header X-Real-IP $remote_addr;           # 设置代理请求的 X-Real-IP 头部
  proxy_set_header X-Forwarded-For $proxy_add_x_forwarded_for;  #设置代理请求的 X-Forwarded-For
头部
  proxy_set_header X-Forwarded-Proto $scheme;        #设置代理请求的 X-Forwarded-Proto 头部
  proxy_set_header X-NginX-Proxy true;               # 设置代理请求的 X-NginX-Proxy 头部

  proxy_connect_timeout 300;                         #设置代理连接的超时时间

  #websocket
  proxy_http_version 1.1;                            #设置代理请求的 HTTP 版本
  proxy_set_header Upgrade $http_upgrade;            #设置代理请求的 Upgrade 头部
  proxy_set_header Connection "upgrade";             #设置代理请求的 Connection 头部

  chunked_transfer_encoding off;                     #是否启用分块传输编码

  location ~* /(.*\.(jpg|gif|png))!(.*)!(.*)${  #匹配请求的 location 块
      image_filter resize $3 $4;                     #设置图片过滤器的 resize 参数
      image_filter_ jpeg_quality 70;                 #设置 JPEG 图片过滤器的质量
      image_filter_buffer 10M;                       #设置图片过滤器的缓冲区大小
      image_filter_interlace on;                     #是否启用图片过滤器的 interlace 功能
      image_filter_jpeg_quality 95;                  #设置 JPEG 图片过滤器的质量
      image_filter_sharpen 100;                      #设置图片过滤器的 sharpen 参数
      image_filter_transparency on;                  #是否启用图片过滤器的 transparency 功能

      error_page 415 = @proxy;                       #设置 415 错误的错误页面
```

```
        proxy_pass http://127.0.0.1:9000/ $1;            #设置代理服务器的地址
    }

    location @proxy {                                     #定义一个命名 location 块
        return 404;                                       #返回 404 错误
    }

    location / {                                          #匹配所有请求的 location 块
        proxy_pass http://127.0.0.1:9000/;                #设置代理服务器的地址
    }
}
```

配置文件修改完成后，启动 Nginx。此时，用户可通过 Nginx 反向代理访问到 MinIO 中的对象。通过在访问图片对象的 URL 中添加要求的图片尺寸即可获取裁剪后的图片，例如访问 300 像素×175 像素大小的图片，可通过“http://192.168.1.112/web-img/MinIOLogo.png！300！175”访问，如图 9.4 所示。

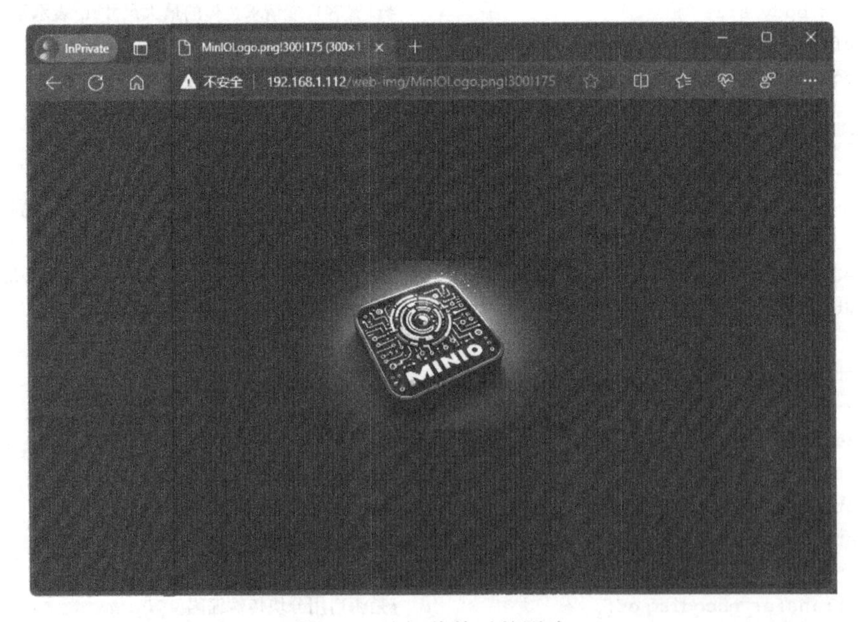

图 9.4　访问裁剪后的图片

此外，用户可通过在 Web 服务器中配置不同的 URL 来调用不同大小的图片，示例代码如下。

```
<! DOCTYPE html>
<html>
<head>
    <meta charset="UTF-8">
    <title>我的 HTML5 页面</title>
    <style>
```

```
        body {
            font-family: Arial, sans-serif;
            margin: 0;
            padding: 0;
            background-color: #f0f0f0;
        }
        .container {
            width: 80%;
            margin: 0 auto;
            background-color: #fff;
            padding: 20px;
            box-shadow: 0px 0px 10px 0pxrgba(0,0,0,0.1);
        }
        h1 {
            color: #333;
        }
        p {
            color: #666;
        }
        .center {
            display: block;
            margin-left: auto;
            margin-right: auto;
        }
    </style>
</head>
<body>
    <div class="container">
        <h1>欢迎来到 MinIO 学习站!</h1>
        <p>从 MinIO 节点调用一张 300 像素×175 像素大小的图片。</p>
<img class="center" src="http://192.168.1.112/web-img/MinIOLogo.png!300!175" alt="minio">
    </div>
</body>
</html>
```

修改后的页面效果，如图 9.5 所示。

图 9.5　页面裁剪后的图片

9.4 审计与压力测试

MinIO 目前已在各种业务场景中得到广泛应用。然而，无论选择何种存储解决方案，审计和压力测试都是选型和部署过程中的关键环节。审计是评估存储系统的主要方式，可以揭示系统的运行状态，包括性能、可用性和安全性等方面。压力测试是评估系统性能的重要手段，通过模拟大量的并发请求，测试系统在高负载下的表现。接下来的内容将深入探讨 MinIO 的审计与压力测试，帮助读者对这一强大存储解决方案有更深入的理解。

9.4.1 Kafka 审计信息发送

在 MinIO 控制台左侧菜单栏中选择 Configuration 进行设置页面，并在设置页面中选择 Audit Kafka 选项，进入 Kafka 审计配置页面，如图 9.6 所示。

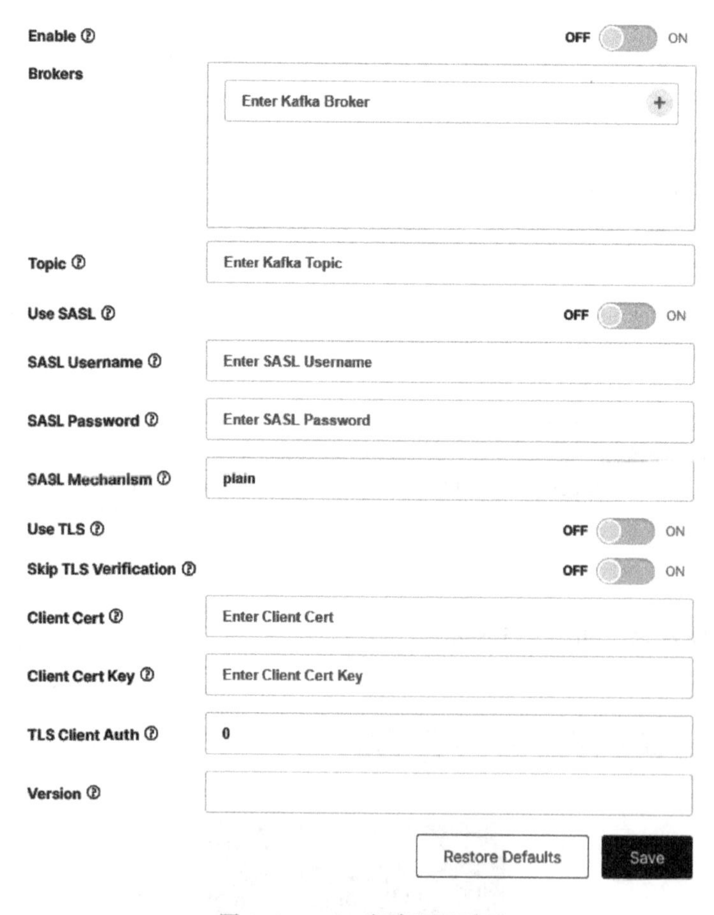

图 9.6　Kafka 审计配置页面

Kafka 审计配置各项配置解释如下。

- Enable：决定是否启用 Kafka 审计。
- Brokers：Kafka 代理的地址列表，MinIO 将通过网络连接到这些代理以发送审计事件。

- Topic：Kafka 主题的名称，MinIO 将在此主题上发布审计事件。主题是 Kafka 中用于分类消息的逻辑概念。
- Use SASL：用于指示是否在与 Kafka 代理的连接中使用 SASL（简单身份验证和安全层）身份验证。
- SASL Username：用于 SASL 身份认证的用户名。
- SASL Password：用于 SASL 身份认证的密码。
- SASL Mechanism：用于指定与 Kafka 服务器进行身份验证时使用的方法。如果设置为 plain，那么 MinIO 将与 kafka 使用用户名与秘钥进行身份验证。
- Use TLS：用于指示是否在与 Kafka 代理的连接中使用 TLS 加密。
- Skip TLS Verification：用于指示是否跳过 TLS 证书的验证。
- Client Cert：客户端的 TLS 证书，用于在 TLS 连接中进行身份认证。
- Client Cert Key：客户端 TLS 证书的密钥。
- TLS Client Auth：用于指定 TLS 客户端身份认证的类型。
- Version：Kafka 的版本号，MinIO 将使用这个版本号与 Kafka 代理进行交互。

kafka 审计配置完成后，单击页面右下角的 Save 按钮即可完成。然后，进入事件页面，将 kafka 配置到事件中，如图 9.7 所示。

图 9.7　事件页面

接着，将事件配置到存储桶，如图 9.8 所示。

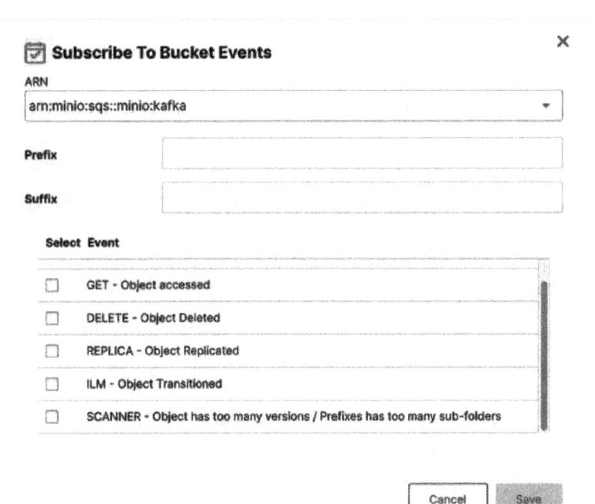

图 9.8　存储桶事件配置

此外，用户还可以通过命令行配置，示例代码如下。

```
mc admin info --json local
mc admin info --json local |jq  .info.sqsARN

mc event add local/img arn:minio:sqs::minio:kafka --event put,delete,get
mc event ls local/img arn:minio:sqs::minio:kafka
```

至此，Kafka 审计配置完成，用户可通过向存储桶中写入数据来验证配置成果，示例代码如下。

```
echo "test" >> test && mc cp ./test local/img
```

开启 Kafka 消费检查，示例代码如下。

```
docker exec kafka kafka-console-consumer. sh --bootstrap-server localhost: 9092 --topicminio --
from-beginning
```

用户可从执行结果中查看存储桶的信息，如图 9.9 所示。

```
[root@huaxia3 ~]# docker exec kafka kafka-console-consumer.sh --bootstrap-server localhost:9092 --topic minio --from-beg
inning
```


```
{"EventName":"s3:ObjectCreated:Put","Key":"img/test","Records":[{"eventVersion":"2.0","eventSource":"minio:s3","awsRegio
n":"","eventTime":"2024-04-08T03:54:07.995Z","eventName":"s3:ObjectCreated:Put","userIdentity":{"principalId":"minioadmi
n"},"requestParameters":{"principalId":"minioadmin","region":"","sourceIPAddress":"[::1]"},"responseElements":{"x-amz-id
-2":"dd9025bab4ad464b049177c95eb6ebf374d3b3fd1af9251148b658df7ac2e3e8","x-amz-request-id":"17C431BD6F28C6EA","x-minio-de
ployment-id":"deae769d-e983-4d6e-880f-318454e7094e","x-minio-origin-endpoint":"http://192.168.31.213:9000"},"s3":{"s3Sch
emaVersion":"1.0","configurationId":"Config","bucket":{"name":"img","ownerIdentity":{"principalId":"minioadmin"},"arn":"
arn:aws:s3:::img"},"object":{"key":"test","size":20,"eTag":"62a256001a246e77fd1941ca007b50e1","contentType":"application
/octet-stream","userMetadata":{"content-type":"application/octet-stream"},"sequencer":"17C431BD6F68E8D7"}},"source":{"ho
st":"[::1]","port":"","userAgent":"MinIO (linux; amd64) minio-go/v7.0.63 mc/RELEASE.2023-11-15T22-45-58Z"}}]}
{"EventName":"s3:ObjectCreated:Put","Key":"img/test","Records":[{"eventVersion":"2.0","eventSource":"minio:s3","awsRegio
n":"","eventTime":"2024-04-08T03:54:14.409Z","eventName":"s3:ObjectCreated:Put","userIdentity":{"principalId":"minioadmi
n"},"requestParameters":{"principalId":"minioadmin","region":"","sourceIPAddress":"[::1]"},"responseElements":{"x-amz-id
-2":"dd9025bab4ad464b049177c95eb6ebf374d3b3fd1af9251148b658df7ac2e3e8","x-amz-request-id":"17C431BEED89FF8F","x-minio-de
ployment-id":"deae769d-e983-4d6e-880f-318454e7094e","x-minio-origin-endpoint":"http://192.168.31.213:9000"},"s3":{"s3Sch
emaVersion":"1.0","configurationId":"Config","bucket":{"name":"img","ownerIdentity":{"principalId":"minioadmin"},"arn":"
arn:aws:s3:::img"},"object":{"key":"test","size":20,"eTag":"62a256001a246e77fd1941ca007b50e1","contentType":"application
/octet-stream","userMetadata":{"content-type":"application/octet-stream"},"sequencer":"17C431BEEDB3E2E0"}},"source":{"ho
st":"[::1]","port":"","userAgent":"MinIO (linux; amd64) minio-go/v7.0.63 mc/RELEASE.2023-11-15T22-45-58Z"}}]}
```


图 9.9　存储桶的信息

9.4.2 压力测试（s3-bench）

s3-bench 是一款轻量级的 S3 服务基准测试工具，专为测量对象上传和下载的延迟和吞吐量而设计。该工具在 AWS S3 Java SDK 的基础上构建，而 AWS S3 Java SDK 是一个广泛使用的库，提供了与 AmazonS3 云存储服务交互的 API。利用 SDK 的功能，s3-bench 提供了一个基本的命令行接口，便于执行基准测试。此外，用户可以通过属性文件进行自定义基准测试的具体实施方式，例如对象的大小、数量、上传和下载的并发数等。

1. 功能

s3-bench 能够测量对象上传和下载的延迟和吞吐量，这是评估 S3 服务性能的关键指标。通过这些指标，可以直观地了解 S3 服务的性能表现。首先，s3-bench 支持 HTTPS 和 HTTP 请求，用于测试 S3 服务在不同协议下的性能表现。其次，它支持 URL 路径和子域名的存储桶编码，以测试 S3 服务在处理不同类型的请求时的性能表现。再次，它支持客户端 MD5 校验和验证，用于确保数据的完整性和一致性。它可以在单个流基准测试中创建的对象数量，以此来测试 S3 服务在处理大量请求时的性能表现。同时，它还支持对象有效载荷的无符号传输和签名，这可以测试 S3 服务在处理不同类型的数据时的性能表现。最后，s3-bench 还可以清理运行后的目标存储桶，使管理测试环境更加方便。

2. 工作原理

s3-bench 的工作原理主要基于 AWS S3 Java SDK。它首先根据配置参数生成一系列的 S3 请求，这些请求可能包括上传对象、下载对象等操作。然后，将这些请求发送到 S3 服务，并记录每个请求的延迟和吞吐量。这些数据会被收集并统计，以计算出平均延迟和吞吐量，以及其他的性能指标。这些指标可以提供关于 S3 服务性能的详细信息，帮助用户更好地理解和评估 S3 服务的性能表现。

3. 使用方式

s3-bench 的运行依赖与 Go 环境，所以在部署该工具之前需要部署 Go 环境。Go 环境部署完成后，获取 s3-bench 二进制文件，示例代码如下。

```
go get github.com/igneous-systems/s3bench
```

需要注意的是，s3-bench 二进制文件需要放在 $GOPATH/bin/s3bench 路径下。

用户可通过 s3bench -help 命令，获取 s3-bench 所有可用的选项。

假设从两个并发客户端运行基准测试，并在名为 loadgen 的存储桶中放置 10 个新对象，且每个对象的大小是 1024 字节。S3 存储系统的地址为 http://endpoint1:80 和 http://endpoint2:80，对象名称将以 loadgen 为前缀，示例代码如下。

```
./s3bench -accessKey=KEY -accessSecret=SECRET -bucket=loadgen -endpoint=http://endpoint1:80,
http://endpoint2:80 -numClients=2 -numSamples=10 -objectNamePrefix=loadgen -objectSize=1024
```

此外，用户还可以通过配置属性文件来指定测试参数，配置示例如下。

```
# AWS 访问密钥
accessKey=admin

# AWS 访问密钥的秘密
accessSecret=password

#要使用的 S3 存储桶的名称
bucket=web-img

# S3 服务的终端节点
endpoint=http://endpoint1:80,http://endpoint2:80

#并发客户端的数量
numClients=2

#测试样本的数量
numSamples=10

#对象名称的前缀
objectNamePrefix=loadgen

#每个对象的大小(字节)
objectSize=1024
```

属性文件配置完成后，只需要在测试命令中通过-propsFile 选项指定属性文件即可，示例代码如下。

```
./s3bench -propsFile=s3bench.properties
```

测试结果如下。

```
Test parameters
endpoint(s):      [http://endpoint1:80 http://endpoint2:80]
bucket:loadgen
objectNamePrefix: loadgen
objectSize:       0.0010 MB
numClients:       2
numSamples:       10

Generating in-memory sample data...Done (95.958µs)

Running Write test...
Write operation completed in 0.37s (1/10) - 0.00MB/s
Write operation completed in 0.39s (2/10) - 0.01MB/s
Write operation completed in 0.34s (3/10) - 0.00MB/s
Write operation completed in 0.72s (4/10) - 0.00MB/s
Write operation completed in 0.53s (5/10) - 0.00MB/s
Write operation completed in 0.38s (6/10) - 0.00MB/s
Write operation completed in 0.54s (7/10) - 0.00MB/s
Write operation completed in 0.59s (8/10) - 0.00MB/s
Write operation completed in 0.79s (9/10) - 0.00MB/s
Write operation completed in 0.60s (10/10) - 0.00MB/s

Running Read test...
Read operation completed in 0.00s (1/10) - 0.51MB/s
Read operation completed in 0.00s (2/10) - 1.00MB/s
Read operation completed in 0.00s (3/10) - 0.85MB/s
Read operation completed in 0.00s (4/10) - 1.13MB/s
Read operation completed in 0.00s (5/10) - 1.02MB/s
Read operation completed in 0.00s (6/10) - 1.15MB/s
Read operation completed in 0.00s (7/10) - 1.12MB/s
Read operation completed in 0.00s (8/10) - 1.26MB/s
Read operation completed in 0.00s (9/10) - 1.20MB/s
Read operation completed in 0.00s (10/10) - 1.28MB/s

Test parameters
endpoint(s):      [http://endpoint1:80 http://endpoint2:80]
bucket:loadgen
objectNamePrefix: loadgen
objectSize:       0.0010 MB
numClients:       2
numSamples:       10

Results Summary for Write Operation(s)
```

```
Total Transferred: 0.010 MB
Total Throughput:  0.00 MB/s
Total Duration:    2.684 s
Number of Errors:  0
------------------------------------
Put times Max:       0.791 s
Put times 99th %ile: 0.791 s
Put times 90th %ile: 0.791 s
Put times 75th %ile: 0.601 s
Put times 50th %ile: 0.543 s
Put times 25th %ile: 0.385 s
Put times Min:       0.336 s

Results Summary for Read Operation(s)
Total Transferred: 0.010 MB
Total Throughput:  1.28 MB/s
Total Duration:    0.008 s
Number of Errors:  0
------------------------------------
Put times Max:       0.002 s
Put times 99th %ile: 0.002 s
Put times 90th %ile: 0.002 s
Put times 75th %ile: 0.002 s
Put times 50th %ile: 0.001 s
Put times 25th %ile: 0.001 s
Put times Min:       0.001 s
```

由上述代码可知，输出内容包括正在发出的每个请求的详细信息以及当前平均吞吐量。

9.5 本章小结

本章内容主要围绕静态服务器的概念、部署、图片自动压缩以及审计与压力测试进行了深入的探讨。首先，对静态服务器的概念进行了详细的解释，帮助读者理解静态服务器的作用和重要性。接着，详细介绍了静态资源服务器的部署，包括使用 MinIO 和 Nginx，配置独立域名，以及如何利用 CDN 进行内容分发。然后，深入讲解了图片自动压缩的技术，包括如何使用 ngx_http_image_filter_module 模块，以及图片裁剪的配置与应用，为读者提供了实际操作的指导和参考。最后，还探讨了审计与压力测试的重要性，包括如何发送 kafka 审计信息，以及如何使用 s3-bench 进行压力测试。

总之，本章内容涵盖了静态服务器的相关关键环节。其中，静态资源服务器的部署、图片自动压缩以及审计与压力测试是本章的重点和难点，需要读者重点理解和掌握。

第10章 MinIO企业级应用案例与优化技巧

Chapter 10

本章学习目标

- 熟悉对象存储企业常用案例。
- 熟悉数据冷热分离的模式。
- 掌握对象存储优化技巧。

在当今的数据驱动时代，存储和管理大量的数据成为企业面临的一项重要挑战。MinIO作为一种高性能、高可扩展的对象存储系统，为企业提供了一种有效的解决方案。它不仅支持传统的私有云部署，还可以无缝地集成到公有云环境中，使得数据存储和访问变得更加灵活和高效。然而，要充分利用MinIO的强大功能，企业需要掌握一些关键的使用案例和技巧。这些案例和技巧可以帮助企业更好地配置和优化MinIO，以满足特定的业务需求和性能目标。接下来，将深入探讨一些MinIO的企业级案例与技巧，帮助用户更好地理解和利用这个强大的对象存储系统。

10.1 对象存储应用案例

各种简单、灵活的API使得开发人员可以轻松地集成到各种应用和服务中。而且，MinIO还提供了丰富的安全和数据保护特性，如加密、版本控制和数据复制等，以满足企业级的数据保护需求。

10.1.1 单云、多云与混合云

在云计算领域，企业选择和使用云服务的方式是一个重要的决策问题。单云、多云和混合云是描述企业使用云服务方式的常用术语。这些概念揭示了企业在云服务选择和使用上的不同策略和模式。

MinIO已经在各种云环境中得到了广泛的应用。无论是在单云、多云还是混合云环境中，MinIO都能提供高效、可靠的对象存储服务，帮助企业更好地管理和使用他们的数据。

1. 单云（Single Cloud）

单云环境是指企业选择一个云服务提供商，将所有的云基础设施和应用都部署在这个供应商提供的云平台上。在这种模式下，所有的数据和应用都在同一个云平台上运行，由同一供应商提供服务。这种方式的优势在于管理的简便性，因为所有的资源都在同一个平台上，

可以统一管理和监控。然而，这种方式的劣势在于，如果企业在未来需要更换云服务提供商，可能会面临迁移成本和兼容性问题。

在单云环境中，MinIO 可以作为一个高效的对象存储解决方案。例如，MinIO 可以支持单一应用，如 Veeam 备份，或者替换传统的存储设备以支持云原生应用。此外，由于 MinIO 的灵活性和丰富的云原生集成，它可以在单租户或多租户模式下部署，以满足不同的业务需求。

2. 多云（Multi-Cloud）

多云环境是指企业使用多个云服务提供商来部署其云基础设施和应用。在这种模式下，企业可以根据每个云平台的优势和特性，选择最适合的平台来部署特定的应用或服务。例如，一些云平台可能在大数据处理、人工智能或机器学习方面表现优秀，而另一些云平台可能在存储容量、计算能力或地理覆盖范围方面更强。多云策略可以避免供应商锁定，提高灵活性和可靠性，但同时也会增加管理复杂性，因为需要在多个平台上管理和协调资源。

在多云环境中，MinIO 提供了一种跨多个云提供商的一致的对象存储接口。无论应用程序在哪个云平台运行，MinIO 都可以提供一致的存储服务，防止在扩展到新的云时需要重写应用。此外，MinIO 还可以作为一个云存储网关，将 S3 API 调用转换为等效的 B2 存储 API 调用，从而实现跨平台的数据访问和管理。

在多云环境中，需要确保不同云平台之间的网络连通性，并且需要配置合适的网络策略，以确保数据的安全传输。这包括配置网络防火墙，设置 VPN，以及使用加密的数据传输协议等。

在选择存储卷时，MinIO 可以灵活地利用不同的存储后端，比如本地磁盘、网络存储或者是公有云提供的块存储服务。在多云环境中，可能需要使用不同云平台提供的存储服务。因此，需要根据每个云平台的特性和价格，选择最合适的存储服务。

最后，兼容性问题也是需要考虑的一个重要因素。MinIO 与 Amazon S3 API 兼容，现有的 S3 兼容应用程序可以无缝迁移到 MinIO。然而，需要注意的是，MinIO 不支持将具有 MinIO 数据的磁盘任意迁移到新的装载位置。因此，在进行数据迁移时，需要谨慎操作，避免数据丢失。

3. 混合云（Hybrid Cloud）

混合云环境是指企业同时使用私有云和公有云。在这种模式下，企业可以根据数据敏感性和应用需求在私有云和公有云之间进行选择。例如，对于敏感数据和关键业务应用，企业可能会选择在私有云中部署；而对于非关键应用和大规模计算任务，企业可能会选择在公有云中部署。混合云结合了私有云的安全性和公有云的灵活性，但同时也需要管理不同环境之间的互操作性和一致性。

在混合云环境中，MinIO 可以在公有云和私有云之间提供一致的存储服务。MinIO 可以在任何运行应用程序的地方运行，包括公有云、私有云和边缘。此外，MinIO 还可以与 Kubernetes紧密集成，以简化大规模多租户对象存储服务的操作。

10.1.2 海量数据存储

1. MinIO 适用于用海量数据

MinIO 专为处理大规模的人工智能/机器学习（AI/ML）、数据湖和数据库工作负载而设计。这种设计使 MinIO 在处理海量数据存储方面具有独特的优势。

- MinIO 高吞吐量和低延迟的特性使其成为处理大数据的理想选择。无论数据量多大，MinIO 都能保持稳定的性能，这是因为它的设计充分考虑了大数据处理的需求，包括数据的快速读取和写入，以及对并发操作的高效处理。
- MinIO 的扩展性强。它能够在多个节点之间轻松扩展，以满足不断增长的存储需求。这意味着，随着数据量的增长，MinIO 可以轻松应对。这是因为 MinIO 采用了分布式架构，可以在多个服务器节点之间共享存储资源，从而实现线性的扩展性。
- MinIO 与 Amazon S3 API 兼容，Amazon S3 API 是业界标准，许多应用程序都支持这个接口，因此，使用 MinIO 可以避免改写应用程序代码，节省了大量的开发和测试工作。
- MinIO 在数据保护方面也有着出色的表现。它提供了多种数据保护机制，包括冗余存储和自动修复，以防止数据丢失。这确保了数据的安全性和完整性。这是因为 MinIO 采用了 Erasure Coding 和 BitRot 检测等技术，可以在硬件故障时保护数据，防止数据丢失。
- MinIO 的易用性也是其优势之一。其设计理念是“简单”，安装和配置过程极其简单，使得使用者可以迅速开始使用。这是因为 MinIO 提供了一键安装和配置的功能，所以用户不用具备专业的系统管理知识，就可以轻松部署和使用。

2. MinIO 的高性能

无论是在数据读取速度，还是在数据处理能力，或者是在数据存储效率方面，MinIO 都展现出了显著的性能优势。

- MinIO 的高速性能使其在处理大规模数据时，能够快速响应用户的请求，提供实时的数据处理能力。无论数据量有多大，MinIO 都能在极短的时间内处理大量的数据读取和写入请求，从而大大提高了数据处理的效率。
- MinIO 支持高并发的数据请求，可以同时处理大量的数据读取和写入操作。无论系统的负载有多高，MinIO 都能保持稳定的性能，满足用户的需求。
- MinIO 在数据处理过程中优化了数据路径，减少了数据的延迟。这种优化的数据路径设计，使数据在存储和读取过程中，能够避免不必要的延迟，提高数据处理的效率。因此，MinIO 在处理大数据时，可以保持高性能和低延迟。
- MinIO 使用了高效的数据压缩和编码技术，可以在保持数据完整性的同时，减少数据的存储空间，提高数据的处理速度。因此，MinIO 在存储和处理大规模数据时，能够节省存储空间，降低存储成本。
- MinIO 支持弹性扩展，可以根据数据量的增长，动态调整存储资源。使得 MinIO 在处理海量数据时，可以灵活应对存储需求的变化，保持高性能。无论数据量如何增长，MinIO 都可以动态扩展存储资源，避免因存储资源不足而影响数据处理的性能。

3. MinIO 功能特性

MinIO 具有许多关键功能特性，这些特性可以帮助企业更好地保护和管理海量数据。

（1）纠删码

MinIO 使用纠删码作为提供数据冗余和可用性的核心组件。它将文件分块存储到多个磁盘上，并在每个磁盘上保存一份校验信息。这种方法可以提高存储效率，同时保证数据的可靠性。

(2) Bitrot Protection

MinIO 支持 Bitrot Protection（防数据腐化）技术来检测并修复存储介质的数据损坏问题。数据腐化（Bitrot）是指存储设备中的数据由于各种原因（如硬件故障、电磁干扰等）而无法正确读取的现象。MinIO 的 Bitrot Protection 技术可以定期扫描存储设备，检测并修复损坏的数据，确保在硬件故障或数据损坏的情况下，数据仍然可以被正确地读取和写入。

(3) 加密技术

MinIO 支持服务器端加密（SSE），可以在写入操作中保护对象。这种加密方式允许客户端利用服务器的处理能力在存储层保护对象。MinIO SSE 使用 MinIO Key Encryption Service（KES）和外部的 Key Management Service（KMS）来执行安全的加密操作。此外，MinIO 还支持客户端管理的密钥管理，其中应用程序负责创建和管理用于 MinIO SSE 的加密密钥，这为用户提供了更高级别的数据保护控制。

4. MinIO 使用场景

MinIO 在各种实际环境中都有广泛的应用，主要得益于其高性能和灵活性。以下是一些具体的使用场景，展示了如何在实际环境中使用 MinIO 来存储和管理海量数据。

(1) 构建大规模数据湖

数据湖是一个大规模的存储系统，它旨在存储大量原始数据，无论这些数据是结构化的还是非结构化的。在这种场景下，MinIO 可以作为数据湖的底层存储层，提供高性能和高可靠性的数据存储服务。用户可以将各种类型的数据上传到 MinIO，然后使用各种数据处理工具（如 Hadoop、Spark 等）对数据进行分析和处理。这种方式不仅可以提高数据处理的效率，还可以确保数据的安全性和完整性。

(2) 支持 AI/ML 应用的数据需求

AI/ML 应用通常需要处理大量的数据，并且对数据的读取速度有很高的要求。在这种场景下，MinIO 的高速性能和高并发处理能力使其非常适合作为 AI/ML 应用的数据存储服务。AI/ML 应用可以将训练数据存储在 MinIO 中，然后在训练过程中从 MinIO 中读取数据。此外，MinIO 的 Erasure Coding 和 Bitrot Protection 功能可以保护数据的完整性，防止数据丢失或损坏，从而确保 AI/ML 应用的稳定性和准确性。

(3) 物联网数据存储和分析

随着物联网技术的发展，越来越多的设备被连接到互联网，产生了大量的数据。MinIO 可以用于存储和分析这些大规模的物联网数据。它可以处理来自传感器和设备的实时数据，并提供高性能的数据存储和查询功能。如此一来，企业可以实时监控设备的状态，及时发现和解决问题。

(4) 云原生应用程序的存储

在云原生应用程序的开发中，通常需要一个可靠的对象存储系统来存储和管理各种非结构化数据。MinIO 可以作为存储后端，提供高性能和高可靠性的存储服务。开发者可以专注于应用程序的开发，而不需要担心数据的存储和管理问题。

10.1.3 业务连续性与灾难恢复

业务连续性和灾难恢复是两个关键的信息技术概念，它们在企业的风险管理和应急计划中起着重要的作用。这两个概念虽然有所不同，但都是为了确保企业在面临中断或灾难时，能够最大程度地减少损失，尽快恢复正常运营。

1. 概念介绍

业务连续性（Business Continuity，BC）是一种策略，专注于如何在业务发生中断或灾难时，保持企业关键运营的连续性。这可能涉及备份关键数据，确保关键系统的冗余，以及制定应急计划来处理各种可能的中断情况。为了应对数据中心发生故障，业务连续性规划可以通过备份数据中心来维持服务。目的是在业务发生中断时，能够立即恢复到正常运行，或者减少业务中断时间。保证业务连续性需要企业对其业务流程有深入的理解，明确关键系统和数据，以及具备在业务发生中断时快速切换到备用系统或数据的能力。

灾难恢复（Disaster Recovery，DR）则更侧重于在发生灾难后，如何恢复数据和基础设施到正常状态。这通常涉及数据备份和恢复、硬件和软件的冗余，以及灾难恢复站点的使用。如果数据中心被火灾破坏，灾难恢复规划中会使用备份数据来恢复数据，以及使用备用硬件来恢复基础设施。灾难恢复计划的目标是在灾难发生后，能够尽快地恢复数据和基础设施，从而减少业务中断所产生的影响。灾难恢复的实现需要企业具备详细的灾难恢复计划，包括灾难发生时的应急响应，以及灾后恢复的具体步骤。

MinIO 通过纠删码、Bitrot Protection、高性能、弹性扩展等一系列的特性和功能，为企业实现业务连续性和灾难恢复提供了强大的支持。

2. 实施过程

实施业务连续性和灾难恢复计划是一个复杂的过程，涉及多个步骤。这些步骤的目标是在企业遭遇中断或灾难时，尽可能地降低损失，并迅速恢复正常运行。

首先，企业必须进行风险评估，这是实施业务连续性和灾难恢复计划的起始步骤。在此阶段，企业需要确定可能影响业务运营的各种风险，这些风险可能包括自然灾害、硬件故障、网络攻击等。企业需要对这些风险的发生可能性以及它们对业务的潜在影响进行评估。通常涉及对每种风险进行定量或定性的评估，以确定它们对业务连续性的威胁程度。

其次，企业需要进行业务影响分析。这个步骤的目的是确定对业务连续性比较重要的业务流程和系统，以及它们在发生中断时可能产生的影响。通常涉及评估每个业务流程的恢复时间目标（RTO）和恢复点目标（RPO）。恢复时间目标是指从系统中断到恢复正常运行所需的时间，而恢复点目标是指在发生中断后，系统可以容忍数据丢失的最大时间。

再次，在风险评估和业务影响分析的基础上，企业可以制定适当的恢复策略。例如使用冗余硬件、备份关键数据、设置灾难恢复站点等。恢复策略应详细说明在业务发生中断或灾难时，企业将如何恢复其关键业务流程和系统。

接着，根据恢复策略，企业需要制定具体的应急计划，包括应急响应程序、责任分配等。然后，企业需要将应急计划实施到日常工作中，确保所有相关人员都了解并熟悉应急计划。通过培训和演练，以确保在发生中断时，所有人员都能按照应急计划行事。

最后，企业需要定期进行模拟演练，测试应急计划的有效性，并根据测试结果进行必要的调整。同时，随着业务的发展和变化，企业需要定期更新应急计划，确保其始终符合当前的业务需求和环境。这个过程可能包括定期审查和更新风险评估、业务影响分析和恢复策略。

10.1.4 数据迁移

在当今这个日益数字化的时代，数据已经成为企业的生命线，它们是企业运营的基础，也是企业创新和竞争优势的关键。数据迁移作为数据管理策略的一个重要组成部分，对于确保企业的业务连续性、灾难恢复、性能优化和合规性起着至关重要的作用。

1. 数据迁移的重要性

业务连续性是企业运营的基石。企业的数据和应用程序需要在任何时候都能够可靠、高效地运行。当企业需要更换硬件或升级系统时，数据迁移可以确保业务能够无缝地继续运行。数据迁移可以将数据从旧系统迁移到新系统，而不会影响到业务的正常运行。这种无缝的过渡可以大大减少系统停机时间，避免业务中断，从而保证了业务连续性。

此外，灾难恢复是任何企业都必须考虑的问题。企业的数据是其最宝贵的资产之一，任何数据的丢失或损坏都可能对企业造成重大损失。如果企业的数据中心遭受灾难性的损害，数据迁移可以帮助企业将数据从受损的设备迁移到新的设备或地理位置，从而快速恢复业务。通过这种方式，企业可以在灾难发生后尽快恢复正常，最大限度地减少灾难对业务的影响。

在性能方面，数据迁移也可以用于优化企业的数据存储和访问性能。随着技术的发展，新的存储设备和技术不断出现，它们可以提供更高的性能和更低的成本。企业可以将经常访问的数据迁移到更快的存储设备上，或者将不常访问的数据迁移到成本更低的存储设备上，以提高效率并降低成本。这种优化可以帮助企业更好地利用其资源，提高其业务的运行效率。

最后，对于需要遵守特定数据保护和隐私法规的企业，数据迁移可以帮助他们将数据从一个地理位置迁移到另一个地理位置，以满足这些法规的要求，确保企业的合规性。这对于在全球范围内运营的企业来说尤为重要，因为不同的国家和地区可能有不同的数据保护和隐私法规。

2. MinIO 在数据迁移中的角色

MinIO 因其与 Amazon S3 的兼容性，已被广泛应用于数据迁移。它能与使用 S3 或兼容 S3 的应用程序和服务进行交互。这种兼容性简化了数据迁移流程，为企业提供了更大的灵活性，使数据能够轻松地从一个平台迁移到另一个平台。

数据迁移过程通常涉及大量的数据读写操作。MinIO 的高性能使其能够快速地读取和写入数据，从而保证了数据迁移的效率。企业能够在最短的时间内完成数据迁移，减少了业务中断的时间。

此外，MinIO 的分布式架构为数据迁移提供了强大的支持。它提供了高度的可扩展性和可用性。企业可以根据需求来增加或减少存储资源，而不会影响到数据迁移的过程。这种架构使 MinIO 能够轻松地处理大规模的数据迁移任务，同时还能保证数据的可用性和持久性。

在数据保护方面，MinIO 提供了多种机制，可以保护数据免受硬件故障和数据损坏的影响，从而确保数据迁移的安全性。

最后，MinIO 提供了易用的 Web 界面和命令行工具，使数据迁移过程更加简洁。企业可以通过这些工具来监控数据迁移的进度，以及管理他们的数据和存储桶。通过这些工具，企业能够更好地控制数据迁移的过程，同时也降低了数据迁移的复杂性。因此，无论是从技术还是从使用体验的角度来看，MinIO 都为企业的数据迁移提供了强大的支持。

3. 数据迁移大致流程

数据迁移是一个涉及多个步骤的复杂过程，每个步骤都需要精细的规划和执行。以下是该过程的大致步骤。

（1）规划

在开始数据迁移之前，需要进行详细的规划。这包括对数据进行全面的审查，了解数据的类型、大小、格式等信息。还需要确定迁移的目标，包括选择目标系统、确定存储格式、以及制定详细的迁移计划。这个阶段可能还需要考虑数据的清洗和转换，以确保数据在新系统中的兼容性和优化性能。

（2）备份

在开始迁移之前，应该备份所有要迁移的数据。这样可以保护数据免受迁移过程中可能出现的数据丢失等问题的影响。需要注意的是，备份应该包括所有的数据，包括数据库、文件、应用程序数据等。

（3）准备

在准备阶段，需要准备目标系统以接收数据。例如配置新的存储系统、创建必要的数据库表格或文件系统，以及设置适当的安全措施。还需要确保目标系统有足够的存储空间来接收新的数据。

（4）迁移

在迁移阶段，将数据从源系统移动到目标系统。这个过程中，可能涉及数据的转换或重构，并且可能需要使用专门的数据迁移工具或服务来完成。

（5）验证

数据迁移完成后，需要验证新系统中的数据是否正确。例如检查数据的完整性、比较源系统和目标系统中的数据，以及运行测试查询来验证数据的准确性。

（6）恢复

如果在验证过程中出现问题，可能需要恢复备份的数据，并修复在迁移过程中出现的问题。问题修复后，可以重新开始迁移过程。

（7）优化

数据迁移和验证成功后，可能需要对新系统进行优化。例如调整存储配置、优化查询性能，或者根据新系统的特性和需求进行其他优化。

具体的步骤可能会根据实际需求和环境有所不同。数据迁移是一个复杂的过程，但通过正确的规划和执行，可以确保数据的安全、完整和可用。

4. HDFS 迁移到 MinIO

Hadoop 生态系统中的任何大数据平台默认都支持 S3 兼容的对象存储后端。从 2006 年开始，新的技术内嵌了 S3 客户端。所有与 Hadoop 相关的平台都使用 hadoop-aws 模块和 aws-java-sdk-bundle 来提供对 S3 API 的支持。

应用程序可以通过指定适当的协议流畅地在 HDFS 和 S3 存储后端之间切换。在 S3 中，协议方案是 s3a://；在 HDFS 中，方案是 hdfs://。

Hadoop SDK 中的 S3 客户端实现已经经过多年的发展，每个都有不同的协议方案名称，如 s3://、s3n://和 s3a://。S3://表示 Amazon 的 EMR 客户端。在 Hadoop 生态系统中常用的 s3 客户端是 s3a://，因为它适用于所有其他 S3 后端。需要注意的是，s3n://已经废弃，不再被主流的 Hadoop 供应商支持。

迁移的第一步是将 Hadoop 用于与后端存储通信的协议从 hdfs://更改为 s3a://。在 core-site.xml 文件中，更改以下参数 Hadoop.defaultFS 以指向 s3 后端。

```
<property>
 <name>fs.default.name</name>
 <value>s3a://minio:9000/</value>
</property>
```

上述代码中将<value>标签中的地址修改为兼容 s3 协议的 MinIO 地址。

用户可以将旧数据留在 HDFS 中，由 Hadoop 访问，而将新数据保存在 MinIO 中，由其他应用程序访问。也可以将所有数据移动到 MinIO，由供所有程序访问。还可以选择进行部分迁移。具体迁移方案，需要用户根据实际需求选择。

distcp 是 Hadoop 提供的一个工具，主要用于在大规模集群内部和集群之间进行数据复制。它使用 Map/Reduce 实现文件分发、错误处理和恢复，以及报告生成。用户可以使用 distcp 在不同的存储后端之间迁移数据。它需要两个参数，源和目标。源和目标可以是 Hadoop 支持的任何存储后端。

用户可将源地址与目标地址配置为环境变量，在迁移数据时直接调用变量，示例代码如下。

```
#配置源和目标
export src=hdfs://192.168.1.2:9000
exportdest=s3a://minio:9000
#执行复制
Hadoop distcp $src $dest
```

在传输大量数据时，用户可以使用-m 选项配置 CPU 的数量，实现数据的并行传输。如果有 8 个空闲节点，每个节点有 8 个核心，那么 CPU 核心的数量就是 64，示例代码如下。

```
#配置映射器的数量
export num_cpu_cores=64
#对大数据集执行具有更高并行性的复制
Hadoop distcp -m $num_cpu_cores $src $dest
```

需要注意的是，为了确保程序拥有可用的资源，CPU 的配置数量应该对应基础设施中空闲的核心数量，而不是整个集群中的核心总数。

在数据迁移过程中，存在三种不同类型的 Committer（提交器）：Directory Committer、Partitioned Committer 和 Magic Committer。它们各自具有独特的特性，并适用于不同的迁移场景。

为了在应用程序中启用 Committers，需要在 core-site.xml 文件中进行配置，示例代码如下。

```
<property>
    <name>mapreduce.outputcommitter.factory.scheme.s3a</name>
    <value>org.apache.Hadoop.fs.s3a.commit.S3ACommitterFactory</value>
    <description>
```

```
#写入 S3A 文件系统时使用的 committer
        directory
      </description>
</property>
```

其中，Directory Committer 将所有输出写入临时目录，并在任务完成时对该目录进行重命名。这种方式可以确保数据的原子性，但在处理大规模数据迁移时可能面临性能挑战。

Partitioned Committer 与 Directory Committer 类似，但在处理冲突时采取了不同的策略。Directory Committer 通过整个目录结构来处理不同 Hadoop 工作节点，写入同一文件时可能会产生冲突。Partitioned Committer 将每个任务的输出进行分区存储，从而降低冲突的可能性。

Magic Committer 采用了一种特殊的技术，可以在不用服务器端复制的情况下，直接将数据写入最终的输出位置。这种方式可以显著提高数据迁移的性能，但需要对象存储系统支持特定的功能。

在进行数据迁移时，应根据具体需求和环境选择最适合的 committers。对于大规模的数据迁移，可能需要使用 Magic Committer 或 Partitioned Committer 以提高性能。而对于数据量较小，或对象存储系统不支持 Magic Committer 所需功能的情况，可以选择使用 Directory Committer。

因此在执行数据迁移时，可以使用以下命令。

```
hadoop distcp            \
-direct              \
-update              \
-m $num_copiers            \
hdfs://apps/ $app_name          \
s3a://app_name
```

其中，-direct 选项用于启用直接复制模式，它可以在源和目标文件系统都是本地文件系统时提高性能；-update 选项用于启用更新模式，只有当源文件新于目标文件，或者目标文件不存在时，才会复制文件。

10.2 冷热数据分离

企业数据中，有一部分是热数据，即频繁访问和处理的数据，有一部分是冷数据，即很少访问和处理的数据。如何有效地管理和存储这两种不同的数据，成为一个重要的问题。

10.2.1 冷热数据分离的概念

在大数据时代，企业每天都在生成和处理海量的数据。随着数据的规模和复杂性的不断增长，数据的管理和存储变得越来越困难。例如，数据的收集、清洗、存储、分析和可视化都需要大量的计算资源和专业知识。此外，数据的安全性和隐私性也是一个重要的挑战。

为了有效地管理和存储不同的数据，人们提出了数据冷热分离的概念。数据冷热分离是一种数据管理策略，它根据数据的访问频率和重要性，将数据分为“热”和“冷”两类，并分别采用不同的存储和处理策略。这种策略可以帮助企业和组织提高数据处理效率，降低存储成本。热数据存储在高性能、成本较高的存储系统中的目的是实现快速访问和处理。而冷数据存储在成本较低、访问速度较慢的存储系统中的目的是节省存储成本。这种成本和性能的权衡是数据存储策略的一个重要考虑因素。企业需要在满足业务需求的同时，尽可能地降低存储成本。

MinIO 可以有效地存储和管理大量的冷数据，同时也支持热数据的快速访问和处理。通过使用 MinIO，企业可以实现数据的冷热分离，从而更有效地利用其数据资源。企业可以使用 MinIO 存储大量的冷数据，如历史记录和归档数据，同时使用 MinIO 的高速访问能力处理热数据，如实时交易数据和日志数据。这样，企业可以在满足业务需求的同时，降低存储成本和提高数据处理效率。

数据从生成到最终被归档或删除，会经历一个生命周期。在这个过程中，数据的访问频率和重要性可能会发生变化。例如，一条数据在生成时可能是热数据，因为它需要被实时访问以支持业务运行。但随着时间的推移，这条数据可能不再需要频繁访问，因此它的访问频率可能会降低，从而变成冷数据。因此，冷热数据分离需要一种有效的数据管理策略，以确保数据在其生命周期中被正确地分类、存储和处理。数据的生命周期管理就是一种常见的数据管理策略，它可以根据数据的年龄、重要性和访问频率，自动将数据从高性能存储迁移到低成本存储，从而实现冷热数据分离。这种策略可以帮助企业和组织更有效地利用存储资源，降低存储成本，同时确保数据能够在需要时被快速访问。

10.2.2 常见的冷热数据分离模式

冷热数据分离并非一成不变，而是具有多种模式，这些模式可以根据数据的特性和业务需求进行灵活调整。

1. 基于时间的冷热数据分离

基于时间的冷热数据分离是一种常见的冷热数据分离策略，它根据数据的年龄（从数据生成到现在的时间）来判断数据是热数据还是冷数据。通常，新生成的数据被视为热数据，而旧的数据被视为冷数据。随着数据的年龄增长，数据的访问频率可能会降低，这时就需要将数据从高性能存储迁移到低成本存储。即使数据被迁移到了低成本存储，也仍然可以被访问。但是，由于低成本存储的访问速度较慢，因此访问冷数据的速度可能会比访问热数据的速度慢。

2. 基于访问频率的冷热数据分离

基于访问频率的冷热数据分离策略根据数据的访问频率来判断数据是热数据还是冷数据。被频繁访问的数据被视为热数据，而很少被访问的数据被视为冷数据。随着数据的访问频率的变化，数据项可能就会从高性能存储迁移到低成本存储。这个过程通常由数据管理系统自动完成。

3. 基于业务重要性的冷热数据分离

在基于业务重要性的冷热数据分离方案中，对业务影响大的数据被视为热数据，而对业务影响小的数据被视为冷数据。例如，对于一个电商平台来说，用户的购买记录、商品的销售数据等可能被视为热数据，因为这些数据对业务运行有直接影响。相反，一些历史的销售数据或者用户的浏览记录可能被视为冷数据，因为它们对当前的业务运行影响较小。如果一个数据项的业务重要性降低，那么这个数据项可能就会从高性能存储迁移到低成本存储。这个过程通常由数据管理系统自动完成。

4. 自动冷热数据分离

自动冷热数据分离是一种先进的数据管理策略，它能够自动地根据数据的访问模式和业务需求，将数据从一个存储系统迁移到另一个存储系统。

在自动冷热数据分离方案中，数据管理系统会自动监控数据的访问模式，包括访问频率、访问时间、访问类型等。这些信息可以帮助系统了解哪些数据是热数据，哪些数据是冷数据。基于自动监控得到的信息，数据管理系统会自动做出决策，判断数据应该存储在哪个存储系统中。如果一个数据项的访问频率很高，那么系统可能会决定将这个数据项存储在高性能的存储系统中。相反，如果一个数据项的访问频率很低，那么系统可能会决定将这个数据项存储在低成本的存储系统中。一旦做出决策，数据管理系统就会自动将数据从一个存储系统迁移到另一个存储系统。这个过程对用户是透明的，用户不需要关心数据的存储位置，只需要通过统一的接口访问数据即可。

自动冷热数据分离方案可以根据业务需求的变化动态调整。例如，如果一个数据项的访问频率突然增加，那么系统可以自动将这个数据项从低成本存储迁移到高性能存储，以满足高频访问的需求。

10.3 对象存储优化技巧

随着数据量的不断增长，如何有效地存储和管理这些数据成为一个重要的挑战。对象存储作为一种新型的存储技术，以其高扩展性、低成本和易用性，成为解决这个挑战的理想选择。然而，要充分利用对象存储的优势，就需要掌握一些优化技巧。这些技巧可以帮助用户更有效地使用对象存储，提高数据访问速度，降低存储成本，从而更好地支持业务运行。

10.3.1 架构设计优化

1. 数据分片

MinIO 数据分片功能依赖于纠删码技术。上传对象到 MinIO 服务器时，该对象会被纠删码技术切割成多个小的数据块。这些数据块会被均匀地分布到 MinIO 集群中的不同的磁盘或节点上。这种分布式的存储方式使得数据的读写速度得以显著提升，因为多个磁盘或节点可以同时进行数据的读写。

如果某个磁盘或节点发生故障，MinIO 可以从其他的磁盘或节点上恢复数据。由于数据是分片存储的，所以即使在面临大量数据恢复的情况下，MinIO 也能快速地完成数据恢复。

在实际应用中，可以根据业务需求和硬件环境调整 MinIO 的数据分片策略，以达到最优的存储效果。用户可以根据存储容量和数据访问模式，选择合适的数据块大小和冗余级别。还可以定期监控和调整数据分片策略，以应对业务需求和硬件环境的变化。

2. 负载均衡

负载均衡是一种将工作负载均匀分配到多个系统或资源的技术。在 MinIO 中，负载均衡可以确保所有的节点和磁盘都能得到均匀的工作负载，从而提高整个系统的性能和可靠性。

在 MinIO 中，负载均衡主要通过以下两种方式实现。

（1）请求级别的负载均衡

当客户端发送请求到 MinIO 集群时，负载均衡器会根据当前的工作负载，将请求分配到当前工作量较少的节点。这种方式可以确保所有的节点都能得到均匀的请求负载，从而避免某些节点过载。

（2）数据级别的负载均衡

在存储数据时，MinIO 会将数据均匀地分布到所有的磁盘和节点上。这种方式可以确保所有的磁盘和节点都能得到均匀的数据负载，从而避免某些磁盘或节点过载。

通过均匀分配工作负载，负载均衡可以避免某些节点或磁盘过载，从而提高整个系统的性能。此外，负载均衡可以防止单点故障，即使某个节点或磁盘出现问题，也不会影响到整个系统的运行。这是因为其他的节点或磁盘可以接管故障节点或磁盘的工作负载。通过负载均衡，可以轻松地添加或删除节点或磁盘，以应对工作负载的变化。

3. 数据冗余

数据冗余是一种数据保护策略，它通过在多个位置存储数据的副本，以防止数据丢失或损坏。在 MinIO 中，数据冗余主要通过纠删码和 BitRot 保护功能实现。

通过数据冗余，可以提高数据的可靠性。此外，数据冗余可以提高系统的稳定性。即使在硬件故障的情况下，由于有数据的副本，系统仍然可以继续运行。

4. 多租户架构

多租户架构是一种将一个系统的多个用户（或用户组），隔离开来的设计模式。每个租户都有自己的独立的环境，包括数据、配置、用户管理、功能权限等。即使在同一个系统中，不同的租户也无法访问到彼此的资源。

在 MinIO 中，多租户架构主要通过命名空间和访问控制策略实现。每个租户都有自己的命名空间，这个命名空间包含了租户的所有数据和配置。通过访问控制策略，系统可以确保只有拥有相应权限的用户才能访问到这个命名空间。

通过多租户架构隔离资源，可以保证数据的安全性。多租户架构可以防止潜在的安全威胁。即使一个租户的环境被攻击，也不会影响到其他租户。此外，可以轻松地添加或删除租户，以应对业务需求的变化。

5. MinIO 的自动扩展

自动扩展也被称为弹性扩展，是一种根据系统的工作负载动态调整资源的技术。这种技术可以帮助系统在面临不断变化的工作负载时，保持高效和稳定的运行。在 MinIO 中，自动扩展主要指的是根据存储需求动态添加或删除存储节点。当存储需求增加时，可以添加新的存储节点到 MinIO 集群中。MinIO 会自动将新的数据分布到所有的存储节点上，包括新添加的节点。这种数据分布是均匀的，可以确保所有的节点都能得到均匀的工作负载。当存储需求减少时，可以从 MinIO 集群中删除存储节点。在删除节点之前，MinIO 会自动将该节点上的数据迁移到其他节点上。这样，即使删除了节点，数据也不会丢失。

通过自动扩展可以确保 MinIO 集群始终有足够的存储资源来满足当前的存储需求，而不会浪费资源，同时可以使 MinIO 集群更好地应对业务量的变化。无论业务量是增加还是减少，MinIO 集群都可以通过自动扩展来适应，利用自动扩展减少人工干预的需要，从而降低运维成本。这对于提高运维效率和降低运维风险非常重要。

10.3.2 硬件配置优化

1. 硬件选择

在 MinIO 中选择适合的存储设备是实现性能优化的关键一步。存储设备的类型对 MinIO 的性能有直接影响。对于需要高速读写的应用，建议选择固态硬盘（SSD）。由于 SSD 硬盘的读写速度远高于传统的机械硬盘（HDD），它们可以显著提高 MinIO 的性能。然而，SSD 硬盘的价格也比 HDD 硬盘高，因此在选择时需要权衡性能和成本。如果存储需求较大且对性能要求不高，那么使用 HDD 可能更经济。

此外，存储设备的容量应该根据 MinIO 的存储需求来选择。如果 MinIO 需要存储大量的数据，那么应该选择容量大的存储设备。另外，由于 MinIO 使用纠删码技术来提供数据冗余，因此存储设备的实际可用容量会比其标称容量小。

在选择存储设备时，还需要考虑其耐用性。存储设备的耐用性是指其在持续高负载下工作的能力。对于需要不间断运行的 MinIO 应用，应该选择耐用性好的存储设备。

最后，存储设备的接口类型会影响其与计算节点的通信速度。例如，SATA 接口的速度比 IDE 接口快，而 NVMe 接口的速度又比 SATA 接口快。因此，在选择存储设备时，应该考虑其接口类型。如果需要高速数据传输，那么可以选择支持 NVMe 接口的存储设备。

2. CPU 和内存配置

CPU 是计算机的核心，它负责处理 MinIO 的所有计算任务。这包括数据的读写操作，以及纠删码的编码和解码等任务。CPU 的性能，包括其核心数量和运行频率，会直接影响到这些计算任务的处理速度。因此，如果 MinIO 应用需要处理大量的并发请求或大量的数据，那么建议选择具有更多核心和更高频率的 CPU。这样，CPU 可以在同一时间内处理更多的任务，从而提高系统的整体性能。

内存主要用于缓存数据，以提高数据的读写速度。当 MinIO 读取数据时，它会首先查找内存中的缓存。如果缓存中有所需的数据，那么 MinIO 可以直接从内存中读取数据，而不需要访问磁盘。这样可以大大提高数据的读取速度，因为内存的读写速度远高于磁盘。因此，如果 MinIO 应用需要处理大量的数据，那么建议配置足够的内存。

用户需要根据 MinIO 的工作负载来选择合适的 CPU 和内存配置。首先，需要评估 MinIO 的工作负载，包括并发请求的数量、数据的大小等。然后，根据这些信息，可以选择合适的 CPU 和内存。此外，还需要根据数据的大小和访问频率来选择需要配置的内存大小。

3. 网络设备配置

网络设备包括网卡和交换机等，是 MinIO 进行网络通信的关键，这包括数据的传输和节点间的通信。网络设备的性能，特别是其带宽和延迟，会直接影响到这些网络通信的速度。因此，对于需要处理大量数据或高并发请求的 MinIO 应用，选择性能优秀的网络设备是至关重要的。

网络设备的带宽决定了其能够处理的数据量。如果 MinIO 需要传输大量的数据，那么应选择带宽大的网络设备。这样可以确保数据在 MinIO 集群中的快速传输，从而提高整体的性能。通过优化网络配置，可以进一步提高网络设备的性能。用户可以调整 TCP 窗口大小和队列长度，以适应不同的网络条件和工作负载。这样可以减少网络延迟，提高数据传输的效率。如果 MinIO 集群有多个网络接口，可以使用负载均衡技术，如网络绑定或多路径 TCP，来提高网络带宽和可靠性。这样可以使网络流量在各个接口之间均匀分配，避免单一接口的过载，从而提高整体的网络性能。

4. 硬件冗余

在计算机系统中，硬件冗余是一种常见的策略，用于提高系统的可靠性和可用性。这种策略的核心思想是在系统中添加额外的硬件组件，以备主要组件出现故障时使用。这些冗余组件包括 CPU、内存、存储设备或网络设备等。

硬件冗余的主要目的是提高系统的可靠性和可用性。如果系统中的某个硬件组件出现故障，那么冗余的硬件组件可以接管其工作，从而保证系统的正常运行。这种设计可以大大降低单点故障的风险，提高系统的整体可靠性。通过硬件冗余可以减少系统因硬件故障而出现的停机时间。通过冗余设计，即使部分硬件出现故障，系统也能继续提供服务，从而提高了系统的可用性。

用户可以为 MinIO 集群配置多个网络接口，以提供网络冗余。即使某个网络接口出现故障，也不会影响 MinIO 的数据传输。这种设计可以提高网络的可靠性，保证在网络设备故障时，数据传输不会中断。还可以为服务器配置冗余电源，以防止电源故障导致的系统停机。

5. 硬件维护和升级

在 MinIO 中为了确保其持续高效运行，对硬件的维护和升级是非常重要的。

(1) 硬件维护

定期检查硬件的状态是保持系统健康的关键：包括监控 CPU 的使用率，以确保它没有被过度使用；检查内存的使用情况，避免内存溢出；监控存储设备的空间使用情况，确保有足够的空间存储数据；检查网络设备的带宽使用情况，确保数据传输不受阻。这些检查可以帮助用户及时发现并预防可能发生的问题。

硬件设备（特别是风扇和散热片）需要定期清理，以保持良好的散热效果。过热可能会导致硬件性能下降，甚至损坏硬件。因此，用户需要定期清理硬件和保持良好的散热环境，确保硬件的长期稳定运行。尽管 MinIO 使用纠删码技术提供数据冗余，但仍然需要定期备份数据，以防止数据丢失。这是因为，如果发生灾难性的硬件故障，纠删码并不能完全保证恢复所有数据。

(2) 硬件升级

在进行硬件升级之前，需要评估 MinIO 的工作负载和性能需求。包括分析 MinIO 的并发请求量、数据处理量、存储需求等，以明确需要升级的硬件。用户需要根据评估的结果，选择性能足够且兼容的硬件进行升级。例如，如果 MinIO 的工作负载需要更高的 CPU 性能，那么可以选择更多核心或更高频率的 CPU 进行升级。同样，如果 MinIO 需要处理更大的数据量，那么可能需要升级存储设备，如增加硬盘容量或升级到更快的 SSD。在硬件升级后，需要进行测试和调优，以确保 MinIO 可以充分利用新硬件的性能，包括调整 MinIO 的配置参数，或者调整操作系统的配置等。

10.3.3 网络规划优化

1. 网络设备选择

除了磁盘与网络带宽规划外，用户还需要关注工作负载类型。如果工作负载主要是大对象，那么重点关注磁盘的吞吐量是必要的。这是因为大对象的处理需要大量的数据传输，所以需要高吞吐量的磁盘。相反，如果工作负载主要是小对象，那么需要重点关注磁盘的IOPS 和 MinIO 节点的内存。这是因为小对象的处理需要大量的读写操作，所以需要高 IOPS的磁盘和足够的内存来存储它们。

在选择网络设备时，还需要明确 MinIO 集群的性能指标需求，包括集群需要处理的数据量，以及集群需要支持的并发用户数。然后，需要平衡地考虑磁盘性能，以及 CPU/内存资源的配备。MinIO 控制台的配置也会影响网络设备的选择。用户可以配置 MinIO 控制台连接到 MinIO 服务器的 URL，或者配置外部身份管理使用 MinIO 控制台的外部可解析主机名。这些配置选项可以帮助用户更好地管理 MinIO 集群，从而提高应用的性能。

2. 网络配置优化

除了网络带宽外，网络配置也会影响 MinIO 的性能。合理的网络配置可以提高数据传输的效率，从而提高 MinIO 的性能。用户可以根据网络条件和工作负载的不同，适当调整 TCP窗口大小和队列长度。TCP 窗口大小决定了发送方可以发送多少数据而不需要确认，适当增大 TCP 窗口大小可以提高数据传输的效率。队列长度决定了网络设备可以处理的数据包数量，适当增大队列长度可以减少数据包的丢失，从而提高数据传输的稳定性。

MinIO 提供了一些配置选项，如 CPU 分析工具、网络地址、存储级别、磁盘缓存大小、分片上传的块大小、最大对象大小、TCP 连接的队列大小等，可以根据实际情况进行优化，以提高 MinIO 的性能。用户可以通过调整存储级别来平衡存储空间和数据冗余；通过调整磁盘缓存大小来提高数据读写的速度；通过调整分片上传的块大小和最大对象大小来适应不同大小的文件上传；通过调整 TCP 连接的队列大小来适应不同的网络环境。

3. 网络冗余和负载均衡

网络冗余是通过配置多个网络接口为 MinIO 集群提供备份路径，以增强其可靠性和可用性。在网络连接出现问题时，网络冗余可以确保数据仍能通过备份路径传输，从而避免了因单点故障导致的数据丢失。此外，网络冗余还可以提高数据的完整性，因为即使某个路径出现问题，数据也可以通过其他路径正确传输。

配置网络冗余需要根据业务需求选择合适的服务器、网络和存储设备，以保证系统的性能和稳定性。然后，为每个服务器配置多个网络接口，以提供网络冗余。在配置网络接口时，应确保每个接口都连接到不同的网络，避免单点故障。

负载均衡可以将网络流量分发到多个服务器，从而提高网络的性能和稳定性。通过使用负载均衡技术，可以有效地管理网络流量，减轻单个服务器的负载，提高整体的网络性能，并确保在某个服务器出现问题时，网络服务仍能正常运行。

配置负载均衡需要部署多个 MinIO 节点，形成一个分布式集群。为每个节点都配置相同的访问密钥和密码密钥，以便能够相互通信。然后，在负载均衡节点上配置后端服务器组，指向 MinIO 集群的各个节点。最后，根据实际需求选择合适的负载均衡算法，如轮询、IP哈希等。

4. 网络安全性

MinIO 通过多层次访问控制和数据加密等措施，严格控制用户对数据的访问权限，保障用户数据的安全性，包括使用访问控制列表和基于角色的访问控制来管理用户和用户组的权限，以及使用 SSL/TLS 协议来加密数据传输，防止数据在传输过程中被窃取或篡改。这些措施确保了只有经过授权的用户才能访问数据，同时也保护了数据在传输过程中的安全。

即便如此，MinIO 服务器还是需要定期维护和升级和及时修补安全漏洞，以防止数据泄露和攻击。用户可以定期安装安全更新和补丁，以及使用安全配置和最佳实践来防止恶意攻击。这些措施可以帮助防止黑客利用已知的安全漏洞攻击系统，从而保护数据的安全。

通过防火墙和 VPN 等网络安全措施可以提高 MinIO 系统的稳定性，防止系统被恶意攻击导致服务中断。防火墙可以控制网络流量，阻止未经授权的访问，提高网络的安全性。具体来说，用户可以通过配置防火墙规则来限制访问 MinIO 服务器的 IP 地址和端口，以及控制数据包的传输方向。此外，还可以对 VPN 通信的流量进行过滤和控制，以进一步提高网络的安全性。

VPN 可以建立安全的网络连接，保护数据在传输过程中的安全。通过 VPN，员工可以在使用公共网络的情况下安全地访问公司的内部网络。用户可以通过配置 VPN 服务器和客户端，使用强大的加密算法来保护数据的安全，以及使用身份认证机制来验证用户的身份。

10.4 本章小结

本章主要探讨了 MinIO 在企业级应用中的案例与技巧。首先，介绍了对象存储的多种应用场景，包括单云、多云与混合云环境下的数据存储，海量数据存储的挑战与解决方案，以及如何通过 MinIO 实现业务连续性与灾难恢复。此外，还探讨了如何进行数据迁移，以满足业务发展的需求。接下来，深入讨论了冷热数据分离的概念与常见模式。最后，分享了一些对象存储的优化技巧，包括如何优化架构设计、硬件配置和网络规划，以提高 MinIO 的性能和可用性。本章的重点在于理解 MinIO 在企业级应用中的实际应用场景，以及如何通过冷热数据分离和优化技巧，提高 MinIO 的性能和可用性。难点则在于如何根据具体的业务需求和环境，选择合适的应用场景和优化策略。

第11章

Chapter 11

MinIO企业级集群架构部署

本章学习目标

- 了解跨地域集群部署的项目背景。
- 掌握跨地域集群部署的实施方法。

在当今的全球化数字世界中，数据和服务的可用性、稳定性和性能已经成为企业和组织的重要考量因素。随着云计算和大数据技术的发展，企业与个人已经可以在全球范围内部署和管理复杂的应用系统。同时，也带来了新的挑战：如何有效地在多个地理位置部署和运行这些系统，以确保最优的性能和可靠性，同时还要考虑成本和效率。跨地域集群部署是一种策略，涉及在多个地理位置部署和运行应用程序或服务的集群，以提高其可用性、容错能力和性能。即使某个地域的数据中心出现故障，服务仍可以在其他地域正常运行，从而保证了服务的连续性和用户的体验。同时，通过将服务部署在靠近用户的地域，可以减少网络延迟，提高服务的响应速度。

11.1 项目背景分析

在开始探讨项目或任务之前，背景信息的理解显得尤为重要。项目背景阐明了项目的存在原因，揭示了项目的目标、动机和期望结果，有助于理解项目的重要性，以及投入时间和资源的必要性。项目背景一般包括项目的历史、相关的市场研究、预期的受众、项目的目标和目的，以及可能影响项目的任何外部因素。这些信息为项目的规划和执行提供了必要的上下文，有助于项目团队做出明智的决策，以实现项目的成功。

11.1.1 企业需求分析

在当今的数字化时代，大型企业的业务对存储的需求日益增长。这是由于数据已经成为企业运营的核心，而有效的数据存储和管理对于企业的成功至关重要。

1. 架构进化

在数据存储领域，单地域或单节点架构存在一些问题。例如，特定地域或节点遭遇故障可能导致数据丢失或无法访问，这将对业务运行产生影响。此外，全球分布的用户可能会遇到数据访问延迟的问题。对于需要遵守地域法规并将数据存储在特定地理位置的行业，单地域或单节点架构可能无法满足需求。最后，随着业务发展和数据量的增长，单节点架构可能无法满足扩展需求。

MinIO 的跨地域集群架构提供了有效的解决方案。首先，MinIO 可以将数据复制到多个地理位置，即使某个地域发生故障，数据仍然可以从其他地域访问，从而提高了数据的可用性和耐久性。其次，MinIO 可以将数据存储在离用户最近的地方，从而提高数据访问速度。此外，MinIO 可以将数据存储在任何地理位置，帮助企业满足各种地域法规的要求。最后，MinIO 支持无限扩展，企业可以通过添加更多的节点来增加存储容量，而不用进行大规模的系统重构。

2. 业务需求

大型企业需要存储各种类型的数据，包括但不限于图片、视频、日志文件等。这些数据来自企业的服务器日志、交易记录等，也来自用户生成的内容，例如用户上传的图片和视频。这些数据的类型和格式决定了存储解决方案的选择。对于大量的非结构化数据，需要使用对象存储或分布式文件系统。因此，企业需要选择能够支持多种数据类型的存储解决方案。随着人工智能、物联网、云计算、边缘计算等新兴技术的快速发展，数据正在迎来爆发式增长。这种大数据环境下，传统的存储解决方案可能无法满足需求，因此，企业需要选择能够支持大数据存储的解决方案，如分布式存储系统。

不同类型的数据可能有不同的访问频率，企业需要选择能够支持热数据和冷数据存储的解决方案，如层次化存储管理（HSM）。随着数据量的增长，企业需要更高的 I/O 性能来支持各种应用，如数据库、虚拟化、大数据分析等。高性能的企业级存储解决方案通常采用 SSD、多路径 I/O 和分布式架构等技术，以确保数据传输速度和系统响应时间。

业务发展到一定程度，企业需要能够灵活扩展其存储容量的解决方案。现代企业级存储系统应支持在线扩容，以便在不中断业务的情况下增加存储资源。此外，存储系统的可扩展性也包括其能否支持新的存储技术和标准，以便企业能够利用最新的技术来优化其存储环境。而且数据是企业的重要资产，因此存储解决方案必须具备高可靠性，以防止数据丢失或损坏。企业通常采用 RAID、数据冗余和故障转移等技术来提高存储系统的可靠性。此外，存储系统的可靠性也包括其能否在发生故障时进行快速恢复，以减少业务中断的时间。

3. 技术选型

在选择 MinIO 作为存储方案时，需要考虑业务需求的匹配度、与其他存储方案的比较、成本考虑、扩展性、生态系统等方面。

首先，需要明确业务对存储的需求，包括数据的规模、访问频率、数据安全性和可用性。如果业务需要高频率地读写小文件，那么需要选择支持高并发小文件操作的存储方案。

其次，需要将 MinIO 与其他存储方案进行比较，以确定其优势和劣势。与 FastDFS 相比，MinIO 支持更丰富的数据管理功能，如数据生命周期管理、版本控制等；与 HDFS 相比，MinIO 的部署和运维更简单，且性能更高，但 HDFS 支持的数据类型更丰富，包括结构化数据、半结构化数据和非结构化数据。

此外，还需要考虑存储方案的成本，包括硬件成本、运维成本和人力成本。MinIO 作为开源软件，不用支付软件许可费，但需要投入硬件资源，必要时可能需要专门的人员进行运维。

再次，考虑到业务的发展，存储方案需要具有良好的扩展性。MinIO 理论上支持无限扩展，可以通过添加更多的节点来增加存储容量和吞吐量。在扩容过程中，不用进行大规模的系统重构。

最后，企业还需要考虑存储方案的生态系统，包括与其他系统的集成、开发者社区的活跃度、文档的完善程度等。MinIO 有着丰富的 API 接口，可以方便地与其他系统集成，而且有着活跃的开发者社区和完善的文档。

4. 架构设计

在考虑 MinIO 的架构设计时，需要考虑数据的存储方式、数据的分布、数据的访问方式、数据的安全性、系统的扩展性等方面。

MinIO 采用对象存储的方式来存储数据。在对象存储中，数据和元数据被封装成一个对象，并通过一个唯一的标识符进行访问。这种方式非常适合存储大规模的非结构化数据，如图片、视频、日志文件等。另外，MinIO 支持跨地域部署，数据可以分布在不同的地理位置。这不仅可以提高数据的可用性和耐久性，还可以根据业务需求，将数据存储在离用户最近的地方，从而提高访问速度。MinIO 还提供了丰富的 API 接口，用户可以通过这些接口来访问存储在 MinIO 中的数据。MinIO 提供了多种数据保护机制，如数据冗余、版本控制、数据加密等，可以保证数据的安全性。

11.1.2 单数据中心与跨数据中心

在数字化时代，数据中心已成为支撑企业运营的关键设施，处理和存储着关键数据，维持着各类业务运作。然而，过度依赖单一数据中心可能带来潜在的风险和威胁。

- 最大的风险在于单点故障。数据中心一旦遭受故障或网络攻击，可能导致所有服务停止，严重影响正常运营，造成经济损失，甚至损害声誉。例如，电子商务网站的数据中心一旦故障，可能导致网站无法访问，进而导致销售额大幅下降。
- 地理限制也是单一数据中心可能面临的问题。对于全球分布的用户，单一数据中心可能无法提供最优服务。例如，远离数据中心的用户可能会遇到网络延迟或数据传输速度慢的问题，影响用户体验。此外，如果数据中心位于地震频发或天气极端的地区，也可能增加数据中心故障的风险。
- 单一数据中心可能限制了扩展能力。随着技术的发展，数据和计算需求可能超过数据中心的处理能力。在这种情况下，需要投入大量资金扩展数据中心的硬件设施，这会增加运营成本。

因此，跨数据中心部署显得尤为重要。跨数据中心部署可以提供冗余，降低单点故障的风险。即使一个数据中心发生故障，其他数据中心仍然可以继续提供服务，保证业务连续性。例如，数据中心一旦发生故障，可以迅速切换到另一个数据中心，避免服务中断。同时，跨数据中心部署可以提供更好的地理覆盖。通过在全球范围内部署数据中心，可以确保所有用户都能获得高质量的服务。例如，在用户密集的地区部署数据中心，可以提供更快的数据访问速度和更低的网络延迟。最后，跨数据中心部署可以提供更好的扩展性。可以通过增加数据中心的数量来满足增长的需求，而不是对单一的数据中心进行昂贵的扩展。这样，可以根据业务需求灵活地增加或减少数据中心，从而更有效地管理资源和控制成本。总体来说，跨数据中心部署为用户提供了一个更加灵活、稳定和高效的数据管理方案。

11.2 架构设计

设计网站架构的过程中，可用性、可扩展性、安全性和成本效益是一系列的关键考虑因素。

- 考虑到可用性，优秀的网站应在大部分时间内都可访问，即使在面临硬件故障或网络问题时也能保持运行。提高可用性可采用多个数据中心的方法，这样即使某个数据中心出现问题，其他数据中心仍可以继续提供服务。此外，冗余硬件的使用可以防止单点故障，负载均衡和故障切换技术则可以确保在某个服务器出现问题时，流量可以被重新路由到其他健康的服务器。
- 随着网站流量的增长，网站架构应添加更多的服务器和存储资源来处理增加的负载，这就涉及可扩展性的考虑，包括使用负载均衡器来分发流量，使用数据库分片来分散数据库负载，以及使用缓存和队列来减少对后端服务的压力。
- 即使在高流量的情况下，网站也应该快速地响应请求，这与网站的性能息息相关。提高性能的方法包括使用内容分发网络（CDN）来缓存静态内容。此外，缓存的使用可以减少对数据库的查询，代码和数据库查询的优化则可以减少每个请求的处理时间。
- 在安全性方面，网站应能抵抗各种类型的攻击，包括分布式拒绝服务（DDoS）攻击、SQL 注入攻击、跨站脚本攻击等。具体方法包括使用防火墙来阻止恶意流量，使用 SSL 加密来保护数据的安全，以及采用安全编程实践和定期的安全审计来确保代码和系统的安全。
- 在设计网站架构时，还需要考虑成本效益。云服务的使用可以避免前期的硬件投资，而且可以根据需要灵活地调整资源。开源软件可以提供强大的功能而不用额外的许可费用。自动化工具则可以减少运维的人力成本，提高工作效率。

跨地域集群架构图示例如图 11.1 所示。

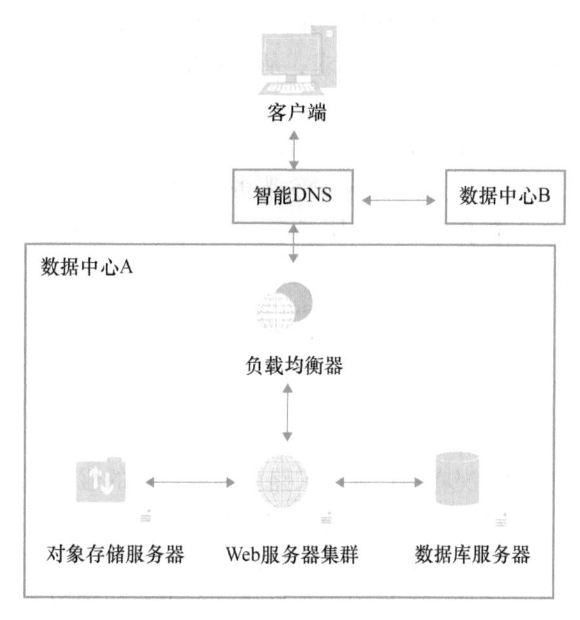

图 11.1　跨地域集群架构图示例

在上述架构中，来自客户端的请求首先被发送到智能 DNS 服务。此服务根据实际情况，将请求路由到最适合的数据中心。

在数据中心内部，负载均衡器接收来自智能 DNS 的请求。其主要任务是将这些请求均匀地分发到 Web 服务器集群中的 Web 服务器，确保没有 Web 服务器过度负载。

Web 服务器会处理来自负载均衡器的请求。对于获取静态内容的请求，例如图片、视频、音频等，Web 服务器将请求发送到对象存储服务器，由对象存储服务器处理这些请求，并将处理结果返回给 Web 服务器。对于大型的、非结构化的数据对象（例如上传的图片或视频），可以使用 MinIO 对象存储服务进行存储和检索。提示，请求包括上传，上传是请求的一种。

对于获取动态内容的请求，Web 服务器将请求路由到数据库服务器。数据库服务器是处理动态内容请求的关键组件。它们负责处理所有与数据相关的请求，包括查询、更新、插入和删除操作。这些服务器通常运行着高效的数据库管理系统（DBMS），如 MySQL、PostgreSQL 或 Oracle，以便快速、准确地处理数据请求。

11.3 智能 DNS

无论是浏览网页，还是下载文件，用户都希望这些操作能够快速且无故障地完成。为了实现这一目标，网络工程师们研发和使用了各种技术，其中之一就是智能 DNS。接下来，将详细介绍智能 DNS 的概念，以及它是如何工作的。

11.3.1 智能 DNS 简介

智能 DNS 也被称为智能域名系统，是一种特殊的 DNS 服务。它不仅提供了传统的 DNS 服务功能，而且还提供了更为高级的功能。这种高级功能就是能够根据实际因素将用户的请求路由到最适合的服务器。这些因素包括用户的地理位置、网络延迟，以及服务器的健康状况。智能 DNS 能够识别用户的地理位置，并将用户的请求路由到离用户最近的服务器。这样做的目的是为了减少网络延迟，从而提高用户体验。此外，智能 DNS 还能够监控网络条件，并将用户的请求路由到能够提供最快响应时间的服务器。这样可以确保用户在任何网络环境下都能获得最佳的访问速度。另外，智能 DNS 还能够监控服务器的健康状况，并在检测到服务器故障时将流量路由到其他健康的服务器。

智能 DNS 服务收到客户端设备发出 DNS 查询请求后，会根据上述的各种因素，选择一个最适合的服务器，并将这个服务器的 IP 地址返回给用户的设备。最后，客户端设备会向这个 IP 地址发送请求，从而获取所需的网页或服务。

配置方式

配置和使用智能 DNS 来支持 MinIO 跨地域集群架构是一个涉及多个关键步骤的过程。

（1）选择智能 DNS 服务

在众多可用的服务中，选择智能 DNS 服务。选择的过程中会考虑多种因素，包括但不限于服务的价格、性能、可用性、兼容性，以及个人或公司的特定偏好。

（2）设置智能 DNS 服务

选择好智能 DNS 服务后，下一步就是进行相关设置。通常需要在 DNS 服务中创建一个新的 DNS 记录，该记录将指定的域名解析到 MinIO 集群的 IP 地址或主机名。此外，还需要配置智能路由策略，例如基于地理位置的路由、延迟基础路由或者健康检查路由，以便根据实际情况将用户的请求路由到最适合的服务器。

（3）将智能 DNS 与 MinIO 集群一起使用

将智能 DNS 服务与 MinIO 集群一起使用，需要在 MinIO 集群的配置中指定智能 DNS 服务的地址。如果 MinIO 集群跨越多个地理位置，可能还需要在每个位置配置地理位置感知的路由，以确保用户的请求能被正确地路由到最近的数据中心。

需要注意的是，以上步骤可能会根据所选的智能 DNS 服务和具体的使用场景有所不同。在进行配置和使用时，应参考所选服务的官方文档，并根据实际需求进行相应的调整。

智能 DNS 具备多个优点，但也伴随着一些限制。尽管存在一些免费的智能 DNS 服务，但更高级的功能通常需要付费。此外，如果需要处理大量的 DNS 查询，那么成本可能会变得更高。其次，设置和管理智能 DNS 可能比传统的 DNS 更复杂。需要理解和配置的选项更多，包括负载均衡策略、健康检查、地理位置感知路由等。此外，一些智能 DNS 服务（如 Amazon Route 53 和 Google Cloud DNS）与特定的云服务商紧密集成，如果想要从这些服务切换到其他服务，可能会面临一些挑战。

11.3.2 常见的智能 DNS 产品

1. 天翼云智能 DNS

天翼云智能 DNS 是一款提供 DNS 智能解析服务的产品，拥有海量处理能力，能应对大规模 DNS 查询，满足大型网站需求。此外，根据业务增长和变化，该产品具备灵活的扩展性，能进行快速的解析能力调整。

在安全防护方面，天翼云智能 DNS 表现优秀。具有高防护能力，能抵御大流量、大请求数的 DNS 攻击，最高可承受每秒过亿次的 DNS 攻击。同时，该产品提供了丰富的安全防护技术，包括流量清洗和大请求数拦截，这些技术能有效防止 DNS 攻击，保护网站稳定运行。

在域名解析服务方面，天翼云智能 DNS 提供稳定、安全、快速的服务。依托天翼云精准的 IP 库信息，提供多节点多线路，实现根据地理位置返回 IP 地址的智能解析效果。这意味着，无论地理位置如何，都能够快速、可靠地访问到所需的数据。

2. 阿里公共 DNS

阿里公共 DNS 作为阿里巴巴集团推出的 DNS 递归解析系统，旨在成为国内互联网基础设施的重要组成部分，其主要功能为提供 DNS 递归解析服务。通过此项服务，用户能够通过输入易于记忆的域名来访问网站，而不用记住复杂的 IP 地址。

阿里公共 DNS 的一大特点在于其“快速”“稳定”“智能”的 DNS 递归解析服务。无论用户身处何地，无论网络条件如何，阿里公共 DNS 都能够快速且准确地解析域名。此外，阿里公共 DNS 具有高可用性和高稳定性，能够确保用户的请求始终得到处理。

3. Cisco Umbrella

Cisco Umbrella 也被称为 Cisco Umbrella（原名 OpenDNS），是一种先进的云端 DNS 安全服务，主要功能是提供对恶意域名和恶意 IP 地址的阻止和过滤。这种服务可以帮助企业在网络攻击发生之前就进行预防，从而大大提高网络安全性。

Cisco Umbrella 通过使用先进的威胁情报和机器学习技术，能够实时识别并阻止恶意活动。这种服务可以帮助企业在网络攻击发生之前就进行预防，从而大大提高网络安全性。此外，Cisco Umbrella 还提供了一种集中的管理平台，使得 IT 管理员可以轻松地查看和控制网络流量，以及进行策略设置。这种平台还提供了详细的报告功能，可以帮助企业更好地理解网络威胁的来源和类型。

4. Public DNS+

Public DNS+是 DNSPod 推出的公共域名解析服务，其服务 IP 地址为 119.29.29.29。这款服务与其他公共 DNS 服务相似，用户可以将其设置为设备的 DNS 服务器地址，以便获取便捷的域名解析服务。当设备需要将某个域名转换为其对应的 IP 地址时，设备会向 Public DNS+发送 DNS 查询请求。随后，Public DNS+会在其数据库中进行查找，找出与该域名对应的 IP 地址，并将此 IP 地址返回给请求的设备。因此，设备便可以使用此 IP 地址来访问目标网站。

Public DNS+的服务面向全网用户，无论用户在家中、办公室，还是在旅行中，只要有互联网连接，都可以利用 Public DNS+来解析域名，进而访问所需的网站。

11.4 LVS 负载均衡部署

日常生活中的“均衡”现象频繁出现。例如，超市购物时，消费者倾向于选择排队最短的收银台，以便尽快结账；餐厅用餐时，服务员会均匀地将顾客分配到各个桌子，避免某些桌子过于拥挤，而其他桌子空无一人。这些都是生活中自然而然地进行的“负载均衡”。

计算机网络领域的负载均衡概念同样重要。互联网的快速发展导致网络流量的增长速度远超过了单个服务器的处理能力。为解决这个问题，负载均衡技术被引入。该技术能将网络流量均匀地分配到多个服务器上，从而提高整个系统的处理能力和可用性。

11.4.1 LVS 简介

LVS（Linux Virtual Server）是一款开源的负载均衡解决方案，用于实现高性能和高可用性的服务器集群。该解决方案基于 Linux 内核开发，并已成为 Linux 内核标准的一部分。

1. LVS 的功能

在负载均衡领域，LVS 的主要作用表现在以下几个方面。首先，LVS 能将网络服务请求均匀地分配到多个服务器上，这种方式可以充分利用服务器资源，提升系统的处理能力。这种均匀分配的机制确保了每个服务器都能得到充分利用，避免了某些服务器过载而其他服务器闲置的情况。其次，借助 LVS，即便某个服务器出现故障，也能自动将流量切换到其他健康的服务器，从而保证服务的连续可用。再次，随着业务量的增长，可能需要增加服务器以满足处理需求。在这种情况下，LVS 可以方便地将新的服务器添加到负载均衡池中，实现平滑扩展。最后，LVS 能根据服务器的负载情况，动态调整流量分配，从而优化整体的服务性能。

2. LVS 在 MinIO 集群中的应用

LVS 通过将请求流量均匀地分配到多个 MinIO 实例上，可以有效地提高整个系统的处理能力和可用性，从而实现高性能、高可用的 MinIO 集群。同时，LVS 也可以提供高可用性和扩展性，使得系统能够在面对故障和业务增长时，仍能保持良好的服务质量。

LVS 可以将网络服务请求均匀地分配到 MinIO 的多个实例上。这是通过 LVS 的调度算法实现的，例如轮询（Round Robin）、加权轮询（Weighted Round Robin）、最小连接（Least Connections）等。这种均匀分配的机制确保了每个 MinIO 实例都能得到充分利用，避免了某些实例过载而其他实例闲置的情况。这样，无论是读取还是写入操作，都能得到快速的响应，提高了用户的体验。

通过 LVS，即使某个 MinIO 实例出现故障，也可以自动将流量切换到其他健康的实例，从而保证服务的连续可用。这种故障切换机制可以在实例出现硬件故障或者网络问题时，快速地将用户请求转移到其他健康的实例，保证了服务的高可用性。

随着数据量的增长，可能需要增加 MinIO 实例以满足存储需求。此时，LVS 可以方便地将新的实例添加到负载均衡池中，实现平滑的扩展。这种扩展机制可以在业务量增长时，快速地增加实例资源，无论数据量如何增长，都能保证服务的稳定和高效，满足业务的处理需求。

LVS 可以根据 MinIO 实例的负载情况，动态调整流量分配，从而优化整体的服务性能。这样，可以确保每个实例的负载都保持在一个合理的范围内，避免了某些实例过载的情况。

11.4.2 LVS 的配置与管理

在负载均衡节点上配置一个 VIP（Virtual IP，虚拟 IP 地址），示例代码如下。

```
ifconfig ens160:0 192.168.1.123 broadcast 192.168.1.255 netmask 255.255.255.0 up
```

其中，ens160 是网络接口，192.168.1.123 是 IP 地址，192.168.1.255 是广播地址，255.255.255.0 是子网掩码。

添加一条新的路由，使所有发送到 IP 地址为 192.168.1.123 的数据包都通过网络设备 ens160:0 进行路由，示例代码如下。

```
route add -host 192.168.1.123 dev ens160:0
```

修改/etc/sysctl.conf 文件，开启路由功能，并禁止重定向，修改结果如下。

```
net.ipv4.ip_forward = 1
#开启路由功能
net.ipv4.conf.all.send_redirects = 0
#禁止转发重定向报文
net.ipv4.conf.ens32.send_redirects = 0
#禁止 ens32 转发重定向报文
net.ipv4.conf.default.send_redirects = 0
#禁止转发默认重定向报文
```

部署 ipvsadm 应用，示例代码如下。

```
yum install ipvsadm  -y
```

ipvsadm 部署完成后，需要清除所有已存在的虚拟服务器与真实服务器，示例代码如下。

```
ipvsadm -C
```

在 VIP 地址上端口号为 80 的位置添加一个新的虚拟服务器，并使用轮询调度算法。

```
ipvsadm -A -t 192.168.1.123:80 -s rr
```

其中，-A 选项用于创建新的虚拟服务器，-s 选项用于指定调度算法，rr 表示轮询调度算法。而轮询度算法将外部请求按顺序轮流分配到集群中的真实服务器上。

在 VIP 地址上端口号为 80 的位置添加真实服务器，这里的真实服务器就是 MinIO 的服务地址，示例代码如下。

```
ipvsadm -a -t 192.168.1.123:80 -r 192.168.1.112:9000 -g
```

其中，-a 选项用于添加新的真实服务器，-g 表示使用网关调度方式。

通过命令将当前所有的 LVS 配置都添加到配置文件中，示例代码如下。

```
ipvsadm-save > /etc/sysconfig/ipvsadm
```

为 ipvsadm 配置开机自启动，示例代码如下。

```
systemctl enable ipvsadm
```

在 MinIO 节点上将 VIP 分配给本地回环接口，示例代码如下。

```
ifconfig lo:0 192.168.1.123/32
```

通过命令使 MinIO 节点值接收来自本地网络接口的 ARP 响应，示例代码如下。

```
echo 1 > /proc/sys/net/ipv4/conf/all/arp_ignore
```

配置 MinIO 节点直接使用 ARP 缓存进行地址解析，示例代码如下。

```
echo 2 > /proc/sys/net/ipv4/conf/all/arp_announce
```

至此，LVS 配置完成，用户可通过 VIP 地址访问到 MinIO 节点。随着业务的扩展，用户可对 LVS 进行性能优化。在使用 LVS 进行性能优化时，主要包括以下几个方面。

1. 系统参数调优

由于 Linux 系统默认存在许多限制，这些限制可能会影响到在大流量下负载均衡器的性能表现。因此，需要对系统参数进行调优，以提升性能。例如，可以增大系统链接跟踪表的大小，以便处理更多的并发连接。同时，也可以增大服务端全连接队列和半连接队列的大小，以便处理更多的请求。此外，还可以扩大系统可用的本地端口范围，以便处理更多的并发连接。

2. 网卡多队列与 CPU 核绑定

网卡多队列是一种硬件技术，它允许一个物理网卡拥有多个队列通道。这需要网卡驱动对多队列进行支持。通过将各个中断号对应的网卡队列绑定到指定的 CPU 核进行处理，可以充分利用多核 CPU 的优势，将中断请求分摊到多个 CPU 核上，从而提升 CPU 的处理性能。

3. 关闭网卡 LRO/GRO 功能

现在大多数网卡都具有 LRO/GRO 功能，即网卡在收包时会将同一流的小包合并成大包后再交给内核协议栈处理。然而，LVS 内核模块在处理大于 MTU 的数据包时，会将其丢弃。因此，如果使用 LVS 来传输大文件，可能会出现丢包，导致传输速度变慢。

4. 增大 ipvs 模块 hash table 的大小

通过增大 ipvs 模块的 hash table 值，可以处理更多的并发连接。使用 ipvsadm -l 命令可以查询当前 hash table 的大小。

5. 优化网络性能

通过优化网络设备和配置网络参数，可以提高 LVS 集群的网络性能和响应速度，包括选择高性能的网络设备，以及优化网络参数（如 TCP/IP 参数、路由参数等）。

6. 使用高效的协议

选择高效的传输协议，如 TCP/IP 或 UDP/IP，可以提高请求的传输效率和服务的响应速度。用户需要根据实际的业务需求和网络环境，选择最合适的传输协议。

7. 监控和日志分析

通过监控 LVS 集群的性能指标和进行日志分析，可以发现潜在的性能瓶颈和问题，并进行针对性的优化，包括实时监控 CPU、内存、网络等资源的使用情况，以及定期分析系统日志和应用日志，发现并解决性能问题。

11.5 Nginx 与 MinIO 集群

Nginx 作为一款高性能的负载均衡器，可以有效地管理和分发网络流量。而 MinIO 则可以提供高效的数据存储和访问能力。当两者结合在一起跨地域部署时，就需要考虑负载均衡策略和跨地域策略。接下来，将详细探讨在这种部署环境下，如何选择和配置负载策略，以确保服务的高效性和稳定性。同时，也将讨论如何设置跨地域策略，以确保数据的安全性和可用性。

11.5.1 Nginx 负载策略

负载均衡通过在多个计算资源之间分配工作负载，以优化资源使用、最大化吞吐量、最小化响应时间，同时也能避免任何一个资源的过载。负载均衡的策略有很多种，包括轮询、最少连接等。每种策略都有其适用的场景和优缺点。选择合适的负载均衡策略，可以有效地提高系统的性能和可靠性。

1. 轮询

轮询（Round Robin）是一种非常常见且广泛应用的负载均衡策略。在轮询策略中，负载均衡器会维护一个服务器列表，并按照时间顺序，将每个到来的请求逐一分配给列表中的服务器。这就像是在一个圆形轨道上，每个服务器都是一个站点，而负载均衡器就像是一个不断前进的列车，每到一个站点就卸载一个请求。

这种策略的优点在于其公平性和简单性。由于每个服务器都会按照固定的顺序接收到请求，因此在负载均衡器前面的请求不会因为后面的请求而被延迟处理。同时，这种策略也非常容易实现，不需要复杂的算法或数据结构。

然而，轮询策略也有其局限性。它假设所有的服务器都具有相同的处理能力，但在实际情况中，这可能并不一定成立。如果某些服务器的处理能力强于其他服务器，那么这些服务器可能会在轮询策略下被较少利用。

此外，轮询策略还具有一种自我修复的能力。如果某个后端服务器出现故障，负载均衡器可以自动检测到这一情况，并将该服务器从列表中剔除。即使在面对服务器故障的情况下，轮询策略也能保证服务的连续性和稳定性。当故障的服务器恢复正常后，负载均衡器可以再次将其添加回服务器列表，恢复其服务。

2. 权重

权重（Weight）负载均衡策略是在轮询策略基础上的一种优化方式。在这种策略中，每个后端服务器都会被赋予一个权重值，这个权重值可以根据服务器的性能、负载能力或其他相关因素进行设定。

当一个请求到达时，负载均衡器会根据后端服务器的权重值决定将请求发送到哪个服务器。权重值越大的服务器会接收到更多的请求。这是因为权重值大的服务器被认为具有更强的处理能力或更大的资源，因此应该处理更多的请求。

假设有三个后端服务器，它们的权重值分别为 1、2、3。在处理请求时，权重值为 3 的服务器将处理二分之一的请求，权重值为 2 的服务器将处理三分之一的请求，而权重值为 1 的服务器将处理剩余六分之一的请求。这样，就可以根据每个服务器的实际能力，合理地分配请求，从而提高整体的服务性能，示例代码如下。

```
http {
    upstream backend {
        server backend1.example.com weight=3;
        server backend2.example.com weight=2;
        server backend3.example.com;
    }

    server {
        listen 80;

        location / {
            proxy_pass http://backend;
        }
    }
}
```

上述代码中，由于后端服务器默认权重为 1，所以第 3 台服务器没有额外配置权重。

3. IP Hash

IP Hash 是一种特定的负载均衡策略，其主要特性是根据访问者的 IP 地址进行哈希计算，然后根据哈希结果将请求分配给特定的后端服务器。

在 IP Hash 策略中，负载均衡器首先会获取访问者的 IP 地址，然后使用一个哈希函数对这个 IP 地址进行哈希计算。哈希计算的结果是一个数字，这个数字将被用于选择一个后端服务器。具体来说，负载均衡器会将哈希结果与后端服务器的数量进行模运算，得到的结果就是应该处理请求的服务器的索引。由于同一个 IP 地址的哈希结果是固定的，因此来自同一个 IP 地址的所有请求都会被发送到同一个后端服务器。这样，每个 IP 地址就会固定访问一个后端服务器。

这种策略的一个重要优点是，它可以解决 Session 的问题。在许多 Web 应用中，用户的状态信息会被保存在 Session 中，而 Session 通常是保存在后端服务器上的。如果一个用户的请求被分配到了不同的服务器，那么这个用户的 Session 可能会丢失，从而导致用户体验下降。然而，IP Hash 策略通过固定每个用户访问的服务器，就可以避免这个问题。

配置 IP Hash 策略需要在上游服务器组中添加 ip_hash，示例代码如下。

```
http {
    upstream backend {
        ip_hash;
        server backend1.example.com;
        server backend2.example.com;
        server backend3.example.com;
    }

    server {
        listen 80;

        location / {
```

```
            proxy_pass http://backend;
        }
    }
}
```

由于这种策略完全依赖于用户的 IP 地址，因此如果某个 IP 地址的访问量特别大，就可能导致相应的后端服务器负载过重。为了解决这个问题，用户可以结合使用其他的负载均衡策略，如最少连接策略等。

4. Least Connections（最少连接）

Least Connections（最少连接）是一种广泛应用的负载均衡策略，其核心思想是将新的请求分配给当前活动连接数最少的服务器。

在 Least Connections 策略中，负载均衡器会持续维护一个后端服务器列表，每个服务器都有一个与其相关的活动连接数。当新的请求到达时，负载均衡器会检查这个列表，找出活动连接数最少的服务器，并将请求分配给这个服务器，示例代码如下。

```
http {
    upstream backend {
        least_conn;
        server backend1.example.com;
        server backend2.example.com;
        server backend3.example.com;
    }

    server {
        listen 80;

        location / {
            proxy_pass http://backend;
        }
    }
}
```

这种策略的优势在于，它能更有效地平衡后端服务器的负载。由于处理每个请求都会消耗服务器的一定资源，因此，活动连接数较少的服务器通常意味着其当前的负载较轻。通过将新的请求分配给负载较轻的服务器，可以避免过度的压力集中在某几个服务器上，从而提升整体服务的性能。

5. Fair

Fair 是一种来自第三方的负载均衡策略，其核心理念是根据后端服务器的响应时间来分配请求，简而言之，响应时间较短的服务器将优先接收请求。

在 Fair 策略中，负载均衡器会持续监控所有后端服务器的响应时间。这里的响应时间是指从服务器接收到请求再到返回响应所需的全部时间，包括处理请求、生成响应以及传输响应等各个环节所需的时间。当新的请求到来时，负载均衡器会检查所有后端服务器的响应时间，然后将请求分配给响应时间最短的服务器。这样做的优点是，响应时间短通常意味着服务器的处理能力较强，因此可以更快地处理新的请求。

由于 Fair 需要第三方模块支持，所以用户需要从官网下载 nginx-upstream-fair 模块，并重新编译，然后才可以在配置文件中配置该模块，示例代码如下。

```
http {
    upstream backend {
        fair;
        server backend1.example.com;
        server backend2.example.com;
        server backend3.example.com;
    }

    server {
        listen 80;

        location / {
            proxy_pass http://backend;
        }
    }
}
```

6. URL Hash

URL Hash 同样是一种源自第三方的负载均衡策略，其核心理念是根据访问 URL 的 hash 结果来分配请求，以确保每个 URL 始终被定向到同一台后端服务器。

在 URL Hash 策略中，负载均衡器会对每个请求的 URL 进行 hash 运算，然后根据 hash 结果来选择后端服务器。具体而言，负载均衡器会将 hash 结果的值域划分为若干个区间，每个区间对应一台后端服务器。当新的请求到来时，负载均衡器会计算请求 URL 的 hash 值，然后根据这个值落在哪个区间来选择对应的服务器。

这种策略的优势在于，它可以确保同一个 URL 的请求始终被发送到同一台服务器。这在后端服务器使用缓存时非常有效，因为同一个 URL 的请求通常会产生相同的响应。通过将这些请求发送到同一台服务器，可以充分利用服务器的缓存机制，避免重复计算，从而提高服务的性能。

用户需要从官网下载 nginx_upstream_hash 模块，并重新编译，然后才可以在配置文件中配置该模块，示例代码如下。

```
http {
    map $request_uri $hash {
        hash $request_uri;
        default backend1;
    }

    upstream backend1 {
        server backend1.example.com;
    }

    upstream backend2 {
        server backend2.example.com;
    }
```

```
    upstream backend3 {
        server backend3.example.com;
    }

    server {
        listen 80;

        location / {
            proxy_pass http:// $hash;
        }
    }
}
```

上述代码中，定义了一个名为 hash 的变量，用于存储请求 URL 的 hash 值，然后根据结果将请求分发给下方的服务器组。其中，default backend1 表示，如果请求 URL 的 hash 值没有匹配到任何一个后端服务器组，那么就使用 backend1 作为默认的后端服务器组。这样可以确保所有的请求都能被正确地转发到一个后端服务器。

11.5.2 MinIO 跨数据中心策略

在跨数据中心配置 MinIO 时，需要从多个方面考虑，包括硬件配置、网络延迟与带宽、数据同步、版本升级、集群可用性和可靠性等。

1. 硬件配置

在部署 MinIO 集群的过程中，硬件配置是必须要考虑的重要因素。MinIO 官方建议在复制端点两侧使用一致的硬件配置。如果在某个数据中心采用了特定的 CPU、内存、硬盘和网络配置，那么在其他数据中心也应当采用相同的配置。

选择一致的硬件配置有助于确保集群的性能和行为表现得一致。如果两个数据中心的硬件配置一致，那么它们处理请求的速度和效率理论上也应该是一致的。这样可以避免由于硬件性能差异导致的性能瓶颈。虽然使用类似的硬件也可以运行，但是引入异构硬件配置可能会带来一些复杂性。不同的硬件可能需要不同的驱动程序和配置，这可能会增加管理和维护的难度。此外，如果出现问题，异构硬件配置可能会使问题的识别和解决变得更加困难。

2. 网络延迟与带宽

在设计主动-主动模型的分布式系统时，网络延迟是一个重要的考虑因素，其次是带宽。网络延迟是指数据从发送端传输到接收端所需的时间。在设计主动-主动模型的分布式系统时，服务器之间的网络延迟应小于 10ms。这是因为在主动-主动模型中，两个或多个节点需要同时处理请求，如果网络延迟过大，可能会导致数据不一致或者性能下降。

带宽是指网络的数据传输能力，通常以比特每秒（bit/s）为单位。带宽越大，网络传输数据的能力越强。站点之间的最佳带宽要求主要由传入数据的速率决定。传入数据的速率，也就是数据生成的速度，决定了需要多大的带宽来及时地将数据从一个站点传输到另一个站点。如果数据生成的速度非常快，那么就需要更大的带宽来保证数据的及时传输。因此，为了保持两个站点的数据始终同步，需要根据传入数据的速率来选择合适的带宽。如果传入数据的速率变化很大，那么可能需要动态地调整带宽，以适应数据速率的变化。

在实际操作中，可以通过优化网络设备配置、选择高质量的网络服务提供商、使用更快的物理介质（如光纤）等方式，来降低网络延迟和提高带宽。

3. 数据同步

MinIO 集群支持两种数据同步方式：单向同步和双向同步。这两种方式的选择主要取决于业务需求。

在选择同步方式时，需要根据业务需求来考虑，例如数据一致性、系统可用性、数据恢复能力等因素。在单向同步模式下，数据仅从源站点复制到目标站点，主要关注数据备份和恢复。这种模式主要适用于备份和灾难恢复场景。在双向同步模式下，数据在两个站点之间进行相互复制。无论在哪个站点上的数据发生变化，这些变化都会被复制到另一个站点。这种模式主要适用于需要高可用性和数据一致性的场景，例如在线服务和分布式系统。

4. 版本升级

在使用像 MinIO 这样的开源软件时，安全性是必须要考虑的重要因素。一旦 MinIO 的开发者或安全研究人员发现并公开了 MinIO 的安全漏洞，就意味着 MinIO 的用户可能会面临各种安全风险，包括数据泄露、服务中断或其他未经授权的系统访问等。

为了解决这些安全漏洞，MinIO 的开发者会发布新版本的软件，新版本中会包含对这些安全漏洞的修复。因此，一旦 MinIO 出现安全漏洞，用户就需要将 MinIO 升级到最新版本。

5. 集群可用性和可靠性

在构建和管理集群系统的过程中，可用性和可靠性是两个主要的目标。

通过多个节点的联合和协作，系统的可用性得到提升。如果某个节点出现故障，其他节点可以接手其工作，从而确保服务的连续性。此外，通过负载均衡技术，请求可以分发到多个节点，从而避免任何单个节点的过载。

在集群系统中，通过数据冗余和故障恢复机制，可以提高系统的可靠性。例如，通过数据复制，可以在多个节点上存储相同的数据，从而在某个节点出现故障时，可以从其他节点恢复数据。

在集群系统中，通过多个节点的联合和协作，可以降低单点故障的风险。此外，通过故障检测和自动恢复机制，可以及时发现和修复故障节点，从而进一步降低单点故障的风险。

11.6 本章小结

本章内容主要围绕企业级集群架构部署进行了深入探讨。首先，通过项目背景分析和企业需求分析，为读者揭示了企业级集群架构部署的重要性和必要性。接着，详细介绍了单数据中心与跨数据中心的概念和特点，以及如何进行有效的架构设计。在此基础上，进一步介绍了智能 DNS 的基本概念，以及市场上常见的智能 DNS 产品，为读者提供了一个全面的视角来理解和选择适合自己需求的智能 DNS 产品。接下来，详细讲解了 LVS 负载均衡的部署方法，以及 Nginx 负载均衡的策略，为读者提供了实际操作的指导和参考。最后，还探讨了 MinIO 跨数据中心的策略，为用户提供了合理的集群架构部署建议。

总之，本章涵盖了企业级集群架构部署的各个关键环节。其中，架构设计、智能 DNS 的选择、LVS 和 Nginx 的负载均衡策略以及 MinIO 跨数据中心的策略是本章的重点和难点，需要读者重点理解和掌握。